石油库油罐检修技术丛书

石油库油罐涂装工程设计与施工

聂世全　王伟峰　主编

中国石化出版社

内 容 提 要

本书为《石油库油罐检修技术丛书》之一，内容紧紧围绕石油库在用油罐涂装工程设计与工程施工这一主题，从金属腐蚀机理分析入手，对影响油罐腐蚀的因素、油罐覆盖层防腐保护方法和油罐防腐涂料进行了较为详细的分析，介绍了油罐钢板表面处理施工、油罐钢板涂装操作方法、油罐钢板涂装质量控制、涂料及涂膜的缺陷防治、油罐涂装工程竣工验收等内容，对石油库在用油罐涂装工程设计与施工作业具有很强的指导性。

本书可供石油化工各级管理部门和石油库、加油站的管理人员及技术、操作人员学习、培训使用；也可作为相关专业院校师生的参考用书。

图书在版编目(CIP)数据

石油库油罐涂装工程设计与施工 / 聂世全，王伟峰主编．—北京：中国石化出版社，2019.9
(石油库油罐检修技术丛书)
ISBN 978-7-5114-5498-0

Ⅰ.①石… Ⅱ.①聂… ②王… Ⅲ.①油库油罐-涂装工艺-技术②油库油罐-涂装工艺-工程施工 Ⅳ.①TE972

中国版本图书馆 CIP 数据核字(2019)第 181537 号

中国石化出版社出版发行
地址：北京市东城区安定门外大街 58 号
邮编：100011 电话：(010)57512500
发行部电话：(010)57512575
http://www.sinopec-press.com
E-mail:press@sinopec.com
北京科信印刷有限公司印刷
全国各地新华书店经销
*
710×1000 毫米 16 开本 16.25 印张 306 千字
2019 年 10 月第 1 版 2019 年 10 月第 1 次印刷
定价：65.00 元

《石油库油罐涂装工程设计与施工》编委会

主　编　聂世全　王伟峰

编　委　王　军　牛星华　钟　伟
　　　　陆鹏州　孔佑铭　梁泽彬

前　言

PREFACE

油罐是石油库储存石油产品的核心设备，也是日常设备管理的重点。加强油罐检修对延长油罐使用寿命、确保石油库安全运行具有十分重要的意义。

在长期的石油库工作实践中，我们深深感到，在油罐的“清洗修理、除锈涂装、动火动焊、在线检测”等技术检修工作中，缺少一套系统全面的指导性丛书。于是，在原兰州军区联勤部油料监督处聂世全高工的策划指导下，萌生了编写《石油库油罐检修技术丛书》的想法并付诸实施。该丛书包括《石油库油罐清洗与修理》和《石油库油罐涂装工程设计与施工》两个分册。

该丛书依据国内外相关管理规范和操作规程，参照行业管理要求，紧密结合石油库油罐检修作业实际，在对大量实践经验进行系统分析、总结归纳的基础上，对油罐检修作业的基本方法进行了系统研究探讨，对作业过程中的安全问题进行了全面分析研判，既能指导石油库油罐检修现场作业实施，又有一定的理论高度和学习研究价值。丛书内容来源于工作实践，又服务于石油库一线工作，可供石油化工各级管理部门和石油库、加油站的管理人员、业务技术干部及一线操作人员阅读使用；也可供石油库、加油站工程设计与施工人员和相关专业院校师生参考。

本书从金属腐蚀机理分析入手，对影响油罐腐蚀的因素、油罐覆盖层防腐保护方法和油罐防腐涂料进行了较为详细的分析，介绍了油罐钢板表面处理施工、油罐钢板涂装操作方法、油罐钢板涂装质量控制、涂料及涂膜的缺陷防治、油罐涂装工程竣工验收等内容。本书第一章由王伟峰、陆鹏州编写；第二章~第七章由聂世全、王伟峰、钟伟、牛星华编写；第八章由王军、孔佑铭、梁泽彬编写；全书由聂世全、王伟峰统稿。

本书在编写过程中，参阅、选用了大量专业书刊、法规、规范、规程、规章的相关内容，以及施工单位的技术方案，在此对这些作者深表谢意。由于编写人员水平有限，书中不当之处在所难免，恳请读者批评指正。

目录

CONTENTS

第一章 绪论 …………………………………………………………（1）
第一节 腐蚀的危害与防控 ……………………………………………（1）
一、腐蚀危害的严重性 ………………………………………………（1）
二、我国防腐蚀研究现状 ……………………………………………（2）
三、做好腐蚀防控的主要途径 ………………………………………（3）
第二节 油罐涂装工程施工作业的必要性 ……………………………（5）
一、油罐腐蚀 …………………………………………………………（5）
二、在用油罐涂装工程施工特点 ……………………………………（7）
三、油罐涂装工程施工相关规范要求 ………………………………（11）
第三节 油罐涂装工程设计与施工的基本依据和原则 ………………（12）
一、石油库管理规章结构体系 ………………………………………（12）
二、油罐涂装工程设计与施工的基本依据 …………………………（13）
三、油罐涂装设计与施工的原则 ……………………………………（18）
第二章 油罐涂装工程设计 ……………………………………………（19）
第一节 钢结构腐蚀及原因分析 ………………………………………（19）
一、金属腐蚀的基本概念 ……………………………………………（19）
二、影响钢结构腐蚀的基本因素 ……………………………………（19）
三、环境分类 …………………………………………………………（23）
四、腐蚀理论分析 ……………………………………………………（27）
五、储罐腐蚀环境分析 ………………………………………………（29）
第二节 油罐覆盖层防腐保护方法 ……………………………………（33）
一、保护防腐方法 ……………………………………………………（33）
二、涂层保护防腐机理 ………………………………………………（34）
三、涂层保护防腐法优越性分析 ……………………………………（35）
第三节 油罐防腐涂料 …………………………………………………（36）
一、防腐蚀涂料的组成 ………………………………………………（36）
二、防腐蚀涂料分类及命名 …………………………………………（38）
三、防腐蚀涂料性能要求 ……………………………………………（40）

四、重防腐蚀涂料 …………………………………………………………………… (42)
五、油罐常用防腐蚀涂料的主要类型 ………………………………………… (46)
六、常用防锈底漆 …………………………………………………………………… (53)
七、储油罐防腐蚀涂料的选用 ………………………………………………… (56)
第四节　油罐涂装设计及应用 ……………………………………………………… (62)
一、油罐涂装设计的必要性 …………………………………………………… (62)
二、油罐涂装设计程序 …………………………………………………………… (64)
三、油罐腾空清洗与技术鉴定 ………………………………………………… (65)
四、大气环境腐蚀影响分析 …………………………………………………… (66)
五、涂层保护期设定 ……………………………………………………………… (67)
六、除锈方法、除锈标准选择 ………………………………………………… (69)
七、涂料品种选择 …………………………………………………………………… (70)
八、涂层配套设计 …………………………………………………………………… (73)
九、涂装体系设计 …………………………………………………………………… (88)
十、涂装体系设计举例 …………………………………………………………… (91)
第三章　金属油罐表面处理 …………………………………………………… (98)
第一节　金属表面处理概述 ………………………………………………………… (98)
一、金属表面污染物的来源及其对涂膜的影响 ………………………… (98)
二、表面除锈的重要性 …………………………………………………………… (100)
第二节　表面除锈标准 ……………………………………………………………… (101)
一、钢材的锈蚀等级与除锈标准 …………………………………………… (101)
二、粗糙度等级及评定方法 …………………………………………………… (105)
三、表面清洁度 ……………………………………………………………………… (107)
第三节　表面除锈及应用 …………………………………………………………… (108)
一、表面除锈方法 …………………………………………………………………… (108)
二、喷射除锈 ………………………………………………………………………… (111)
三、水喷射清理 ……………………………………………………………………… (120)
第四节　油罐除锈方法的选择 ……………………………………………………… (121)
一、手动工具除锈和动力工具除锈 ………………………………………… (121)
二、在用油罐除锈特点 …………………………………………………………… (122)
三、石油库常用除锈方法对照分析 ………………………………………… (122)
第五节　油罐表面除锈应把握的几个问题 ……………………………………… (124)
一、油罐表面除锈质量把控标准 …………………………………………… (124)
二、表面油污和旧涂层的处理 ………………………………………………… (126)

三、手工工具或动力工具除锈操作要点 …………………………（127）
四、机械法喷射除锈七个控制程序 ……………………………（127）
第六节　安全措施 …………………………………………………（129）
一、通风换气 ……………………………………………………（129）
二、预防事故 ……………………………………………………（130）
三、油罐除锈总体安全要求 ……………………………………（130）
第七节　检查验收 …………………………………………………（131）
一、除锈等级目视评定主要影响因素 …………………………（131）
二、除锈等级目视评定方法步骤 ………………………………（131）
第四章　涂装种类与涂装操作 ……………………………………（133）
第一节　概述 ………………………………………………………（133）
第二节　手工工具涂装 ……………………………………………（133）
一、刷涂 …………………………………………………………（133）
二、辊涂 …………………………………………………………（134）
三、刮涂 …………………………………………………………（135）
第三节　空气喷涂 …………………………………………………（135）
一、空气喷涂原理 ………………………………………………（135）
二、喷涂装置组成 ………………………………………………（136）
三、空气喷枪的种类 ……………………………………………（136）
四、空气喷枪的构造 ……………………………………………（137）
五、空气喷涂操作 ………………………………………………（138）
第四节　高压无气喷涂 ……………………………………………（139）
一、高压无气喷涂的原理和特点 ………………………………（139）
二、高压无气喷涂装置分类 ……………………………………（140）
三、高压无气喷涂设备的组成 …………………………………（140）
四、高压无气喷涂操作 …………………………………………（141）
第五节　其他喷涂形式 ……………………………………………（143）
一、双组分喷涂 …………………………………………………（143）
二、混气喷涂 ……………………………………………………（144）
三、静电喷涂 ……………………………………………………（144）
第六节　涂装打磨材料 ……………………………………………（145）
一、打磨机 ………………………………………………………（145）
二、砂纸 …………………………………………………………（145）
第五章　油罐涂装施工 ……………………………………………（147）
第一节　油罐涂装施工常见问题 …………………………………（147）

一、基体表面处理不彻底 …………………………………………………… (147)
二、防腐涂料选择不合理 …………………………………………………… (147)
三、涂料配比控制不严格 …………………………………………………… (148)
四、腻子刮涂质量不过关 …………………………………………………… (148)
五、施工作业时机不恰当 …………………………………………………… (148)
六、涂层厚度质量不达标 …………………………………………………… (148)
七、检查验收内容不全面 …………………………………………………… (149)
第二节　油罐涂装施工质量要求 ………………………………………… (149)
第三节　涂装准备 ………………………………………………………… (151)
一、技术资料核查 ………………………………………………………… (151)
二、作业手续核查 ………………………………………………………… (151)
三、现场设备核查 ………………………………………………………… (151)
四、涂装施工环境核查 …………………………………………………… (151)
五、基材表面核查 ………………………………………………………… (153)
六、涂料核查 ……………………………………………………………… (154)
七、试涂 …………………………………………………………………… (155)
第四节　涂料配制 ………………………………………………………… (155)
一、涂料组分配比 ………………………………………………………… (156)
二、涂料配制注意事项 …………………………………………………… (156)
三、涂料配制说明 ………………………………………………………… (156)
第五节　涂装操作 ………………………………………………………… (156)
一、涂敷底层涂料 ………………………………………………………… (157)
二、刮腻子打磨 …………………………………………………………… (157)
三、涂刷中间层和面层涂料 ……………………………………………… (158)
四、修补、复涂及重涂 …………………………………………………… (158)
五、注意事项 ……………………………………………………………… (159)
第六节　涂膜养护 ………………………………………………………… (159)
一、漆膜干燥 ……………………………………………………………… (159)
二、漆膜养护 ……………………………………………………………… (162)
第七节　涂装安全 ………………………………………………………… (162)
一、选用涂料安全要求 …………………………………………………… (162)
二、涂料储存调配安全要求 ……………………………………………… (162)
三、涂装作业场地通风净化安全要求 …………………………………… (163)
四、涂装作业过程安全要求 ……………………………………………… (163)
五、油罐涂装总体安全要求 ……………………………………………… (163)

六、其他安全要求 …………………………………………………………（165）
第八节 涂装质量监督控制与检查验收 ……………………………………（165）
一、涂装质量监督控制 ……………………………………………………（165）
二、检查验收 ………………………………………………………………（165）
第六章 涂装质量控制技术 ……………………………………………（172）
第一节 温度、相对湿度和露点 ……………………………………………（172）
一、温度 ……………………………………………………………………（172）
二、相对湿度 ………………………………………………………………（173）
三、露点 ……………………………………………………………………（175）
第二节 涂装施工期间的检查 ………………………………………………（176）
一、设计文件及涂装规格书和产品说明书 ………………………………（176）
二、混合、稀释和搅拌 ……………………………………………………（177）
三、混合使用时间和熟化期 ………………………………………………（178）
四、涂装间隔 ………………………………………………………………（179）
五、湿膜厚度的测量和计算 ………………………………………………（179）
六、灯光照明 ………………………………………………………………（181）
七、脚手架 …………………………………………………………………（181）
八、通风 ……………………………………………………………………（181）
第三节 干膜厚度测量 ………………………………………………………（183）
一、非破坏性测试仪器 ……………………………………………………（183）
二、破坏性测厚仪 …………………………………………………………（184）
三、干膜测厚仪的校准 ……………………………………………………（185）
第四节 涂膜干燥和固化 ……………………………………………………（187）
一、涂膜干燥和固化的影响因素 …………………………………………（187）
二、涂膜干燥的测定 ………………………………………………………（187）
三、涂膜固化程度的铅笔硬度测试 ………………………………………（188）
四、涂膜固化的溶剂测试 …………………………………………………（188）
第五节 附着力和内聚力 ……………………………………………………（189）
一、划叉法 …………………………………………………………………（190）
二、划格法 …………………………………………………………………（191）
三、拉开法 …………………………………………………………………（193）
四、划圈法 …………………………………………………………………（194）
第六节 针孔和漏涂点检测 …………………………………………………（194）
一、低压湿海绵型 …………………………………………………………（194）
二、高压脉冲型漏涂点检测仪 ……………………………………………（195）

三、电压取值 …………………………………………………………………………（196）
第七节　涂膜外观 …………………………………………………………………………（198）
第七章　涂料及涂膜的缺陷和防治 ……………………………………………………（199）
第一节　涂料运输中产生的缺陷及防治 ………………………………………………（199）
一、增稠、结块、胶化和肝化 ……………………………………………………………（199）
二、色漆沉淀、结块 ……………………………………………………………………（199）
三、结皮 …………………………………………………………………………………（200）
四、清漆发浑、乳液分层 ………………………………………………………………（200）
第二节　常规涂装过程中涂膜缺陷及防治 ……………………………………………（201）
第三节　涂装后涂膜产生的缺陷及防治 ………………………………………………（214）
第八章　油罐涂装工程竣工验收 ………………………………………………………（223）
第一节　竣工验收的依据及条件 ………………………………………………………（223）
一、竣工验收的依据 ……………………………………………………………………（223）
二、竣工验收的条件 ……………………………………………………………………（224）
三、竣工验收的人员素质要求 …………………………………………………………（224）
四、竣工验收的准备 ……………………………………………………………………（224）
第二节　竣工验收的组织及程序 ………………………………………………………（225）
一、竣工验收的级别 ……………………………………………………………………（225）
二、竣工验收的组织 ……………………………………………………………………（225）
三、竣工验收的程序 ……………………………………………………………………（226）
四、竣工验收的方式 ……………………………………………………………………（226）
五、竣工验收的方法 ……………………………………………………………………（229）
六、竣工验收检查的内容 ………………………………………………………………（229）
第三节　项目文件资料的收集与编制 …………………………………………………（231）
一、项目文件的内容 ……………………………………………………………………（231）
二、项目文件的收集 ……………………………………………………………………（232）
三、项目文件的编制 ……………………………………………………………………（232）
四、项目文件组卷原则、方法及顺序 …………………………………………………（232）
五、竣工图 ………………………………………………………………………………（243）
六、竣工验收报告的编制 ………………………………………………………………（243）
七、竣工验收鉴定书的编制 ……………………………………………………………（244）
第四节　竣工验收的后续工作 …………………………………………………………（245）
参考文献 …………………………………………………………………………………（247）

第一章 绪论

油罐是石油库储存石油产品的核心设备，其技术性能是否良好直接关系到储存产品的可靠性和连续运营的安全性，对保证石油库安全起着至关重要的作用。石油库在用油罐涂装是保证其技术性能的一项经常性检修维护工作，本书内容针对石油库在用油罐实际，紧贴石油库作业现场状况，从油罐涂装工程设计到油罐涂装工程施工，从油罐钢材表面除锈、涂料选用、涂料调试、涂装操作到质量控制、检查验收等，对在用油罐涂装工程设计与施工进行了全面阐述，对石油库来讲适用性好，针对性强，具有很好的可操作性。

第一节 腐蚀的危害与防控

一、腐蚀危害的严重性

腐蚀造成的经济损失数目惊人。腐蚀是全世界面临的一个严重问题，自从人类进入钢铁世界，腐蚀的危害便如影随形——有时它就像一种慢性毒药，发展过程似乎感觉“极为缓慢”，易被人们忽视，但造成的经济损失却难以想象。根据相关统计，腐蚀的危害体现在直观的经济损失上，全世界每年因腐蚀造成的经济损失大约在 7000 亿美元，给人类造成的危害和损失超过了风灾、火灾、水灾和地震等所有自然灾害的总和，平均占国民生产总值(GNP)的 2%~4%。1995 年 Battelle 实验室和北美特种钢公司(SSINA)的统计结果表明，美国平均每年钢铁腐蚀损失近 3000 亿美元，人均 1100 美元。我国 1995 年统计，钢铁腐蚀损失约占国民生产总值(GNP)的 4%~5%。2008 年汶川大地震造成的损失是 0.85 万亿元，同年，中国因腐蚀付出的代价约达 1.5 万亿元，接近汶川大地震造成损失的 2 倍。截至 2016 年，这个数字比 2008 年翻了一番，十分惊人。

腐蚀严重威胁着安全。腐蚀不仅消耗人们创造的宝贵财富，而且破坏了生产、生活活动的正常运行。有时它就像温顺的绵羊，日常生活中似乎“微不足道”，易被人们忽视，但有时更像洪水猛兽，一旦发威，往往会酿成重大安全事故。腐蚀问题没有爆发前，大家可能不太关注，只有发生事故之后，才会发现问题的严重性。腐蚀容易导致工程装备、关键结构以及基础设施的损坏，进而引起灾难性事故。2011 年 3 月 11 日，日本东部地区发生 9.0 级强烈地震，接着是破坏性巨大的海啸，随之而来的是核电站爆炸引发核危机，震惊了整个世界。事后调查表明，日本核危机与腐蚀密切相关，福岛第一核电站 1 号机组已运行 40 多年，各种设备及管道都已老化、锈蚀，这也是导致这次核危机的主要因素之一。

腐蚀危害人体健康。在日常生活中，腐蚀带来的负面影响也不可小视。腐蚀产生的重金属离子会污染土壤、植物、水，污染环境，进而通过饮食摄入影响人类健康。瑞典斯德哥尔摩监测了近 50 年土壤中铜离子的浓度，发现随时间推移呈线性增长。人体内金属元素的平衡对人体健康至关重要，腐蚀破坏了自然环境中这些元素的平衡，导致重金属过量，危害人体健康。

当然，防腐技术控制比较成功的案例也很多，例如 1907 年由德国人负责设计建造、日本人负责监理的兰州黄河铁桥，100 多年来饱经风霜，仍然傲然屹立，这与科学的设计方案、先进的防腐技术、优良的施工质量密不可分。

不注重防腐蚀，何谈百年建筑、千年大计！何谈建设健康中国，构建平安和谐社会环境。今天，腐蚀机理的基础研究、腐蚀技术研发、防腐蚀技术控制等，已成为人类的重要课题。为促进防腐蚀理论、技术研究与应用，2006 年在纽约正式注册成立世界腐蚀组织（WCO），并由世界腐蚀组织（WCO）确立了“世界腐蚀日”，2019 年 4 月 24 日是第十一个“世界腐蚀日”。

二、我国防腐蚀研究现状

在科学研究领域已实现与世界齐头并进。经过近 40 年的努力，近年来我国对腐蚀科学的研究已经取得了长足进步，基本达到了与欧美发达国家齐头并进的水平，在个别重大工程材料领域甚至做到了世界领先。2017 年建成的港珠澳跨海大桥，采用了涂料+阴极保护+原位检测三重腐蚀控制技术，能最大程度降低海水与桥体金属材料间的电化学反应速率，使桥梁的设计使用寿命达到 120 年。此外，中国自主研发的纳米复合涂料技术已广泛运用于飞机、电网、大型船舶等工程，高铁纳米复合涂料也已研发成功，即将投入使用。

产品生产领域仍然落后。我国腐蚀产品的生产与应用整体仍落后于发达国家，防腐产业整体与发达国家相比尚有差距，许多国际腐蚀市场被国外产品占领。从国内涂装市场份额调查来看，IP（国际油漆）、PPG、Hempel、Jotun 等几大国际品牌在中国涂料市场占有率约为 17%，其余产品多是国产品牌，但在防腐涂料的高端领域，国内产品及生产技术与国外产品还有较大差距，防腐涂料国际品牌产品不多，占市场份额不多。

施工管理领域相对滞后。防腐蚀不仅仅是科学与技术问题，同时也是管理问题，有时管理成了主要因素。国外建设公司等企业的整体服务体系较为完备，而国内在这些方面还比较欠缺。设计端、施工端、监理端、业主端普遍存在着领导对防腐质量重视不够的问题，工程项目防腐质量意识淡薄，石油库技术人员缺乏油罐涂装基本知识，施工单位技术力量薄弱，监理监督不够全面到位，合同内容不够完善规范，资金投入不够及时足额，具体体现在施工设计、人员配备、涂料把关、过程监理、检查验收、标准掌握等方面标准把关不够。一些工业涂装项目的质量经理、企业负责人、业主代表等，大多数都没有在涂装方面的专业经验，由他们决定涂装项目质量，难以保证标准要求，主要原因是涂装质量、涂装行业没有得到足够重视。

三、做好腐蚀防控的主要途径

一是提高对腐蚀知识的认识。长期以来，我们对腐蚀的重视程度不够，甚至出现了重大事故还是得不到重视。自 20 世纪 80 年代开始，中国逐渐进入了基础建设的高峰期。如果现在不重视防腐，未来几十年，与腐蚀相关的重大安全事故可能会频繁发生，不能等事故发生了再后悔，重视腐蚀就从今天开始。

应强化各行业对腐蚀重要性的认识，加强腐蚀科普和学校教育。通常大家总认为现在建筑里面是钢筋、外面是水泥，不会出现腐蚀，这种想法大错特错了！雨雪等会渗透到水泥中，如果钢筋没有做好防腐蚀处理，就会产生锈蚀，锈蚀的钢筋会膨胀，损坏水泥，破坏建筑物的结构，很可能发生重大安全事故。

其实，只要人们提高对腐蚀知识的掌握和认识，就能显著降低腐蚀带来的损失。比如，长期闲置的自来水管中，存储的水有更多重金属离子析出，所以，刚放出来的水就不适合饮用；盐和醋对不锈钢有较强的腐蚀性，因此有盐醋的食物不适宜长期放置在不锈钢容器中，而应放到陶瓷容器中；室内暖气片中的水含有缓蚀剂，能降低水介质在相对封闭环境中的腐蚀性，因此不能随意更换等。这些生活中的小技能，也是老百姓在个人层面上防止腐蚀危害的有效手段。

二是加强对防腐材料和技术领域的研究。在不同环境中，即便同样的材料，腐蚀情况也会千差万别，这给腐蚀危害的研究和防治增加了难度。用同一种防腐技术处理楼房，内陆地区可能几十年都没事，但海景房很快就会被腐蚀，影响居住。再比如说，中国拥有国际上最先进的高铁涂料防腐技术，但目前中国高铁上用的涂料放到新加坡就不一定有效。什么原因呢？新加坡气候跟我们不同，气温高、盐雾高、湿度大，防腐技术不能照搬。由于腐蚀的速率取决于材料和环境的搭配组合，因此分析具体环境，调整材料中的化学元素成分、微观结构、腐蚀产物膜的性质，对于提升材料耐腐蚀性至关重要。

三是注重防腐技术与产品的应用推广与产业化。如何将先进的防治技术应用于实际生产，这是我国同欧美发达国家还存在较大差距的主要方面。研究成果的产业化过程，往往取决于企业的积极性。能产生直接经济效益的事情，企业比较愿意去做。对于一些周期长、见效慢的产品，没有国家相应政策扶持，生产企业不愿意多投入，也不太关心防腐新技术的推广。防腐问题不仅是个经济问题，更涉及环境保护、社会资源等诸多公共利益。因此，建议政府部门也要积极参与进来，通过政策扶植推动企业对新技术的运用，做好技术研发和实际生产的衔接工作。

四是重视长寿命工程结构的安全评价与寿命预测。工程结构健康的监测与检测，是腐蚀控制环节的决定性因素。材料的服役安全性评价，是做出维护决策的重要依据，全世界的腐蚀研究都密切关注这一问题。在这一世界性难题上，中国的研究处于领先位置。2015 年，首次由中国科学家牵头，在大亚湾核电站完成了百万千瓦商用堆核岛关键部件的安全分析与寿命评价。中国的管道损伤安全评估评价标准，比之前采用的美国标准更先进，能够帮助国家节约大量资源。

对于已建成的工程或建筑，在维护中要加入防腐的检查项目和维护投入。但这笔投入应该由谁来承担？能不能上升为国家强制性标准？专家和行业人员已经呼吁了多年，但目前还没得到有效解决。

五是认真抓好防腐项目的科学管理。规范防腐蚀设计、合理选择耐腐蚀材料和防腐蚀方法，认真抓好防腐项目的规范施工和科学管理，在工程装备使用过程中要重视日常维护是搞好防腐的关键环节。

① 采取多种方式传授涂装知识和施工经验；

② 规范施工合同的内容，选好施工季节；

③ 选配施工现场的检查监督人员；

④ 择优选用施工队伍；

⑤ 石油库和上级业务部门应进行检查验收。

六是完善标准体系，保证规范权威性、强制性和操作性。国内涂装行业的标准比较繁杂，多达几十个，同样是基体表面处理，有国际标准、国家标准、行业标准（石化、冶金、石油等），实际操作过程中给人感觉执行哪些标准、依据哪些标准、参考哪些标准不好把控。

含重金属的油漆在国内应用没有得到有效制止，与国家相应法规相对滞后、强制性不够有关。欧美一些发达国家对涂料中的重金属含量都有严格的规范限制，几大国际品牌涂料公司能够按规范逐步采用有机颜料替代之前一直使用的含重金属的无机颜料，规范含锌油漆的铅含量要求。由于发展理念相对滞后，我国工业涂料行业至今没有出台对重金属含量限制的强制性规范，导致国产品牌在生产绿色产品、环保产品方面进展缓慢，也是我国涂料产品不能打到国际市场的主要原因之一。国内项目施工现场含有重金属的涂料在普遍使用。比如国外早已明令禁止的红丹底漆，在中国还在生产和使用。这不但污染了我们有限的国土和水资源，还直接影响着国民的健康。加强对防腐标准体系的配套建设研究，完善防腐行业标准体系，保证防腐规范权威性、强制性和操作性，促进腐蚀防控带来健康发展。

第二节　油罐涂装工程施工作业的必要性

处在大气环境中的金属油罐，其所储存的油品往往含有氢、硫、酸、有机和无机盐以及水分等腐蚀性化学物质，随着使用时间的延长，出现防腐层损坏、腐蚀穿孔、钢板开裂、罐体变形、渗漏跑油等现象在所难免。这是一种自然现象和客观规律，无法避免和逃避，只有正确面对，寻找破解之法，才能让油罐更好地为我们服务。为了缓解或者迟滞这种现象的发生，确保油罐安全正常使用，延长油罐使用年限，根据实际情况，就必须定期或不定期地对油罐进行除锈涂装工程施工作业。这也是国内外应对金属油罐腐蚀的一种通用方法。如果不能对在用金属油罐进行及时的涂装修复处理，轻则腐蚀加快并对油品造成污染，使油品胶质、酸碱度、盐分增加，影响油品质量；重则因腐蚀而使油罐穿孔发生油品泄漏，不但造成能源浪费、环境污染，而且容易引发火灾、爆炸，其危险性会进一步加大。因此，全面掌握油罐的防腐机理和涂装工程施工技术手段，采用合理、先进、经济、高效、安全的方法，对油罐进行除锈涂装工程施工作业是非常必要和必不可少的。

一、油罐腐蚀

如上所述，之所以进行油罐涂装施工作业，是由于金属腐蚀对油罐造成了损伤。清洗除锈涂装就是为了减少这种腐蚀对金属油罐的伤害。腐蚀的本质从广义上讲是物质由于周围环境因素的作用引起物质(含金属和非金属)的破坏；就金属而言，则是表达金属由元素状态转化为化合物状态的化学变化和电化学消耗。即金属腐蚀的本质是由元素状态还回到自然状态(矿石)的普遍的自然现象。这种现象从能量转换的观点看，自然状态的化合物经过冶炼(返原)成为金属是吸热过程，需要提供大量热能方可完成。金属状态的铁与矿石中的铁相比具有较高的自由能。因此，金属存在着放出能量变为能量更低、更稳定的矿石状态的趋向。这种放出能量的变化就是产生腐蚀的推动力，放出能量的过程就是腐蚀的过程。石油库设备的腐蚀就是这种普遍自然现象的体现。

1. 油罐腐蚀的危害性

由于油罐外壁、底板外侧和油罐内壁分别与周围大气、罐底土壤(或罐基础)和罐内油料直接接触，将不可避免地产生大气腐蚀、土壤腐蚀、电化学腐蚀和细菌腐蚀等。特别是建在洞库或掩体内的油罐，常年处于阴暗潮湿的环境中，恶劣的环境造成腐蚀加剧。资料表明：使用15年以上的地下油罐，70%均有渗漏问题。油罐腐蚀主要危害有6个方面：

（1）降低油罐强度。据资料报道，钢在一般大气中的锈蚀速度为0.05～0.15mm/a，若在潮湿的山洞内或腐蚀性强的土壤中，其锈蚀速度将大大加快。当钢板的锈蚀深度达其厚度的1%时，其强度将会降低5%～10%。众所周知，金属钢油罐系薄壳型结构，2000m^3立式金属油罐所用钢板的厚度为4～8mm，5000m^3立式金属油罐所用钢板的厚度仅为4～12mm，10000m^3立式金属油罐所用钢板的厚度仅为6～17mm。油罐腐蚀造成罐体钢板减薄，大大降低油罐强度，导致罐体失稳变形。

（2）油料泄漏损失。严重腐蚀可造成油罐腐蚀穿孔，导致油料泄漏、财产损失。

（3）污染自然环境。油料泄漏，不仅造成巨大的经济损失，还有可能对环境造成极大破坏，生态系统受损。据美国政府的统计资料表明，1gal（1gal≈3.79L）泄漏原油会造成100×10^4gal地下水的严重污染。

（4）引发着火爆炸。油料漏泄时，大量油气聚集在储存区、作业场所等，油气混合性气体达到或超过最低爆炸极限时，遇到火源极易发生着火爆炸事故，后果不堪设想。

（5）人员中毒窒息。油料漏泄时，大量油气聚集洞库、覆土罐间、地面罐防火堤内的储存区、作业场所等相对密闭的有限空间内，极易导致人员中毒窒息，甚至死亡。

（6）油料性能下降。一旦发生腐蚀泄漏，将导致油料性能下降，直接影响装备发动机的性能。据统计，飞机飞行事故中有33%是由发动机故障引起的，而有50%的发动机故障是由油品污染所致。

2. 影响腐蚀的因素

影响腐蚀的因素有很多，概括起来主要有以下12种：

（1）金属成分。两相或多相合金比单相金属一般来说易于造成腐蚀。

（2）金属表面状态。粗糙的金属表面比光滑的表面容易腐蚀。

（3）设备结构。设备结构设计安装不合理，易于创造腐蚀条件。

（4）变形影响。金属冷、热加工（如拉伸、冲压、焊接等）而变形会加快腐蚀，甚至产生应力腐蚀破裂。

（5）压力影响。压力增加常常会使金属的腐蚀速度加快。

（6）温度影响。一般来说温度升高会使电化学腐蚀加速，但氧在80℃以上溶解度降低，对于开口设备有减少腐蚀趋势。

（7）湿度影响。湿度增大腐蚀加快，相对湿度60%～80%时腐蚀增加较快，80%以上变化不大，60%以下腐蚀较轻。

(8) 介质溶液成分和浓度。不同的溶液和浓度对金属腐蚀快慢不同。一般来说浓度大腐蚀快。另外，腐蚀速度还与溶液阴离子个性有关，如铁在一些盐溶液中生成不溶性物质或在表面形成氧化物而使腐蚀减慢。

(9) 介质溶液运动速度。溶液运动速度增加会使腐蚀加快。

(10) 介质 pH 值影响。pH 值对腐蚀影响较大，影响结果也复杂。介质不同，材料不同，pH 值的影响也不同。一般情况下，铁在非氧化性酸液中，pH 值降低加速腐蚀，而在氧化性酸液中 pH 值降低，会使金属钝化，腐蚀减慢。

(11) 杂散电流影响。地下金属设备因为杂散电流的影响腐蚀加快。

(12) 空气质量与气候环境影响。

3. 油罐各部位的腐蚀及其影响因素

油罐各部位腐蚀及其影响因素，见表 1-1。

表 1-1 储油罐各部位腐蚀及其影响因素

<table>
<tr><th colspan="2">腐蚀部位</th><th>油罐类型</th><th>腐蚀类型</th><th>主要影响因素及情况</th></tr>
<tr><td colspan="2" rowspan="5">油罐外(含罐顶罐壁罐底)腐蚀</td><td rowspan="2">罐室内油罐和掩体内油罐</td><td>大气腐蚀</td><td>受温度、湿度、大气成分等影响。湿度愈大腐蚀愈快；大气中含有尘埃、二氧化碳、硫和氮的氧化物、氯化物等时腐蚀严重</td></tr>
<tr><td>渗漏水腐蚀</td><td>受渗漏水化学组成影响。一般来说含活性物多时腐蚀严重</td></tr>
<tr><td rowspan="2">地上油罐</td><td>大气腐蚀</td><td>正常情况下相对于罐室内湿度小，腐蚀轻</td></tr>
<tr><td>自然水腐蚀</td><td>受雨、霜、露、雪等影响。腐蚀轻重主要决定于空气成分和尘埃含量</td></tr>
<tr><td>掩埋油罐和油罐底</td><td>土壤腐蚀</td><td>受土壤的成分、性质、电阻率、杂散电流的影响。通常比大气腐蚀严重</td></tr>
<tr><td rowspan="3">油罐内部腐蚀</td><td>储油部分</td><td>各类油罐</td><td>化学、电化学腐蚀</td><td>受油品中的腐蚀性物质、含气量等影响，腐蚀比较轻</td></tr>
<tr><td>气体空间</td><td>各类油罐</td><td>化学、电化学腐蚀</td><td>受空气中水分、二氧化碳、硫和氮的氧化物、氯化物、尘埃，以及油品蒸发物等的影响。腐蚀比较严重</td></tr>
<tr><td>罐底内壁</td><td>各类油罐</td><td>化学、电化学腐蚀</td><td>受沉积物、沉淀水、锈蚀物等的影响，腐蚀严重</td></tr>
</table>

二、在用油罐涂装工程施工特点

1. 在用油罐与新建油罐涂装工程施工特点对比

油罐是存储石油和石油产品的重要容器，由于使用年限较长，外部所处环境恶劣，内部水杂沉积物较多，锈蚀现象在所难免，势必影响到油罐的正常使用。当油罐有渗漏、损坏等问题发生时，首先需要对油罐进行腾空清洗，然后，才能进入油罐实施现场检查、局部修理(堵漏)、除锈涂装防腐等工作。由于罐内残存有易燃液体、有毒性易爆炸气体，在用油罐涂装工程施工是在有限空间内的一种非常规、高风险作业，操作涉及多项综合作业，极易发生着火爆炸、中毒窒息和人员受伤等事故。因此，保证施工安全至关重要，做好安全工作的核心就是细化操作规程、严格按章办事、全面落实安全责任制。

对于石油库来讲，在用油罐涂装工程施工作业与新建油罐相比，有如下特点：

(1) 在爆炸危险场所施工，环境恶劣，危险因素多，安全风险大，必须采取隔离危险源，切断相关电气接线，通风清除油气等技术防范措施；

(2) 需对旧涂层进行清除，涉及旧涂层清除、新旧涂层匹配等技术问题；

(3) 通过对旧油罐锈蚀特点、锈蚀部位分析，需要针对旧油罐所处环境和技术质量情况，进行锈蚀等级鉴定，从而确定除锈方式、除锈等级问题；

(4) 对于使用年限较长的油罐，需要增加局部修理、大修换底等油罐修补施工，修补施工前、后均需对旧油罐进行除锈，涉及除锈交叉施工工序问题；

(5) 对于洞库、覆土式油罐，在有限空间内施工，涉及通风、排除有害气体、涂层干燥时间、质量控制等特殊问题。

上述情况都需要施工的组织者和管理者高度重视，并严格按照相关规范组织实施。

2. 涂装工程施工存在的主要问题

为规避由于油罐腐蚀带来的风险，必须做好油罐的涂装等一系列工作。目前，在用油罐涂装工程施工中主要存在 8 个方面的问题。

(1) 忽视设计要求。油罐涂装工程施工作业作为一项技术含量较高的工程项目，在施工前必须进行设计，才能做到施工有据可依，才能有效保证施工质量和涂装效果。在实际工作中，由于施工单位执行相关规程不严格，忽视设计要求，造成涂料选型错误，涂装工艺不科学，工程争议大、遗留问题多等问题频发。

(2) 除锈不够彻底。通常，石油库在组织实施新建和扩建工程设备防腐工程时，应达到 Sa2½(喷射或抛射除锈)或 St3(手工和动力工具除锈)级标准。但在检查中发现，钢板表面残留有锈蚀和旧漆层，大多不符合设计标准，达不到 GB/T 8923.1—2011/ISO 8501-1：2007《涂覆涂料前钢材表面处理　表面清洁度的目视评定　第 1 部分：未涂覆过的钢材表面的锈蚀等级和处理等级》和 SY/T 0407—2012《涂装前钢材表面预处理规范》的技术要求。另外，除锈后钢板表面的浮尘和碎屑清除不彻底。涂装时将这些浮尘和碎屑混入涂层，致使涂层起粒(涂层粗糙)。

(3) 焊疤没有清除。焊疤是施工中焊接固定钢板的支撑物遗留下来的，除锈时应将其打磨或铲除平整，但所有检查验收的油罐几乎都有焊疤。有人说，焊疤不会影响油罐防腐的质量和油罐安全运行。这种说法是错误的。其原因：一是影响施工安全，施工或检查中，稍不注意脚下打滑，锋利的焊疤极易伤人；二是锋利的焊疤与坚硬物相撞会将涂层刺破，腐蚀性介质由此进入涂层与钢板之间，会造成钢板的锈蚀和涂层的剥离，影响使用寿命；三是在条件具备时，焊疤尖端与带静电的油面之间会产生火花放电，可能引发爆炸着火事故；四是清洗擦拭油罐时，纤维物被焊疤挂留。这种纤维物对航空燃料油和柴油具有不可忽视的危害，它可能将用油设备供油系统的喷嘴堵塞。

(4) 忽视蚀坑处理。在用油罐大部分底板锈蚀比较严重，或多或少，或深或浅，都有腐蚀坑，有的分散，有的成片。这种腐蚀坑在涂装中应填平。涂装施工前应将腐蚀坑内的残留物清除干净，涂刷底漆后用适当比例的底漆和面漆，加入适量滑石粉配制的腻子刮平，遇有较深的腐蚀坑，还应用软金属将其填堵，再用腻子刮平。如果不这样处理，这些部位将成为涂层的薄弱部位，防腐涂层极易遭受损害而影响使用寿命。

(5) 涂层存在缺陷。受利益驱动、技术水平和施工环境影响，涂层质量较差，涂层存在缺陷。油罐防腐涂层质量方面存在的问题主要是：涂层厚薄不均，涂层流挂现象较多，底板涂层粗糙比较普遍，涂层脱落、生锈也有发生。这些缺陷都对整体防腐效果具有不良影响。

(6) 涂装质量失控。由于执行相关规程不到位，施工组织管理、技术力量、监督控制、作业程序及技术要求不规范，导致施工中出现基材处理不彻底，涂料配比控制不严格，腻子刮涂不过关，温度、湿度、干燥时间控制不到位，涂装工艺不合理，涂层厚度不达标，验收程序不严格，造成涂层质量差，使用寿命短。特别是洞库、覆土式油罐涂装施工条件恶劣，质量控制难度大，存在问题多、教训深刻。

(7) 污物处理随意。油罐内清出的污水(含冲洗油罐的含油污水)、污物及干洗油罐用过的木屑等没有按规定进行处理，污水直接排入水体或大地，污物乱倒乱撒。这样做既污染水体和环境，又成为石油库运行的不安全因素。YLB 06—2001《军队油库油罐清洗、除锈、涂装作业安全规程》规定，“含油污水，必须经过处理并达到 GB 8978—1996《污水综合排放标准》的三级标准”才能排入水体或大地；“罐内清出的污物和木屑等通常采用自然风化法，严禁乱倒乱撒”。

(8) 防护措施缺失。清洗除锈涂装工程施工作业是一项非常规、高危险，管理难度大的作业。近年来，由于相关规程不完善、执行不严格，在国内外，存在着防护措施缺失问题，导致发生着火爆炸、人员中毒死亡、工伤等事故。

3. 涂装工程施工存在问题的原因

油罐涂装工程质量方面存在上述8个问题的原因归纳起来有以下几点。

(1) 石油库人员缺乏油罐涂装方面的知识。如一些石油库相当数量人员不知道国家关于钢材表面锈蚀等级和除锈等级的标准要求，因而造成施工合同中有这样的条款，“采用手工和动力工具方法除锈，其标准达到国家规定的一级”；再如对油罐焊疤的危害性说不清楚，涂层常见缺陷和预防方法也不知道等。

(2) 施工单位技术力量薄弱。如在检查和验收中曾向施工单位负责技术的人员提问，除锈质量应达到什么标准？有的说达到国家规定的一级标准，有的说达到国家规定标准。进一步问，国家规定一级标准，如何表述？回答：不知道。再如焊疤的危害性、腐蚀坑的处理，涂层的流挂等都说不清楚。

(3) 监理监督不够全面到位。在施工作业中，作业现场都有石油库人员进行监督检查。但检查监督人员既缺乏涂装方面的知识，又没有涂装施工经验，而且极少进入油罐内进行质量检查，偶尔进去也提不出具体问题，只能起到监督施工人员不违反石油库管理规定的作用，对于涂装工程施工质量起不到检查监督作用。

(4) 合同内容不够完善规范。如建设和施工单位的职责规定不明，没有涂装等方面的质量要求，起不到约束双方履行职责的作用。有的单位施工季节不当，施工环境相对湿度大，钢板表面有冷凝水，造成了涂层脱落、生锈。

(5) 资金投入不够及时足额。由于油罐涂装工程投入经费少，石油库为完成任务，只能寻找要价低的施工队施工。而施工队既缺乏必要的技术人员，又不按涂装工程施工程序作业，出现质量问题也就不足为奇了。

4. 预防涂装工程施工质量问题的对策

根据油罐涂装工程施工存在的问题和原因，预防质量问题的对策可从以下几个方面进行：

(1) 采取多种方式传授涂装知识和施工经验。理论知识、实践经验和安全意识是施工过程安全的重要保障，要采取多种有效渠道和方式，做好人员岗前培训，提高人员驾驭施工管理的能力，如举办短训班、技术讲座、印发有关涂装施工和质量检验的资料等。

(2) 规范施工合同的内容，选好施工季节。按国家规定的施工合同模式，明确建设和施工单位的职责，规定涂装的质量要求，严格按照合同要求进行检查验收。油罐涂装施工作业一定要选在比较干燥的季节进行。

(3) 选配施工现场的检查监督人员。如选用业务能力强、工作认真负责的人员担任现场检查监督人员，或者聘请施工经验、工作负责任的退休人员担任现场检查监督工作。

(4) 适当增加涂装工程的投入，择优选用施工队伍。按照工程设计方案、所用涂料、施工方法等进行概算或预算，根据概算或预算确定投入经费；对施工单位的技术力量和施工水平必须进行考核。在考核的基础上采取评标或者议标的方法确定施工单位。

(5) 石油库和上级业务部门应进行检查验收。在工程施工中，必须在涂装上一工序完成后，下一工序开始前进行质量检查，并实行签证制度，凡不符合质量要求的必须返工；竣工后的检查验收，必须检测涂层厚度和外观，并对施工技术资料和有关文件进行认真的检查和核对，凡不符合要求的不能通过验收。

三、油罐涂装工程施工相关规范要求

首先，对于在用油罐涂装工程施工作业中，目前尚无针对性强、适用性好的专业技术规范和标准，在具体施工中，只能参照相关的一系列技术标准规范和要求；现行国家规范仅局限于新建油罐的施工，不适用在用油罐的施工，加之油罐安装位置、布置形式有其特殊性，实际施工中，主要参照国家新建油罐相关标准、行业标准和传统经验做法。

其次，对于新建油罐而言，国家标准和行业标准间部分技术指标要求也存在差异，给操作带来诸多不便。例如：关于油罐内壁导静电涂料的技术指标，GB/T 50393—2017《钢质石油储罐防腐蚀工程技术标准》、SY/T 6784—2010《钢质储罐腐蚀控制标准》中明确涂层的表面电阻率为 $10^5 \sim 10^9\,\Omega$，CNCIA-HG/T 0001—2006《石油贮罐导静电防腐蚀涂料涂装与验收规范》中明确涂层的表面电阻率应为 $10^8 \sim 10^{11}\,\Omega$。不同标准提出了不同的数据。因此，在执行的过程中要区别对待，具体问题具体分析，结合要求找出适合本单位油罐实际情况的标准数据。

第三，针对在用油罐检修维护，相关行业出台了相应了的标准，如 SY/T 5921—2017《立式圆筒钢制焊接油罐操作维护修理规范》、QSY 165—2016《油罐人工清洗作业安全规程》和《军队石油库立式钢制油罐换底大修改造技术规程》等，从一些侧面宏观对在用油罐涂装提出了原则性要求，重点偏重于安全管理，未对施工质量与控制操作进行针对性规范。因此，在油罐的涂装工程施工作业过程中，对施工质量的检查验收还需要参照其他相关规范，存在不配套、不完善、不方便等诸多不便之处，给施工管理和检查验收带来了一定的难度。

总之，在用油罐的涂装工程施工作业没有现成的规范作为依据，只能参照国家、行业、军队相关内容的技术规范。而国家标准、行业标准和军队标准主要是针对新建油罐制定的，不完全适用于在用油罐。因此，在具体的操作过程中，必须在吃透各种标准规范的基础上，灵活把控标准的使用，本着就高不就低的原则开展工程施工作业，从而确保工程的质量。

第三节　油罐涂装工程设计与施工的基本依据和原则

一、石油库管理规章结构体系

石油库在建设与管理过程中，人们经过数百年的努力，用惨痛教训和宝贵生命不断探索石油库安全管理的规律，逐步形成了一套完整配套有效的法规、规章、规范、规程、标准、办法、细则等，这些都是石油库建设与管理的依据，具有重要的规范、约束作用。油罐涂装设计与施工是石油库管理建设的重要组成部分，具有极大的风险性、专业性和规范性，技术性强，质量标准要求高，不但要求具有科学的设计方案，还要有高度的组织指挥、科学完善的制度，安全可靠的操作、周密严谨的协同，当然，这些是需要有技术状况良好的设备设施和训练有素的人员来实施的。这就需要我们不仅进行系统的设计，还要有严谨的规程规章、成熟的规章来规范作业全过程，约束人员行为，统一人的行动，协调一致地实施严格的正规化管理。

目前，涉及石油库油罐涂装设计与施工作业的规程、规范、标准较多，这些法规来源于实践经验教训的概括和理性化，充分体现了国家安全生产方针、政策，以及石油库(行业)油罐涂装设计、施工建设与管理的原则和要求，具有规范性、严肃性、科学性、针对性、严密性、操作性、继承性、权威性、保护性等特点，对培养“石油库人”良好的职业道德、约束和改造石油库行业人员思想、规范油罐涂装施工过程人员行为，具有重要的意义，是整个作业活动的准则。实现了有法可依、有章可循。在油罐涂装设计与施工过程中，只要按规范规定做，按规章要求办事，就能顺利完成各项任务，到达胜利的彼岸，实现预期的建设目的。否则，工程施工难以完成，油罐储存功能难以实现，甚至会造成不应有的伤亡和损失。

从石油库管理规章结构系统来讲，石油库管理规章可分为四个层次：

第一层次属石油库管理规章的最高顶层法规，是把控大方向、把控全局的最高法规，如军队石油库顶层专业管理规章就是《中国人民解放军后方仓库条例》《中国人民解放军油料条例》。

第二层次石油库专业管理规章是针对石油库的最高管理制度，是把控大方向、把控全局的最高技术和管理法规，如 GB 50393—2017《钢质石油储罐防腐蚀工程技术标准》以国家标准形式颁发的专业技术规范，对军队石油库来讲，第二层专业管理规章就是中国人民解放军军队石油库管理规则、国家相关技术规范、军队相关法规，对石油库管理有强制性。当然也包括国际相关行业的通用性、权威性标准，如 SIS 055900《涂装前钢材表面除锈图谱标准》，在金属防护领域是国际相关行业多年来一直认可并执行的标准。

第三层次石油库专业管理规章是针对石油库的管理标准、技术标准、素质标准、考核标准及国家相关行业标准。这些规章大多由中国石油、中国石化、国家储备局、民航、军队相关专业部门负责制定并颁发，一般是各行业根据自身特点制定，既有针对性又有通用性，在实际业务工作中通常是根据系统自身要求，对照相关行业成熟标准，研究制定作业方案。如 SY/T 6784—2010《钢质油罐腐蚀控制标准》以中国石油行业标准形式颁发的专业技术规范，对其他行业石油库管理有较大的参考性。

第四层次石油库专业管理规章是针对石油库的管理细则、实施办法、操作规程、操作程序、其他行业相关要求。如××石油库××号油罐涂装施工管理规定等，只对本单位本次油罐涂装施工管理具有一定的针对性、可操作性和强制性。

油罐涂装设计与施工作业内容涉及相关规章属于石油库管理规章的范畴，是石油库管理规章的有机组成部分。图 1-1 是军队石油库管理规章结构体系框图，石油、石化系统石油库管理规章与之也很类似。按照石油库规章结构体系，石油库油罐涂装设计与工程施工等规章，主要涉及第二、第三、第四层次的相关标准，其中涂装设计主要涉及第二、第三层次的技术规范及管理制度，涂装工程施工主要涉及第二、第三、第四层次的技术规范及管理制度，特别是第四层次的管理规章制度涉及内容较多。

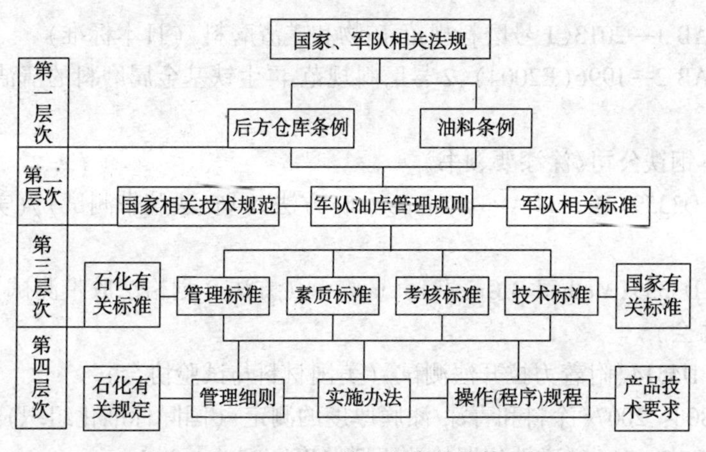

图 1-1　军队石油库管理规章结构体系框图

二、油罐涂装工程设计与施工的基本依据

油罐涂装工程设计与施工从技术上讲，主要依据是国家有关规范，当然还要

参考英国、日本、美国等发达国家先进标准，认真吸收国内石油化工、军队相关行业成熟经验做法，并结合本单位在用油罐涂装特点和多年来石油库施工管理经验而进行。

油罐涂装工程设计与施工所依据的相关标准规范，可分为“国际(外国)标准、国家标准(等同于国际标准)、国家标准、行业标准、企业标准”五个层次，在本书编写过程中直接或间接引用参考(不局限于)93个，其中，国际标准25个，国家标准(等同于国际标准)20个，国家标准24个，行业标准20个，企业标准4个，相关管理规章制度、操作规程就更多了。具体如下(但不局限于这些标准)：

1. 国际(外国)标准

ISO 12944-2：2017《色漆和青漆-防护涂料体系对钢结构的防腐蚀保护 第2部分：环境分类》(国际标准化组织)

SIS 055900《涂装前钢材表面除锈图谱标准》(瑞典标准)

ISO 8501-1：2012《涂装涂料和有关产品钢材预处理表面清洁度的目测评定 第一部分：未涂装过的钢材和全面清除原有涂膜后的钢材的锈蚀等级和除锈等级》(国际标准化组织)

ISO 8503-2：2012《磨料喷射清理后钢材表面粗糙度等级的测定方法 比较样块法》(国际标准化组织)

ASTM D4285-05(2012)《覆层用表面清洁混凝土的标准规程》(美国材料与试验协会)

SSPC AB 1—2013《1号磨料规范 矿物和矿渣磨料》(日本标准)

SSPC AB 2—1996(E2004)《2号磨料规范 再生铁基金属磨料的清洁度》(日本标准)

新日本钢铁公司《涂漆要领书》

ASTM D3359《Method A×-cut tape test(方法A 划×法胶带测试)》(美国材料与试验协会)

ASTM D3359《Method B Cross-cut tape test(方法B 划格法胶带测试)》(美国材料与试验协会)

ASTM D4514《附着力拉开法测试》(美国材料与试验协会)

ISO 2808：2007《涂料和青漆 漆膜厚度的测定》(国际标准化组织)

SSPC PA2：2016《磁性仪器检测干膜厚度》(日本标准)

ISO 2360：2017《非磁性导电贱金属的非导电涂盖层 镀锌厚度测量 振幅灵敏性涡流法》(国际标准化组织)

ISO 2178：2016《非磁性基体金属上非磁性涂层 覆盖层厚度测量 涡流法》(国际标准化组织)

ISO 19840：2012《色漆和青漆 防护涂料体系对钢结构的防腐蚀保护 粗糙表面上干膜厚度的测量和验收标准》(国际标准化组织)

ISO 8502—4：2017《试验表面清洁度的评定 第4部分：冷凝可能性的评定(指导结露漆在先申请的概率)》(国际标准化组织)

NACE SP 0188：2006《在导电底材上测试新保护涂料的漆膜不连续处(漏点)的建议方法》(美国腐蚀工程师协会标准)

NACE RP0490《厚度尺尺为250~760μm(10~30mil)的管道外壁熔融粘接环氧涂层的缺陷探测》(美国腐蚀工程师协会标准)

NACE RP0274《管道涂层在安装前的高压试验》(美国腐蚀工程师协会标准)

ASTM D 1640/D1640M—2014《有机涂料干燥、固化和成膜的标准试验方法》(美国材料与试验协会)

ASTM D 5402：2015《用溶剂擦除法评估有机覆层的耐溶性的标准实施规程》(美国腐蚀工程师协会标准)

ASTM D 4752：2010《用溶剂擦拭法测定硅酸乙酯(无机)富锌底漆耐丁酮的试验方法》(美国材料与试验协会)

ASTM D 5162：2018《金属衬底非导电保护涂料的间断性(漏涂)检验标准实施规程》(美国材料与试验协会)

NFPA《静电作业规范》(美国国家消防协会标准)

2. 国家标准(等同于国际标准)

GB/T 30790. 2—2014《色漆和青漆 防护涂料体系对钢结构的防腐性保护 第2部分：环境分类》(ISO 12944-2：1998，MOD)

GB/T 18839. 1—2002/ISO 8504-1：2000《涂覆涂料前钢材表面处理表面处理方法总则》

GB/T 8923. 1—2011/ISO 8501-1：2007《涂覆涂料前钢材表面处理 表面清洁度的目视评定 第1部分：未涂覆过的钢材表面的锈蚀等级和处理等级》

GB/T 8923. 2—2008/ISO 8501-2：1994《涂覆涂料前钢材表面处理 表面清洁度的目视评定 第2部分：已涂覆过的钢材表面局部清除原有涂层后的处理等级》

GB/T 18839. 3—2002/ISO 8504-3：2000《涂覆涂料前钢材表面处理表面处理方法手工和动力工具清理》

GB/T 18839. 2—2002/ISO 8504-2：2000《涂覆涂料前钢材表面处理表面处理方法磨料喷射清理》

GB/T 19816. 1—2005/ISO 11125-1：1993《涂覆涂料前钢材表面处理 喷射清理用金属磨料的试验方法 第1部分：抽样》

GB/T 17849—1999/ISO 11127：1993《涂覆涂料前钢材表面处理 喷射清理用非金属磨料的试验方法》

GB/T 13288.2—2011/ISO 8503-2-2012《涂覆涂料前钢材处理 喷射清理钢材的钢材表面粗糙度特征 第2部分：喷料喷射清理后钢材表面粗糙度等级的测定方法 比较样块法》

GB/T 18570.2—2009/ISO 8502-2：2005《涂覆涂料前钢材表面处理 表面清洁度的评定试验 第2部分：清理过的表面上氯化物的实验室测定》

GB/T 18570.3—2005/ISO 8502-3：1992《涂敷涂料前钢材表面处理 表面清洁度的评定试验 第3部分：涂敷涂料前钢材表面的灰尘评定(压敏粘接带法)》

GB/T 18570.4—2001/ISO 8502-4：1993《涂敷涂料前钢材表面处理 表面清洁度的评定试验 涂敷涂料前凝露可能性的评定导则》

GB/T 18570.9—2005/ISO 8502-9：1992《涂敷涂料前钢材表面处理 表面清洁度的评定试验 第9部分：水溶性盐的现场电导率测定法》

GB/T 9286—1998/ISO 2409：2013《色漆和清漆 漆膜的划格试验》

GB/T 5210—2006/ISO 4624：1978《涂料和青漆 拉开法附着力试验》

GB 1720—1979(1989)《涂膜附着力测定法(画圈法)》

GB/T 1728—1979《漆膜、腻子膜干燥时间法》

GB/T 13452.2—2008/ISO 2808：2007《色漆和清漆 漆膜厚度的测定》

GB/T 4956—2003/ISO 2178：1982《磁性金属基体上非金属覆盖层 覆盖层厚度测量 磁性法》

GB/T 4957—2003(ISO 2178：1982)《非磁性基体金属上非导电覆盖层 覆盖层厚度测量 涡流法》

3. 国家标准

GB/T 30790.5—2014《色漆和青漆 防护涂料体系对钢结构的防腐性保护 第5部分：防护涂料体系》

GB 6060.5—1988《表面粗糙度比较样块 抛(喷)丸、喷砂加工表面》

GB/T 6060.5—1988《喷砂喷丸处理》

GB/T 18838.1—2002《涂覆涂料前钢材表面处理 喷射清理用金属磨料的技术要求 导则和分类》

GB/T 17850.1—2017《涂覆涂料前钢材表面处理 喷射清理用非金属磨料的技术要求 导则和分类》

GB 6753.6—1986《涂料产品的大面积刷涂试验》

GB/T 1728—1979《漆膜、腻子膜干燥时间测定法》

GB/T 6739—2006《色漆和青漆 铅笔测定法漆膜硬度》

GB 1720—1979(1989)《涂膜附着力测定法》

GB/T 4957—2003《非磁性基体金属上非导电覆盖层 覆盖层厚度测量 涡流法》

GB/T 8570.3—2010《液体无水氨的测定方法 第3部分：残留物含量 重量法》

GB 2894—2017《安全标志及其使用导则》

GB/T 2705—2003《涂料产品分类和命名》

GB 7692—2012《涂装作业安全规程 涂漆前处理工艺安全及其通风净化》

GB 6514—2008《涂装作业安全规程 涂漆工艺安全及其通风净化》

GB 12942—2006《涂装作业安全规程 有限空间作业安全技术要求》

GB 7691—2011《涂装作业安全规程 安全管理通则》

GBZ 2.1—2007《工作场所化学有害因素职业接触限值》

GB 8958—2006《缺氧危险作业安全规程》

GB/T 29304—2012《爆炸危险场所防爆安全导则》

GB 6950—2001《轻质油品安全静止导电率》

GB 13348—2009《液体石油产品静电安全规程》

GB/T 16906—1997《石油罐导静电涂料电阻率测定法》

GB 8978—1996《污水综合排放标准》

4. 行业标准

SY/T 0407—2012《涂装前钢材表面预处理规范》

SY/T 6784—2010《钢质油罐腐蚀控制标准》

CNCIA-HG/T 0001—2006《石油贮罐导静电防腐蚀涂料涂装与验收规范》

HGT 4077—2009《防腐蚀涂层涂装技术规范》

SH 3022—2011《石油化工设备和管道涂料防腐蚀技术规范》

SH/T 3603—2009《石油化工钢结构防腐蚀涂料应用技术规程》

SH/T 3606—2011《石油化工涂料防腐蚀工程施工技术规程》

SY/T 0420—1997《埋地钢质管道石油沥青防腐层技术标准》

SY/T 0447—2014《埋地钢质管道环氧煤沥青防腐层技术标准》

YFB 009—1999《PU91 型弹性导静电防腐蚀涂料施工及验收规范》

AQ 3009—2007《危险场所电气防爆安全规范》

SH 3505《石油化工安全技术规程》

SY/T 6696—2014《储罐机械清洗作业规范》

JJG 693—2011《可燃气体检测报警器检定规程》

MH5008—2005《民用机场供油工程建设规范》

CECS 343：2013《钢结构防腐蚀涂装技术规程》

SY/T 0063—1999《管道防腐层检漏试验方法》

SH/T 3903—2017《石油化工建设工程项目监理规范》

YLB 3001A—2006《军队油库爆炸危险场所电气安全规程》

YLB 06—2001《军队油库油罐清洗、除锈、涂装作业安全规程》

5. 企业标准

QSY XJ0126—2010《储罐涂层防腐设计施工及验收规范》

Q/SH 039-013—88《成品油罐清洗安全技术规程》

QG/PCLX SCXS 007—2004《进入有限空间作业管理规定》

QSY 165—2006《油罐人工清洗作业安全规范》

除上述五个层次的技术规范标准外，还要认真学习和执行上级部门和本单位的相关管理规章制度和操作规程，如《石油库用火安全管理规定》《石油库安全工作评价标准》《石油库安全度评估标准》《石油库应急情况处置规定》《石油库作业安全风险评估与预警规定》《石油库外来施工人员安全管理规定》《石油库出入洞库规则》《油罐清洗安全技术规程》《军队石油库立式钢制油罐换底技术规程》等。

三、油罐涂装设计与施工的原则

(1) 油罐涂装设计与施工遵循的原则是：贯彻“质量第一，科学管控，确保安全，预防为主”的方针，从有效提高油罐使用寿命出发，从保证施工安全出发，从提高经费效益出发，处理好需要与可能的关系。

(2) 总结吸纳国内外石油库在用油罐涂装作业经验教训，吸收采用国内外成熟的新技术和相关标准的先进内容。

(3) 突出实用性和操作性，即要体现本单位油罐的特点，又要与国家、行业标准相协调。

(4) 针对洞库、覆土式油罐，在用油罐涂装具有独特性、更大的危险性，要结合石油库现行管理体制，突出石油库安全作业。

(5) 在标准的使用和把控上，当出现模棱两可的情况时，要准确理解标准的适用范围，掌握本单位油罐的实际情况，使工程建设依据的标准参数精准适用，又能满足安全要求，不出现浪费现象，更不能出现不达标、满足不了工作需要的现象。

第二章 油罐涂装工程设计

第一节 钢结构腐蚀及原因分析

一、金属腐蚀的基本概念

金属表面与周围介质发生化学及电化学作用而产生的破坏，称为金属腐蚀，腐蚀的主要对象是金属，其中尤以钢铁的腐蚀最为严重。金属与氧气、氮气、二氧化硫、硫化氢等干燥气体或液态非电解质接触发生化学作用所产生的腐蚀，称为化学腐蚀。金属与液态介质如水溶液、潮湿的气体形成电解质接触时，会产生原电池作用(即电化学作用)，由电化学作用引起的腐蚀，称为电化学腐蚀。在日常生活中，金属腐蚀最为普遍，危害最为突出的是电化学腐蚀，其机理为腐蚀电池。

另外，金属腐蚀按照发生腐蚀过程的环境和条件分为：高温腐蚀、大气腐蚀、海水腐蚀、土壤腐蚀、工业水腐蚀；按照腐蚀的形态分为：全面腐蚀和局部腐蚀，广义的局部腐蚀包括电偶腐蚀、缝隙腐蚀、孔蚀、晶部腐蚀、选择性腐蚀、应力腐蚀开裂、氢脆、腐蚀疲劳和冲刷腐蚀；按照腐蚀产物类型分为：成膜型和不成膜型。其中，化学腐蚀与电化学腐蚀是最基本的，其他腐蚀均是上述腐蚀作用的表现形态，都可以用其腐蚀原理加以解释。而化学腐蚀与电化学腐蚀的最大区别就在于前者在腐蚀过程中没有电流产生，而后者有电流产生。

发生腐蚀的原因，与金属所处的环境条件及其含有的腐蚀介质有密切关系。所以在研究油罐腐蚀及保护问题时，应该了解材料所处的腐蚀环境及造成腐蚀的主要因素，以便采取相应的措施。

二、影响钢结构腐蚀的基本因素

油罐涂装工程施工主要根据影响油罐腐蚀的因素进行相应的防护设计，影响油罐腐蚀的因素很多，主要包括环境条件、腐蚀介质、油罐钢板材质、施工质量、油罐布置形式、维修保养情况等。其中，环境条件主要包括大气腐蚀环境、水腐蚀环境、土壤腐蚀环境和其他腐蚀环境。

1. 大气腐蚀

大气腐蚀是在金属表面上的一层潮气膜内发生的过程。这层潮气膜可能非常薄，以至于用肉眼都看不到。但他对钢结构腐蚀起着举足轻重的作用。对于油罐而言，在众多影响因素中大气环境腐蚀是导致油罐钢板腐蚀的主要诱因，其次才是腐蚀介质如土壤腐蚀、储存介质等。金属材料在大气环境中腐蚀的两个主要影响因子，一是大气中水蒸气含量，即相对湿度的增加及时间的延长；二是大气中的腐蚀性介质，即大气污染物总量的增加，因为腐蚀性污染物与钢铁发生反应，并且可能在表面形成沉积物。也可以说，大气环境是否良好，直接决定大气环境腐蚀性的强弱。由于钢结构通常直接暴露于大气环境中，因此，大气环境是否良好，直接影响钢结构表面的腐蚀速率。

经验表明，如果相对湿度高于80%并且温度高于0℃时，很可能发生严重的腐蚀。然而，如果存在污染物和(或)吸湿盐类时，在较低的湿度时也会发生腐蚀。大气相对湿度的增大，大气的污染、钢结构表面沉积吸潮性污染物，如二氧化碳、氯化物以及因工业操作带来的电解质等，或者是钢结构表面温度达到露点或露点以下产生的冷凝作用，结露、降雨、融雪等直接使钢结构表面潮湿等原因，在大气环境中通常钢结构表面可形成潮气薄膜，这种潮气薄膜可能薄到用肉眼看不到的程度，但它在钢结构表面形成的潮气薄膜的时间可能很长，而大气中腐蚀性物质的含量又可能很多，甚至腐蚀性物质的腐蚀性很强，这样的话，钢结构受到腐蚀的强度就会很大。

大气中腐蚀性物质的存在加速了钢结构表面的腐蚀速率，在相同湿度条件下，腐蚀性物质含量越高，腐蚀性物质腐蚀性越强，钢结构表面腐蚀速度越大。腐蚀性物质的腐蚀性与大气的湿度有关，环境相对湿度越高，钢结构表面腐蚀速度越大，图2-1给出了相对湿度和污染物对碳钢的腐蚀影响关系。但如果环境中有吸湿性沉淀物如氯化物等存在的话，即使环境大气的湿度很低，也会发生腐蚀。

由此可以看出，一个结构的组成部件所处的位置也会影响腐蚀的速度。当结构暴露在露天状态下时，气候参数如雨水、阳光和以气体或气溶胶形式存在的污染物等都会影响腐蚀的速度。遮盖后，气候的影响会减小。在室内，大气污染物的作用降低了，但是因通风差，湿度高或凝露也可能会引起局部的高腐蚀速率。因此，我们在评价腐蚀环境严重性时，必须对局部环境和微环境进行全面评估。对油罐而言，确认微环境的地方如油罐钢板上、下底部、油罐底板内壁等都是要分析的重要部位。

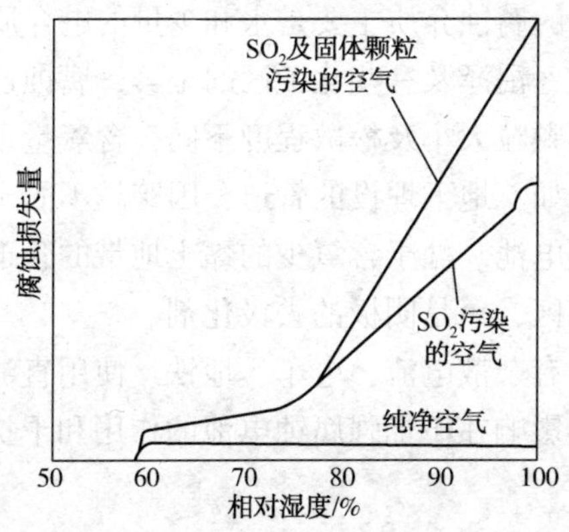

图 2-1　相对湿度和污染物对碳钢的腐蚀影响关系

另外，酸雨的危害已成为全球性的严重问题。北美、欧洲和我国的粤、桂、川、贵地区已成为世界上的主要酸雨区。酸雨给室外设备带来的大范围腐蚀危害是难以估量的。酸雨对漆膜的损坏很严重，降落在漆膜上的酸雨，经日晒浓缩，pH 值可由 5 左右降到 2 以下；阳光下的漆膜表面温度有时可达到 30~70℃，在热、酸和水的作用下，漆膜软化、水解，形成污点、点蚀和开裂，保护功能降低。

2. 浸在水中的腐蚀

当钢结构部分或全部浸入水中，腐蚀通常仅仅局限在结构的一个小区域，在这些区域内腐蚀速率可能很高。主要原因是水的类型(淡水、微咸水或咸水)对钢的腐蚀有着严重的影响。腐蚀性也受水中的含氧量、溶解物的类型和数量以及水温的影响，动物或植物生成也能加速腐蚀。

浸入水中有三种不同的区域：一是水下区，是长期浸没在水中的区域；二是中间区(水位变动区)，是由于自然或人为作用水面发生变化的区域，由于水和大气的共同影响引起腐蚀的增大；三是浪溅区，是由波浪和飞溅作用溅湿的区域，波浪和飞溅作用会产生水非常高的腐蚀速率，特别是在海水的作用下。

3. 埋在土壤中的腐蚀

当钢结构部分或全部埋在壤中时，腐蚀通常仅仅局限在结构的一个小区域，在这些区域内腐蚀速率也可能很高。

土壤中的腐蚀不仅取决于土壤中矿物质的含量和这些物质本身的特性，也取决于土壤中存在的有机、含水量和含氧量。土壤的腐蚀性受透气程度的影响很大，含氧量会变化并且会形成腐蚀电池。当主要的钢结构，例如管道、油罐等通过不同类型、不同含氧量、不同地下水位等的土壤时，由于腐蚀电池的形成而增加了局部腐蚀、点蚀发生的可能性。动物或植物生长也能对腐蚀有加速作用。

也就是说，土壤中的腐蚀介质主要是水和少量的电介质以及土壤包含的空气中的氧。盐碱地、滩涂、沼泽及一些化工区的土壤，腐蚀性比较大。氧存在于土壤颗粒的缝隙中，土壤颗粒大小及松散程度不同，含氧量也不同，往往因此形成氧浓度差腐蚀电池。例如，地下埋设的管道，因跨越不同土质地带，可能形成几十甚至几百米长的腐蚀电池。处于含氧少的黏土地带的管道是阴极区，在含氧多的土壤中的管道为阳极区，氧是阴极的去极化剂。

个别地方的土壤中有杂散电流，电车、地铁、使用直流电的设备等，都是杂散电流的来源。它们的影响在于加强腐蚀电池的作用和干扰电化学保护措施。

4. 其他腐蚀环境

(1) 细菌腐蚀

细菌腐蚀是指在细菌繁殖活动参与下发生的腐蚀。凡是同水、土境、海泥、污泥或湿润空气接触的金属设备，都可能发生细菌腐蚀。据报道有70%的地下管道和油井腐蚀与细菌腐蚀有关。由于细菌腐蚀给石油、化工、电力、冶金、航海等行业带来了较大损失，故细菌腐蚀的问题越来越引起人们的重视。

土壤中的某些微生物在生命活动中能产生有害的离子，促进阳极区或阴极区的电化学反应。例如，硫酸盐还原菌能将硫酸盐转化成 S^{2-}；有的霉菌能使有机物和含油的漆膜分解、酸败，不仅对金属有腐蚀性，也破坏了漆膜。细菌腐蚀以硫酸盐还原菌腐蚀最多，其次是铁细菌、硫氧化菌腐蚀。硫酸盐还原菌是厌氧性腐蚀，而铁细菌和硫氧化菌是嗜氧性腐蚀。

(2) 储存介质

油品中难免含有水分，油品中含有的硫、氯等成分溶解在水中使水呈酸性，他们与油罐壁接触时，常常会发生化学反应或电化学反应，导致罐底、罐壁发生点蚀破坏。

对于罐底来说，由于储存和输转过程中水分积存在油罐底板上，形成矿化度较高的含油污水层。通常含油污水中含有 Cl^- 和硫酸盐还原菌，同时溶有 SO_2、CO_2、H_2S 等有害气体，腐蚀性较强。罐底板上表面除了存在均匀腐蚀外，局部腐蚀(特别是点腐蚀、坑腐蚀)严重，点蚀速率可达 1~2mm/a，多为溃疡状的坑点腐蚀，罐底腐蚀情况最为严重，大多为溃疡状的坑点腐蚀，严重的出现穿孔，后果极为严重，教训非常深刻。

(3) 其他腐蚀条件

能够引起或促进腐蚀的因素还有很多，主要还有以下几种。

① 油罐大呼吸影响。钢结构受到的特殊应力和钢结构所处的特殊位置，对腐蚀速率也有一定的影响。油料在收发作业过程中，油罐存在大呼吸，导致油罐壁板形状交替变化，产生交变应力，在腐蚀介质的作用下，使金属疲劳极限大大

降低的疲劳腐蚀(如油罐底部边缘板类似问题更为突出)；腐蚀和机械磨损同时作用的磨损腐蚀；腐蚀介质高速流动造成的冲击腐蚀等。

② 钢板材质的影响。建造油罐一般使用 A3F 钢板焊制，硫、磷含量在 0.05%以下，硫磷的含量增加使腐蚀速度加快。硫化物可以诱导小孔腐蚀，磷化物可导致晶间腐蚀。此外，金属组织分布不均匀、表面光洁度差、有损伤等都会加速金属的腐蚀。

③ 施工质量的影响。在施工过程中没按设计规范施工，钢板焊道有缺陷，有较大的焊接应力和裂纹，金属表面有机械损伤，防腐工艺、质量、材料不符合要求，罐基础渗水性不好、稳定性差等都会导致油罐腐蚀加速。

④ 维护保养的影响。由于对油罐的维护保养不当，使罐体防腐层破损，基础损坏下沉，罐顶变形积水，尘土杂物覆盖，都会导致油罐腐蚀加剧。

⑤ 有限空间。处于自然洞、人工洞内或覆土式有限空间的设备，与一般大气不同之处是相对密闭，空气流动小，室内不同程度地存在渗水，湿度大，渗水中不同程度地含有腐蚀性元素。所以，金属的腐蚀速度一般要高一些。

三、环境分类

1. 大气环境分类

我国经多年针对露天裸露的碳钢在不同大气环境下的腐蚀性研究，依据国内环境特点和人们生活习惯，将大气环境等级形象地分为乡村大气、城市大气、工业大气(包括化工大气)、海洋大气四大类。

(1) 乡村大气

乡村大气或称天然大气，指在乡村和小城镇上的大气，没有严重的二氧化碳和(或)氯化物之类的腐蚀介质污染，现在被称为“洁净空气”，在工业发达的今天，已经越来越少。相对而言，“洁净空气”是腐蚀最轻的环境。

乡村大气中的主要腐蚀介质是氧和水。大气含氧量约占总体积的 1/5，氧化和去极化作用是破坏各种材料及加速腐蚀的主要方式。水是金属电化学腐蚀的主要介质，水分的含量因季节和地区而异，大气中的雨雪霜露及水蒸气都是水的不同状态。另外，春夏秋冬、白昼黑夜、阳晴阴雨引起的温度、湿度及光照的变化，造成了一个冷热、干湿交替的比较苛刻的腐蚀环境。近年来因臭氧层破坏导致紫外线辐射增强，对高分子材料的破坏也引起了人们的关注。

(2) 城市大气

城市大气主要指没有重工业的人口密集地区的污染大气，这类大气含有中等浓度的污染物质，含二氧化硫和(或)氯化物之类的腐蚀介质污染。城市大气环境对应 B 类环境气体，大气污染较低，在大气中的腐蚀性物质含量较低，大部分是乡村地带，室内局部未加热的地方(如库房，体育馆)，冷凝有可能发生。

(3) 工业大气

工业大气含有来自本地区或区域性的工业排放的腐蚀性物质，主要指二氧化硫和(或)(或)氯化物之类，统指被化学物质污染的空气。工业大气的污染源来自化工、石油、冶金、炼焦、水泥等多种行业。工业大气含有较多的粉尘，不论是盐粒、沙子、炭粒还是其他尘土，都是腐蚀介质的作用中心，破坏往往从此处开始。工业泄露的气体或排放的未经处理的废气，不仅污染环境、危害人体健康，而且工业大气的防腐蚀条件比“洁净空气”苛刻得多，对设备的腐蚀远比洁净空气严重。

表 2-1 为含碳 0.17%的钢材在不同条件下的腐蚀速度。

表 2-1 钢材相对腐蚀速度

序　号	空 气 组 成	相对腐蚀量/[g/(m^2·a)]
1	洁净空气	100
2	加入 5%SO_2	118
3	加入 5%H_2O	135
4	同时加入 5%SO_2 和 5%H_2O	278

(4) 海洋大气

海洋大气指海上和近海的大气，海洋大气会向内陆扩展一定距离，取决于地形和主要风向，海洋大气被海水盐雾(主要指氯化物)严重污染。主要原因是海水中含有易电离的高导电率的盐类，不同海洋的海水含盐量有所不同，一般在1%~3.9%；滨海地区的土壤中，含有大量的盐分，有的地区的土壤被称为“盐渍土”；有些滩涂地带几乎常年浸泡在海水中。这些地区的土壤都有很强的腐蚀性。海洋和近海地区的气候，特点是湿度大，水与空气中含盐量多，金属的腐蚀速度远远高于一般大气。有人试验测得，在低湿度的大气中低碳钢的腐蚀速度为10.03g/(m^2·a)，而在海洋大气中为301.1g/(m^2·a)，增大30多倍。

(5) 相对湿度与潮湿时间

实践表明，相对湿度高于80%且温度高于0℃情况下，发生严重腐蚀的可能性极大。由此可见，相对湿度这个技术参数是非常重要的。相对湿度分类一般按大气年平均相对湿度(包括局部环境、微环境)进行，通常将大气相对湿度分为干燥型、普通型、潮湿型三种类型。一般分类标准为：①干燥型：RH<60%；②普通型：RH60%~75%；③潮湿型：RH>75%。

在实际防腐研究应用中，还有关于湿度的一个重要概念就是潮湿时间，GB/T 19292.1—2018/ISO 9223：2012《金属和合金的腐蚀 大气腐蚀性 第1部分：分类》规定，腐蚀等级也可以通过年潮湿时间等环境综合因素的综合作用来评估。潮湿时间是指金属表面被能引起大气腐蚀的一层电解质液膜覆盖的时间，一般用年潮湿时间表示，年潮湿时间的指导值可以通过温度和相对湿度计算，一年内将相对湿度 80%以上，同时温度在 0℃以上的时间相加即可得知。

2. 大气腐蚀性分级

随着大气环境中腐蚀因子的深度变化，大气腐蚀环境就会不同，而这个浓度变化与世界各地的技术发展和技术行为有很大关系。不同的国家和地区的发展不同，利用的技术和对污染治理的重视程度不同，大气腐蚀环境就会有很大的区别。因此，腐蚀科学家长年进行着腐蚀性的定性研究和定量测试工作。

为方便对露天裸露的普通碳钢(以 A3 钢为基准)钢结构表面进行防护设计和施工，国际标准化组织颁布了 ISO 12944，这份标准同时也通过了欧洲委员会的批准认可，所以它实际上取代了一些国家的国家标准，如英国的 BS5493(1977 钢结构防腐保护油漆规范)，德国的 DIN 55928(金属材料构件通过涂层和衬里来防腐)等。不过在美国，进行规格书设计仍使用他们的国家标准和相关行业标准 SSPC(日本标准)和 NACE(美国腐蚀工程师协会标准)。

根据国家或地区环境的不同，研究使用对象的不同，环境等级划分上存在一定的差异，在标准制定中也不完全相同。比如，GB/T 30790. 2—2014《色漆和青漆 防护涂料体系对钢结构的防腐性保护 第 2 部分：环境分类》(ISO 12944-2：1998，MOD)要求腐蚀等级根据标准试样的质量损失(或厚度损失)定义大气腐蚀性质等级。GB/T 19292. 1—2018/ISO 9223：2012《金属和合金的腐蚀 大气腐蚀性 第 1 部分：分类》主要规定了相关环境参数的具体测量标准，明确规定腐蚀等级也可以通过年潮湿时间、二氧化硫的年平均浓度和氯化物的年平均沉降量等环境综合因素的综合作用来评估。

我国在防腐蚀研究领域起步较晚，在这方面的研究比较薄弱，但国家工业领域又急需这方面的标准，因此，也只能完全采用(等同于)国际标准化组织颁布的标准。我国新颁发的 GB/T 30790. 2—2014，采用国际惯例，吸收和采用了国际标准化组织颁发的 ISO 12944-2—2017《色漆和青漆 防护涂料体系对钢结构的防腐蚀保护 第 2 部分：环境分类》的相关内容，将大气腐蚀性等级划分为六个等级(表 2-2)。具体等级为：

C1：很低；

C2：低；

C3：中等；

C4：高；

C5-I：很高(工业)；

C5-M：很高(海洋)。

表 2-2　大气腐蚀性等级和典型环境示例(ISO 12944-2：2017)

腐蚀性等级	单位面积质量损失/厚度损失厚度损失(经过第一年暴露后)				温和气候下典型的环境示例(仅供参考)	
	低碳钢		锌			
	质量损失/(g/m²)	厚度损失/μm	质量损失/(g/m²)	厚度损失/μm	外部	内部
C1 很低	≤10	≤1.3	≤0.7	≤0.1	—	清洁大气环境下的保温建筑物，例如：办公室、商店、学校、旅馆
C2 低	>10 且≤200	>1.3 且≤25	>0.7 且≤5	>0.1 且≤0.7	低污染水平的大气，大多数乡村地区	可能发生凝露的不保温建筑物，例如：仓库、体育馆
C3 中等	>200 且≤400	>25 且≤50	>5 且≤15	>0.7 且≤2.1	城市和工业大气，中度二氧化硫污染，低盐度的沿海地区	高湿度和存在一定空气污染的生产场所，例如：食品加工厂、洗衣房、酿酒厂、牛奶厂
C4 高	>400 且≤650	>50 且≤80	>15 且≤30	>2.1 且≤4.2	工业区和中盐度的沿海地区	化工厂、游泳池、沿海船舶和造船厂
C5-I 很高(工业)	>650 且≤1500	>80 且≤200	>30 且≤60	>4.2 且≤8.4	高湿度和侵蚀性大气的工业区	冷凝和高污染持续存在的建筑物或地区
C5-M 很高(海洋)	>650 且≤1500	>80 且≤200	>30 且≤60	>4.2 且≤8.4	高盐度沿海和海上区域	冷凝和高污染持续存在的建筑物或地区

需要指出的是：

一是 GB/T 30790.2—2014 对象是针对钢结构(包括涂层为锌的金属表面)暴露在普通环境引起的腐蚀，并不涉及一些特殊大气，如在化工和冶炼厂内部及周围的大气组成的环境分类；GB/T 19292.1—2018/ISO 9223：2012 对这些特殊大气进行了分类规范。

二是明确规定，腐蚀等级是根据标准试样的质量损失(或厚度损失)定义的大气腐蚀性质等级，只有对质量或厚度损失进行实际测量后才能正确确定腐蚀等级，并明确要求在进行腐蚀性分类时要获取标准试样，并用标准试样上第一年的腐蚀效果确定环境分类。

三是在标准中列举了相关典型环境示例，供实际工程设计中参考。主要针对在实际设计中，项目较小的情况，或不能把标准试样放到所考虑的实际环境中进行暴露的情况(或做此项工作特别困难时)。

四是上表中用于腐蚀性等级的损失值标准数量与 GB/T 19292.1—2018/ISO

9223：2012 中给出的一致。

五是在炎热、潮湿的沿海区域，质量或厚度损失值有可能超过 C5-M 等级的范围，因此为这些区域使用的结构选择涂料防护体系时必须采取特别的预防措施或，或参照 GB/T 19292.1—2018/ISO 9223：2012 相关规定。

六是 GB/T 30790.2—2014《大气腐蚀性分级》与 GB/T 19292.1—2018/ISO 9223：2012 有不同之处，后者也是将大气腐蚀性等级分为 6 级，但其将 C5-I、C5-M 两个级别合并为 C5 一个级别，质量损失(或厚度损失量值并没变化，而又增加了一个第 6 级——CX，CX 级代表腐蚀性为“极值”。这些“极值”场所，室内场所比如，几乎永久性冷凝或长时间暴露在极端潮湿和(或)高污染的生产车间，如温热地区有室外污染物(包括空气中的氯化物和促进腐蚀物质)渗透的不通风工作间；室外场所比如，亚热带和热带地区(潮湿时间非常长)，极重污染包括间接或直接因素和(或)氯化物有强烈作用的大气环境，如极端工业地区、海岸与近海地区及偶尔与盐雾接触的地区。

3. 水和土壤的分类

浸入水中或埋在土壤中的钢结构，腐蚀特点是呈局部性显现，一般不易具体定义腐蚀性等级。尽管如此，相关标准也描述了钢结构浸入水中或埋在土壤中的不同环境等级，详见表 2-3。

表 2-3　水和土壤的等级

等　级	环　境	环境和结构的示例
Im1	淡水	河流设施、水力发电站
Im2	咸水或微咸水	海口地区的构筑物，例如：闸门、锁栓、防波堤；海上构筑物
Im3	土壤	埋在地下的储罐、钢桩、钢管

四、腐蚀理论分析

1. 大气腐蚀分析

金属材料暴露在大气自然环境条件下时，由于大气中水和氧等物质的作用而引起的腐蚀为大气腐蚀。大气中含有 H_2O、O_2、CO_2、SO_2、H_2S、Cl_2 等挥发性气体，当水蒸气含量较大或温度降低时，水蒸气就会在金属表面冷凝而形成一层水膜，特别在金属表面的低凹处或有吸湿性的固体颗粒积存处更易形成水膜。水膜中溶解了空气中的有害物质形成腐蚀电解液，由于温度的变化使水膜汽化浓缩和水蒸气凝结交替往复进行，使金属表面的电解液浓度加大，发生点蚀、接触腐蚀、电化学腐蚀等。在金属表面受损坏，防护层受破坏，或表面积水、有灰尘等情况下，可使腐蚀加剧。如空气中的氯溶于水形成盐酸溶液与铁发生反应：

$$Fe+2HCl \longrightarrow FeCl_2+H_2\uparrow$$

2. 氧的腐蚀分析

大气腐蚀中最常见的是氧的腐蚀，当金属与含氧量不同的溶液接触时，由于氧的浓度差将形成氧的浓差电池。在氧浓度较小的地方，金属的电位较低成为阳极，在这里金属遭受腐蚀，最常见的在潮湿的大气中或水中铁的生锈现象。铁锈主要成分为 Fe_2O_3。

$$4Fe+6H_2O+3O_2 \longrightarrow 4Fe(OH)_3(\text{红棕色沉淀})$$

$$2Fe(OH)_3 \longrightarrow Fe_2O_3(\text{砖红色})+3H_2O$$

金属表面由于损伤，防护层开裂剥离等使新鲜活性金属与溶液直接接触，发生局部腐蚀或点蚀。虽然钢板经热轧或长时间暴露于空气中，在其表面形成一层黑色的磁性氧化铁 Fe_3O_4保护性氧化膜，但钢的锈层在潮湿的条件下可作为氧化剂，发生阴极去极化产生 Fe_3O_4。

$$4Fe_2O_3+Fe+2e \longrightarrow 3Fe_3O_4$$

阳极铁溶解 $Fe \longrightarrow Fe+2e$

当表面干燥时，具有磁性的黑色 Fe_3O_4被空气中的氧重新氧化成 Fe_2O_3，在干湿交替条件下 Fe_2O_3与 Fe_3O_4交替生成同时存在，加速腐蚀进行。

3. 储存介质腐蚀分析

由于油品中含有硫、氯等有害物质，与油品中的水结合形成酸性溶液，以及钢材中硫和锰形成硫化物单独析出起阴极夹杂物作用，从而腐蚀加速。在油罐内部，由于油气的蒸发产生的 SO_2、H_2O、O_2 被表面吸附，发生酸的再生循环反应。即

SO_2、O_2、Fe 形成 $FeSO_4$，即 $Fe+SO_2+O_2 \longrightarrow FeSO_4$

$FeSO_4$水解生成氧化物和游离的 H_2SO_4，即 $4FeSO_4+O_2+6H_2O \longrightarrow 4Fe(OH)_2+4H_2SO_4$

H_2SO_4、Fe、O_2再生成 $FeSO_4$，即 $4H_2SO_4+4Fe+2O_2 \longrightarrow 4FeSO_4+4H_2O$

如此往复循环反应，加速铁的腐蚀。在油品烃类中，当有水存在时，钢就会遭到腐蚀。如果介质中含有水分，则水会积存在罐底部某一位置上，此时与水接触的部位成为阳极，与油品接触的罐表面成为阴极，这个阴极面积得到保护。

4. 土壤腐蚀分析

土壤腐蚀是重要的实际腐蚀问题，电化学腐蚀基本理论适用于土壤腐蚀。由于土壤具有组成和性质复杂多变化的特征，使得土壤的腐蚀性相差很大。影响土壤腐蚀的主要因素有：

(1) 土壤的质地。如腐殖土、淤泥土、沼泽土的腐蚀性较强，土壤不均匀易产生宏电池腐蚀。

(2) 土壤含水量及其变化。处于干湿交替状态的土壤腐蚀性较强。

(3) 微生物。如硫酸盐还原菌、致酸性细菌等对钢铁具有腐蚀危害性。

（4）土壤含腐蚀介质情况。如硫化氢及硫化物含量、土壤的酸碱性、氯离子及硫酸根离子含量、非水溶剂含量等。

（5）杂散电流。杂散电流经过钢铁可能产生较严重的腐蚀。

这些影响因素往往又是相互联系的。软基立式储罐服役时间长，就会发生基础下沉，绝缘层破损使罐底板和圈板被土掩埋覆盖，潮湿的土壤中含有硫、氯等物质形成电解质，使罐底板和底层圈板长期被埋在潮湿的酸性土壤中受到严重的化学腐蚀。钢板被酸性溶液浸泡主要发生氢去极化腐蚀外，还有氧的去极化作用，氢去极化腐蚀阴极反应式为

$$2H^++2e \longrightarrow H_2\uparrow$$ 也称析氢反应

在中性介质或碱性介质中有氧存在时，发生氧的去极化腐蚀，阴极反应式为

$$O_2+4H^++4e \longrightarrow 2H_2O$$（酸性介质）

$O_2+H_2O+4e \longrightarrow 4OH^-$（中性或碱性介质），其特征都是阳极金属氧化溶解，即 $Fe \longrightarrow Fe^{2+}+2e$。

5. 灰尘腐蚀分析

罐顶产生的藻类菌类以及他们所形成的淤泥，表面灰尘沉积，都可以在金属表面上形成氧的浓差电池而发生点蚀；金属上的沉积物由于湿气和氧的浓度差，在被覆盖的金属表面就可能由于缺氧成为阳极，而形成点蚀。特别在夏季由于昼夜湿度和温度的变化，使金属表面处于干湿交替状态，使金属锈层加速氧化腐蚀。

6. 水的腐蚀分析

油罐底部滞留析出水，不同的油质析出水可能呈酸性或碱性，由于析出水的作用，钢材腐蚀严重，主要为溃疡状坑点腐蚀，有可能形成穿孔。由于油中的杂质和水都沉积在罐底，罐底是油罐腐蚀最严重的区域。当然不同油品情况不同，总的来说腐蚀程度如下：原油>中间产品>成品油。

五、储罐腐蚀环境分析

通常情况下，选择防腐涂料和设计防腐涂层的重要依据是涂层所处的腐蚀环境和防腐寿命要求，不同结构储油罐的不同部位，腐蚀环境是不同的，图 2-2 为外浮顶储油罐防腐涂装部位示意图，图 2-3 为内浮顶储油罐防腐涂装部位示意图，图 2-4 为固定拱顶储油罐防腐涂装部位示意图，不同部位的腐蚀环境是不一样的，对涂层的性能要求和防腐寿命也不相同。

1. 外壁部分

（1）大气腐蚀环境下钢结构表面

指涂层表面直接和大气接触，受风吹日晒雨淋，对储油罐来讲，包括以下部位：

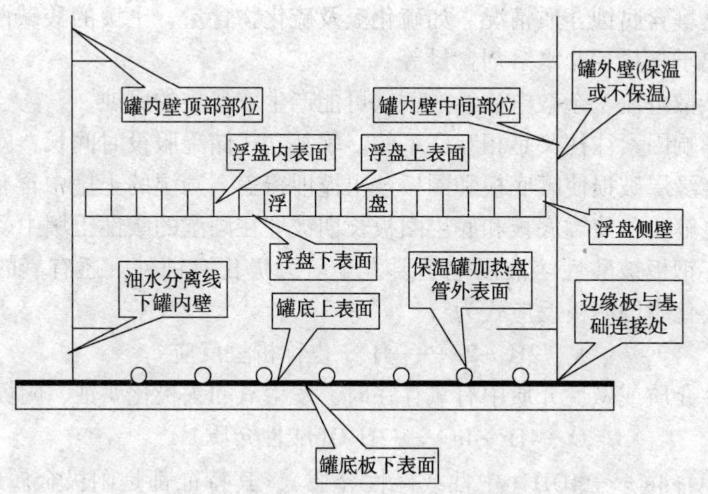

图 2-2　外浮顶储油罐防腐涂装部位示意图

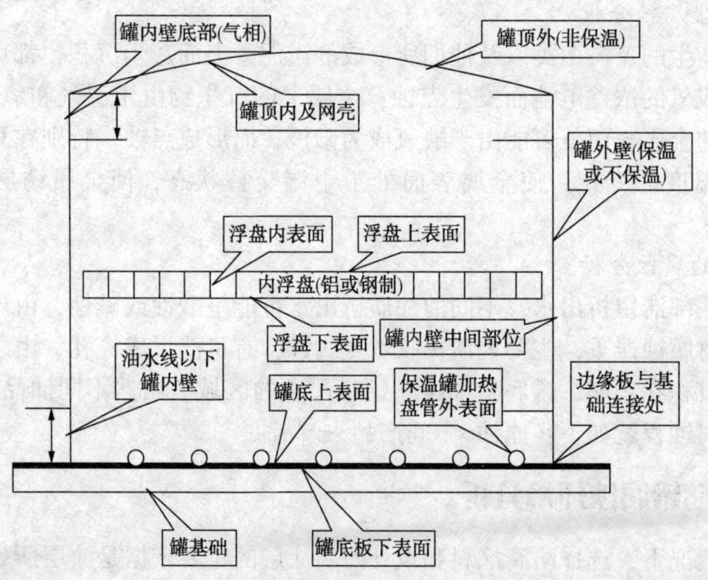

图 2-3　内浮顶储油罐防腐涂装部位示意图

① 不保温罐外壁；

② 罐壁外附件，包括抗风圈、加强圈及罐壁金属结构附件、盘梯平台；

③ 固定拱顶罐和内浮顶罐的拱顶上表面及附件；

④ 外浮顶罐浮顶上表面、浮顶上的所有附件及从罐壁顶部向下一段罐内壁。储罐所处位置不同，当地气候条件不一样，腐蚀环境不同。

(2) 罐底板下表面

目前罐基础多以砂层和沥青砂为主要构造，罐底板与之接触，埋于地下，处

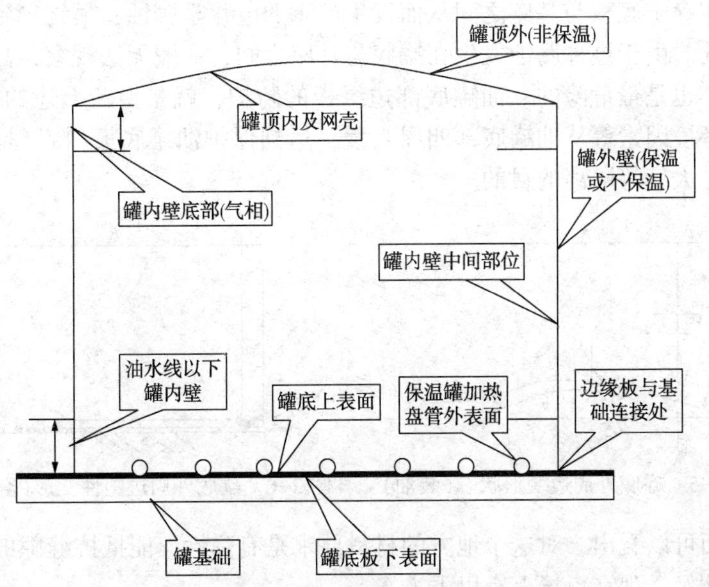

图 2-4　固定拱顶储油罐防腐涂装部位示意图

于潮湿环境中，受土壤中水分和微生物腐蚀严重。平时，不断有湿气上升，加之如果罐底外边缘板与基础连接处密封不好，会进水，所以该处的涂料主要要求耐水性、耐潮湿性。

还有一个特别的地方是：由于底板焊接后，下表面没办法再补漆刷漆，所以那个焊接处实际上是没有办法做到有涂层保护的，这是一个防腐的薄弱环节。针对这个薄弱环节，一些设计院或业主也考虑了很多措施，在后面还要介绍，如采用阴极保护，焊边涂可焊底漆等。

（3）罐底外边缘板与基础连接处

这个地方主要是密封好，防止雨水进入底板与基础之间，分析油罐底板外边缘的腐蚀原因，一是由于油罐的基座与罐体底板结合的部位，随着环境温度的变化使底板径向发生伸缩；二是由于油罐输储油量的载荷变化引起油罐的变形，当油罐装油后由于静液压力作用产生很大的环向应力，使油罐沿半径方向产生水平变位，而边缘板由于与底板牢固地焊在一起无法向外扩张，结果在边缘板处发生变形。

如图 2-5 所示，从而产生边缘应力，该应力与基座对边缘板的抵抗力共同作用导致底板外环部的塑性变形；当油罐空罐时，罐体恢复原状，边缘板却由于塑性变形而向上翘曲，见图 2-6。

上述因素使油罐底板外边缘处与基座形成一条裂缝，该裂缝的大小会随着油罐的运动变化不断地膨胀与收缩，结果给外界的一些腐蚀介质如雨水、露水等的侵入提供了一条通道，这些腐蚀介质日复一日地入侵并由于缝隙很小，水不易挥发而长年积存于底板与基座之间从而发生严重的电化学腐蚀，最终导致底板下面的锈蚀穿孔。由于这种腐蚀发生在罐底与基座之间，一般无法观察，故最容易被人们忽视，也是最危险的。油罐底部边缘板的防护，就是切断上述的入侵通道，有效防止环境因素等从油罐底部四周入侵，达到保护油罐底板(特别是边缘板)，将其与水、大气等隔离的目的。

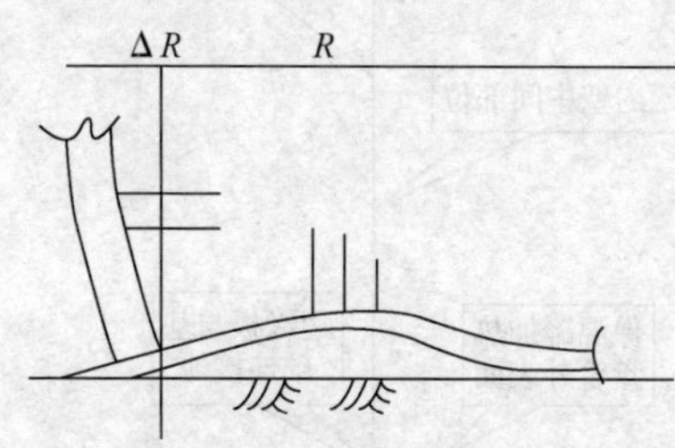

图 2-5　罐底外周边变形状态(装油)

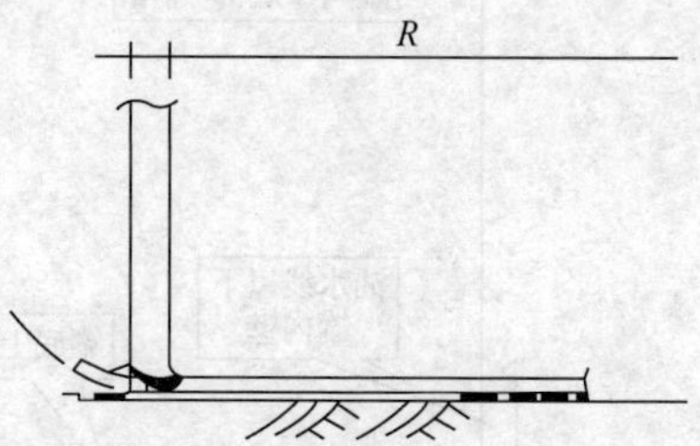

图 2-6　罐底外周边塑性变形(空罐)

从上面可以看出，对这个地方的材料要求是有弹性，能抵抗缝隙的增大和缩小，密封性好，现在市场上有以下方案：

① 防水涂料 CTPU 中加入一定量的填充物配制成胶泥及黏泥，再利用贴覆玻璃布加强涂层强度，这种方法是主流。

② 采用三元乙丙弹性橡胶带包覆。

2. 内壁部分

(1) 罐底板上表面及油水分离线以下罐内壁板

为了重点保护该部位，一些油罐设计采用了牺牲阳极阴极保护措施，在有牺牲阳极阴极保护措施时，该部位采用绝缘涂层(静电可从阳极导出)，没有时，采用导静电涂层。

(2) 罐内壁中间部位(油水分离线以上至罐壁上部)

从结构上来讲，外浮顶罐：随着储油量的变化，外浮顶上下浮动，该部位有时浸泡在油中，有时暴露在大气中。内浮顶罐：随着储油量的变化，内浮顶上下浮动，该部位有时浸泡在油中，有时暴露在油气中。固定拱顶罐：随着储油量的变化，该部位有时浸泡在油中，有时暴露在油气中。直接与油品接触，油品中可能含有水及各种酸、碱、盐等电解质，引起电化学腐蚀，特别是油水及油气交界面，为均匀点蚀，这个部位的腐蚀情况，不同结构的储油罐、不同油品的罐都不相同，总体讲该部位会出现液相、气相交替腐蚀，越远离罐底，出现气相腐蚀的频率越高，罐壁区的腐蚀较轻。

从油品上来讲：原油、燃料油比较稠，油料可挂于罐壁起一定防锈作用，储存含蜡原油的罐，该部位表面还会结蜡。而汽油、柴油等成品油黏度低，挂壁时间短，油膜薄，起防锈作用的效果有限。所以，有的原油罐、燃料油罐该部位不做防腐涂层。而汽油、柴油等轻质油罐该部位是必须有防腐涂层的。该部位如果涂漆，应采用导静电涂层。

(3) 拱顶罐(包括内浮顶)拱顶内表面

该部位是气相腐蚀部位，随着油面的升降，排出油气或吸进空气。由于昼夜温差等因素，该部位钢结构表面可能会有凝结水，而且油气中可能含有二氧化硫、硫化氢等腐蚀性气体，吸进的空气中含有水汽和氧气，因而该部位腐蚀比罐中间液相部位要重。混合油气也是易燃易爆气体，也要防止静电积聚，因而该部位的涂层也有导静电要求。

第二节　油罐覆盖层防腐保护方法

一、保护防腐方法

防腐主要有电化学保护(阴极保护)、腐蚀介质处理和覆盖层保护(防腐涂层)三种方法。目前，我国油罐防腐技术最常用的是覆盖层保护(防腐涂层)和电化学保护(阴极保护)法，腐蚀介质处理也有应用。油罐防腐蚀方法的选择，应遵循有效可靠、方便易行、经济安全的原则，随着石油工业和科学技术的发展，经过积极探索、学习、实践和总结，积累了丰富的防腐蚀工作经验，掌握了丰富的防腐蚀方法。

1. 覆盖层保护

将耐腐蚀的材料覆盖在被保护的底材上，使其不与腐蚀介质直接接触免遭腐蚀的方法，叫覆盖层保护。覆盖层保护主要分为金属覆盖层、非金属覆盖层、涂层三类。

(1) 金属覆盖层

采用电镀、化学镀、热溶浸镀、火焰喷镀、等离子喷涂等方法在底材上覆盖具有保护作用的金属薄层，如 Ni、Cr、Zn、Al、Sn、Cu 等金属。金属覆盖层处理法在石油化工行业有应用，如油罐外壁采用热喷 Zn 金属覆盖层保护法。

(2) 非金属覆盖层

以耐酸搪瓷、陶瓷、玻璃、石材、玻璃钢、塑料等非金属材料为内衬的保护方法。非金属覆盖层处理法在石油化工行业有应用，如聚氨酯硬质泡沫塑料覆盖管，即起到保温作用，又具有防腐效果。

(3) 涂层

涂层是采用涂料以各种涂布方法在被保护底材上覆盖有机合成材料或无机材料的方法，涂层保护法在石油化工行业应用最为广泛。

2. 电化学保护

电化学保护按电化学原理可分为阴极保护和阳极保护两种类型。

（1）阴极保护

阴极保护又可分为护屏保护和外加电源保护。

护屏保护(或称牺牲阳极保护)是在被腐蚀体系中附加一个负电性比主体金属更强的金属作为附加阳极。在电化学腐蚀过程中，被保护的金属全部或部分被转化成阴极，从而达到保护目的。护屏的金属主要有锌、铝、铝合金及镁合金等。

外加电源保护(强制阴极保护)是被保护的主体金属与外加电源的负极相连，使它被外加电流极化成阴极，外加电源的阳极一般是石墨、不锈钢等。

阴极保护在石油化工行业应用较为广泛，如对较长距离的埋地管线、地面油罐罐底部应用电化学保护法。

（2）阳极保护

该方法是把被保护的主体金属与直流电源的正极相连，外加电流使金属阳极化，阳极金属由活性态转化为钝态，从而提高了在介质中的稳定性。阳极保护在石油化工行业应用较少。

3. 腐蚀介质处理法

腐蚀介质处理法主要有两种，一是从腐蚀介质中除去具有腐蚀性或可以促进腐蚀的物质，例如从锅炉给水中除去 O_2 和 CO_2，降低 O_2 的去极化作用和 H_2CO_3 的侵蚀；二是使用缓蚀剂，减缓金属在腐蚀介质中的阳极化过程和阴极化过程。腐蚀介质处理法在石油化工行业应用较为广泛，如在油料储存过程中，定期清除罐内水杂，实际上应用了腐蚀介质处理法。

二、涂层保护防腐机理

根据金属电化学腐蚀理论，涂层保护的防腐作用主要体现在四个方面：

1. 屏蔽作用

涂料可以阻止或抑制水、氧和离子透过漆膜，使腐蚀介质与金属隔离，由于在金属表面没有或仅有极少量的水及氧(通过漆膜上存在的针孔和结构气孔)，电极化过程和去极化过程难以进行，有效防止了形成腐蚀电池或抑制其活动，直接导致腐蚀速度减缓。

涂层的屏蔽性能是抑制腐蚀和保持持久防腐效果的首要条件。也就是说，当物件表面涂有涂层时，涂层使物件与腐蚀介质隔离开，起到屏蔽作用，不使腐蚀介质直接接触被涂物件，从而起到防腐蚀作用。但当涂层很薄时，水和氧分子是可以自由通过的，不能够阻止和减缓腐蚀的进行，为提高涂层的抗渗性，防腐涂料应选用透气小的成膜物质和抗渗性强的固体填料。同时适当增加涂覆油漆的道数，使涂层达到一定的厚度。但是，一旦涂层局部破坏，一定量介质漆膜下发生腐蚀，由于腐蚀产物的体积膨胀及膜下离子溶液与外部介质溶液渗透压的平衡作用，将导致漆膜隆起、鼓泡、透锈和剥落，丧失保护底材的作用。

2. 漆膜的电阻效应

在腐蚀电池的回路中，电绝缘性良好的涂层可以抑制溶液中阳极金属离子的溶出和阴极的放电现象。事实证明，电阻率高并且在溶液中能较长时间保持稳值的涂层防腐性良好(相对导静电低阻值要求，此数值要小得多)。

3. 颜料的缓蚀作用和钝化作用

涂料主要由固体材料、稀释剂、颜料、固化剂和其他辅助材料等组成，颜料是涂层的重要组成部分，大多数碱性颜料能与涂层含有的植物油酸以及有机漆膜氧化降解产生低分子羧酸生成皂类化合物，如钙皂、钡皂、锶皂及锌皂等，它们能与金属起反应，使金属表面钝化或生成保护性物质，可以降低漆膜的吸水性和透水性，提高涂层的保护作用，达到缓蚀作用。

在防锈底漆中经常采用活性较大的防锈颜料，如铬酸盐类和红丹等，它们对底材金属有一定的钝化作用(由于红丹有一定的毒性，不环保，西方发达国家已逐步淘汰或限制使用)。以铬酸盐系颜料底漆为例，当微量水透过漆膜时，少量被溶解的颜料将底材金属钝化。

4. 电化学保护功能

在涂料中含有大量的作为阳极的金属粉，以涂料的施工方法覆盖在金属表面上形成保护层。

当腐蚀介质透过涂层接触到金属基体表面时，就会发生膜下的电化学腐蚀。如果在涂料中加入活性比基体金属高的金属粉末作填料，在腐蚀过程中它作为阳极被腐蚀，基体金属被保护，也就是说，起到牺牲阳极的保护作用。例如富锌涂料，其中大量的锌粉填料除了作牺牲阳极外，其腐蚀产物氧化锌还使涂层变得更致密，既遮盖并钝化了裸露金属表面，又限制锌的消耗作用。

三、涂层保护防腐法优越性分析

在石油库设备设施防腐蚀过程中，涉及电化学保护、腐蚀介质处理和覆盖层保护三种方法，如对较长距离的埋地管线、地面油罐罐底部应用电化学保护法，个别地面油罐外壁采用热喷 Zn 金属覆盖层保护法，在油料储存过程中，定期清除罐内水杂，实际上应用了腐蚀介质处理法。

GB/T 50393—2017《钢质石油储罐防腐蚀工程技术标准》明确要求，罐径大于 8m 的油罐应采用阴极保护，也指出：有条件可以同时配合外加电流阴极保护。主要考虑到油罐底板外表面与土壤接触，有受到含有腐蚀性雨水和地下水腐蚀的危险，国内外普遍对土壤侧涂敷涂层加阴极保护。主要原因是防腐涂层隔离了腐蚀介质与储罐金属的直接接触，是储罐防腐的第一道防线，也是储罐最有效的防腐措施。由于各种涂层难免有孔隙等缺陷，为有效控制腐蚀，对于罐底板外侧和罐内壁等直接与较强腐蚀性介质接触的部位，特别是可能接触海水或地质腐蚀性较强时，需采取特殊措施加强防腐，同时采用储罐阴极保护技术进行联合保护。

对金属表面进行涂料涂装是油罐腐蚀防护的重要手段。目前，应用最多、最为广泛的是覆盖层保护防腐法，特别是涂料覆盖层保护法，主要优点是：

(1) 品种繁多，适用范围广。随着石油化学工业的发展，涂料工业已形成以合成树脂和无机材料为主体的精细化工行业，能生产各大类千余种涂料。

(2) 工艺简单，施工和维修方便，适应性强。适应面积大、结构造型复杂的设备和工程的保护，也可以在设备的使用现场或工程工地进行施工。涂层的修整、重涂和更新都较容易，可以在设施和工程不停止生产和运行的情况下进行施工。

(3) 施工设备投资少，施工费用和成本较低。涂料成本和施工费用低，不需贵重设备仪器，施工期短，投入生产快。

(4) 色彩鲜艳，标示醒目。表面观感性良好，可根据不同需要选择各种涂层颜色，色彩多样，可起到标志作用，便于标记，利于区分和检查，具有保护、装饰或特殊性能(如绝缘、防腐、标志等)。

(5) 防腐蚀性能优良，可与其他防腐蚀措施结合使用。

第三节　油罐防腐涂料

涂料俗称为油漆，是一种涂于物体表面，能形成具有保护、装饰或特殊性能的固态薄膜的一类液体或固体材料的总称。由于早期大多以生漆和桐油为主要原料，故有“油漆”之称。随着石油化工和有机合成工业的发展，涂料原材料日新月异，各种合成树脂在涂料工业中得到广泛应用，涂料的性能得到了极大的提高，应用范围也得到了扩展。通常在具体涂料品种名称中用“漆”字表示“涂料”，如调和漆、底漆等，以防腐蚀为主要功能的涂料称为防腐蚀涂料。

一、防腐蚀涂料的组成

涂料是复杂的多组分化学混合体，也可以说是一种复合材料。它的性能和防腐蚀作用的发挥是各组分间相互作用的最终结果。涂料要经过施工在物件表面而形成涂膜，因此涂料的组成中还包含了为完成施工过程和有助干燥成膜过程所需要的组分。

涂料虽然品种繁多，性能各异，但归纳起来主要有 4 大组成部分，即成膜物质、颜料、溶剂和助剂。有些涂料不含颜料，如清漆，有些涂料不含溶剂，如粉末涂料、辐射固化涂料。

1. 成膜物质

成膜物质是组成涂料的基础，它具有能够使涂料中其他组分形成涂膜的功能，它对涂料和涂膜的性质起决定性作用。

涂料成膜物质具有的最基本特性是它经过施工能形成薄层的涂膜，并为涂膜提供所要的各种性能。它还能与涂料中所加入的必要的其他组分混溶，形成均匀的分散体，具备这些特性的化合物都可用为涂料成膜物质。它们的形态可以是液态，也可以是固态。可用作涂料成膜物质使用的物质品种很多，原始涂料的成膜物质是油脂，主要是植物油，到现在仍在应用，如大漆类防腐蚀涂料。现在合成树脂为涂料成膜物质应用广泛，树脂是一类以无定形状态存在的高分子有机物，通常指未经过加工的高分子聚合物，包括各种热塑性树脂和热固性树脂。

2. 颜(填)料

颜(填)料简称颜料，是色漆的重要组成成分，但不能单独成膜。因此，也称为次要成膜物质。颜料一般为微细的粉末状有色物质，通过涂料生产过程中的搅拌、研磨、高速分散等加工过程，使其均匀分散在成膜物质及其溶液中，形成色漆。在形成涂膜之后，颜料均匀分散在涂膜中，涂膜的实质是颜料和成膜高聚物的固态分散复合体。

颜料在涂料中可以显现颜色，赋予涂膜的遮盖力。同时还对涂料的流变性、保护性、耐候性、耐化学品性、耐热性和涂膜的机械性质很有影响，还关系到涂料成本的降低，加入功能性颜料，还可赋予涂层某些特定功能，如导电、阻燃等性能。

颜料的品种很多，各具有不同的性能和作用。按在涂料中的用途可分为着色颜料、体积颜料和功能性颜料。每一类都有许多品种。

常用的着色颜料有钛白、锶黄、钛青蓝、甲苯胺红、石墨、炭黑、华蓝和群青等；常用的体积颜料(也称填料)有碳酸钙、磷酸钙、云母、硫酸钡、滑石粉和硅藻土等，体积颜料常用来调节涂料的颜料体积浓度(PVC)，以增强漆膜的机械强度、附着力，调节抗水、气、腐蚀介质的渗透性和光泽等。体积颜料一般价格低廉，且在涂料配方中着色颜料用量决定后，剩余的 PVC 量就以体积颜料充填，故也把体积颜料称为填充料。

功能颜料是具有特征功能的颜料，如防腐蚀颜料、防污颜料、阻燃颜料、导电颜料等。功能颜料价格高昂，故其用量以满足功能要求为度。

3. 溶剂和分散介质(辅助成膜物质)

溶剂、分散介质是不包括无溶剂涂料在内的各种液态涂料中所含有的重要组分，也称为辅助成膜物质。它使成膜基料溶解(分散)而形成液态涂料，使涂料具有适当的黏度，以满足施工工艺对涂料黏稠度的要求。它们在成膜过程中要完全挥发掉，这就要求它们不仅对成膜物质有较好的溶解性(分散性)和化学稳定性，还要挥发性大、毒性小、成本低。溶剂的挥发速度影响涂膜干燥时间及质量，并要与转化型成膜物质的固化交联过程相匹配，否则易带来涂膜发白、流挂、针孔等严重影响保护作用的涂膜弊病，因此要选择适中。有机溶剂的挥发造成资源的浪费及环境污染，这愈来愈引起人们的重视，对溶剂型涂料的法规限制也越来越严格，从而促进涂料向低污染型方向发展。现已开发出不含有机溶剂的固体粉末涂料、液态无溶剂涂料以及低污染的水分散性(或水溶性)涂料。其中，粉末涂料、无溶剂涂料在重防腐蚀工程中发挥着重要作用。

4. 助剂

助剂在涂料中含量很少，但起到显著的作用，也称为涂料的辅助成膜物质。它是现代涂料生产技术的重要组成部分。其本身不能单独成膜，但在涂料制造、储存、施工和使用过程中，显出了愈来愈重要的作用。往往某种助剂的添加量只占涂料总量的1%或更少，但却能大大改善涂料的某种性能。因此，合理添加具有特殊功用的助剂，对于提高涂料和涂装的整体效果十分重要。

不同种类的涂料需要使用不同类型的助剂。即使同一种类的涂料由于其使用的目的性能要求不同，而需要使用不同种类的助剂。总之，助剂的使用是根据涂料和涂膜的不同要求而决定的。总的来看，助剂分为四个类型：

(1) 对涂料的生产过程发生作用，如消泡剂、润滑剂、分散剂、乳化剂等；

(2) 对涂料施工成膜过程发生作用，如催干剂、固化剂、流平剂等；

(3) 对涂料储存过程发生作用，如防结皮剂、防沉淀剂；

(4) 对涂膜性能发生作用，如增塑剂、防霉剂、阻燃剂、防静电剂、紫外光吸收剂等。

二、防腐蚀涂料分类及命名

1. 分类

石油工业用涂料从成膜机理上分，可分为热塑型涂料和热固型涂料。一般沥青类属热塑型涂料；树脂类属热固型涂料。

从物质组成上分，可分为沥青类涂料、环氧树脂类涂料、醇酸类涂料、聚氨酯类涂料、聚酯类涂料、丙烯酸类涂料、氯化橡胶类涂料和无机涂料等。

从功能上分，可分为埋地管道外防腐涂料、储罐防静电涂料、耐候涂料、荧光涂料、耐高温涂料、耐化学介质涂料、耐磨涂料、缓蚀涂料和带锈涂料等。

按照 GB/T 2705—2003《涂料产品分类、命名》以主要成膜物质为基础将涂料划分为 17 个大类，大部分以其汉语拼音的第一个字母为其代号；稀释剂和其辅助材料归为一类，共 18 大类，见表 2-4。

表 2–4　涂料产品分类

代号	产品类别	代号	产品类别	代号	产品类别
Y	油脂涂料	Q	硝基涂料	H	环氧树脂涂料
T	天然树脂涂料	M	纤维素涂料	S	聚氨酯涂料
F	酚醛树脂涂料	G	过氯乙烯涂料	W	元素有机物涂料
L	沥青涂料	X	乙烯树脂涂料	J	橡胶涂料
C	醇酸树脂涂料	B	丙烯酸树脂涂料	E	其他涂料
A	氨基树脂涂料	Z	聚酯树脂涂料		辅助涂料

随着科学技术的进步，一些新型涂料应运而生。对一些实践证明技术成熟的、应用广泛效果良好的新型涂料，如氟碳类防腐蚀涂料耐水耐候性良好，适合用于地面油罐外壁面漆。热反射隔热防腐蚀复合涂料耐候性、热反射隔热性能良好，适合用于储存易挥发的轻质油料地面油罐外壁面漆。有机硅类防腐蚀涂料耐高温性能良好，适合用于加热管外壁涂装。

2. 基本名称

按涂料的基本品种、特性和主要用途划分，GB/T 2705—2003《涂料产品分类、命名》将涂料分为 99 个品种，其中每种涂料代号由两个数字构成，00 ~ 13 代表涂料的基本品种；14 ~ 19 为美术漆类；20 ~ 29 为轻工漆类；30 ~ 39 为绝缘漆类；40 ~ 49 为船舶漆类；50 ~ 59 为防腐漆类；60 ~ 79 为特种漆类；80 ~ 99 为备用。涂料产品基本名称、代号见表 2–5。

表 2–5　涂料产品基本名称、代号

代号	基本名称	代号	基本名称	代号	基本名称	代号	基本名称
00	清油	16	锤纹漆	33	(黏合)绝缘漆	63	涂布漆
01	清漆	17	皱纹漆	34	漆包线漆	83	烟囱漆
02	厚漆	18	金属闪光漆	35	硅钢片漆	86	标志漆
03	调和漆	19	晶纹漆	40	防污漆、防蛆漆	98	胶液
04	磁漆	20	铅笔漆	41	水线漆	99	其他
05	粉末涂料	22	木器漆	42	甲板漆		
06	底漆	23	罐头漆	50	耐酸漆		
07	腻子	24	家用电器漆	51	耐碱漆		
09	生漆	26	自行车漆	52	防腐漆		
11	电泳漆	27	玩具漆	53	防锈漆		
12	乳胶漆	28	塑料漆	54	耐油漆		
13	水溶性漆	30	(浸渍)绝缘漆	55	耐水漆		
14	透明漆	31	(覆盖)绝缘漆	60	耐火漆		
15	斑纹、裂纹、橘纹漆	32	抗弧(磁)漆、互感器漆	61	耐热漆		

3. 序号

用"-"缀于基本名称后面，提示虽然是同类品种，但是在组成、性能和用途方面有差别。

4. 型号

涂料产品型号由分类代号、基本名称和序号组成。型号=分类代号+基本名称+序号，如C04-2G52-2等。

5. 命名

全名=颜料或颜色+成膜物质名称+基本名称。例如，白色醇酸磁漆、氧化铁红环氧底漆等。有的专用漆在成膜物质名称之后附加用途说明，如灰色丙烯酸桥梁漆。有时为了更确切，采用型号+全名，如C04-2白色醇酸磁漆。

三、防腐蚀涂料性能要求

防腐蚀涂料有许多基本的性能要求，一般要求耐腐蚀性好、透气性和渗水性小、附着力好并具有一定的机械强度。但用途不同，对性能的要求也就有所不同、有所侧重。大气涂料侧重于耐候，防腐蚀涂料侧重于耐化学介质腐蚀，地下覆涂料则侧重于防止土壤的腐蚀及覆盖层的耐久性。

1. 地面油罐外壁涂料的性能要求

(1) 耐紫外光老化性。暴露在大气环境中的防腐涂料层的高分子材料在受到紫外光照射时，链式化学结构会断键，大分子会变成小分子，失去原有的性能，俗称"老化"。因此，地面油罐防腐涂层最主要的性能要求是耐紫外光老化。

(2) 黏结力。黏结力是衡量防腐涂层对基材附着能力的指标，腐蚀介质一般是由附着力最薄弱的地方渗入覆盖层，到达基材表面，发生腐蚀。因此黏结力是覆盖层防腐性能的关键指标。

(3) 耐腐蚀性气体。腐蚀性气体一般是指酸性气体、碱性气体及含盐水气等，覆盖层材料在受到这些气体介质作用时，如果材料稳定性较差，会发生化学反应，使覆盖层性能变化，导致防腐性能下降。因此，耐腐蚀性气体也是对覆盖层性能要求的重要指标。

(4) 覆盖层施工方便性。作为暴露在大气环境中的防腐覆盖层涂料，施工一般在建设好的设施上进行，因此要求防腐施工方便、简单；同时，涂覆后的覆盖层要干燥时间短、固化快。这样能免于覆盖层的表面被风沙或雨水污染。

2. 洞库、覆土式罐外壁涂料的性能要求

洞库、离壁式金属油罐外壁由于在洞库内或油罐间内，涂层无须考虑耐紫外线性能，但一定要具备优异的耐湿热、耐盐雾和防霉菌等性能，同时还要具备良好的机械性能和施工性能。经过多年的实践，双组分环氧涂料完全可以满足需要。

3. 油罐内壁涂料的性能要求

(1) 耐油性。有机类防腐涂料在油品中，特别是在轻质油的浸渍中，容易产生溶胀现象，甚至出现浸出颜填料或涂层软化剥落现象，使油品受到污染，严重影响油品的质量。无机涂料的耐油性优于有机涂料，但耐化学腐蚀性较差，一般不直接暴露在化学因素复杂的环境。

(2) 导静电性。液体石油产品在生产和输送等动态过程中会产生静电荷，积聚的电荷放电时会引起爆炸危害，因此对油品生产和储运的设施、管道及加油辅助工具均应采取防静电措施。GB 13348—2009《液体石油产品静电安全规程》中规定，储罐内壁应使用防静电涂料，在选择油罐内壁防腐涂料时，必须选择具有导静电功能的防腐蚀涂料。防腐涂层的导静电功能常通过在涂料中添加石墨粉、炭黑、金属粉和有机碳纤维粉等填料来实现。在闪点低于 60℃的喷气燃料、灯用煤油、轻柴油、石脑油、轻质溶剂油、汽油等油品的储罐中，一般不选择添加铝粉的防静电涂料，因为金属铝有增加诱发火花的危险。

(3) 耐高温性。用于油罐内壁的防腐蚀涂料应保证短期能耐 120～150℃高温，以适应蒸汽清扫法清罐的要求；长期能耐 50℃中温，以适应某些油品加温储存的要求。

4. 地下设施覆盖层的性能要求

地下设施主要是指石油库设施设备中油罐底板的下部钢板，非离壁式(直埋式)覆土油罐、贴壁式油罐、埋地管道等设备设施。

(1) 电绝缘性。地下金属的腐蚀是一个电化学过程，腐蚀电流回路是由金属和其周围土壤构成，覆盖层的绝缘性好坏，直接决定了腐蚀电流的存在与否和大小。显然，覆盖层电绝缘性受覆盖层吸水性的直接影响。

(2) 黏结力。黏结力是覆盖层最重要的性能。水气等腐蚀介质需要通过覆盖层和被涂物体之间的界面而接触金属基体，黏结力强可以保持此界面的稳定，避免水气渗透到覆盖层下，防止膜下腐蚀介质的富积，从而防止膜下腐蚀，防止漆膜起泡；黏结力强还可以减少机械物理力的损伤。

(3) 透气性和渗水性。抗渗水性对地下设施防腐层是很重要的，因为地下可能很潮湿或有地下水，故要求防腐层水蒸气渗透率低；透气性低可以防止氧气的渗透及对金属的腐蚀，包括氧浓差腐蚀等电化学腐蚀。

(4) 耐土壤腐蚀性。土壤的腐蚀性是土壤很多因素的综合反应，这些因素对覆盖层有直接或间接破坏作用。此外，植物根系可能穿透覆盖层、食蜡细菌能够吞噬覆盖层物质，对石油沥青覆盖层产生破坏。覆盖层对这些因素应具有耐受性，在土壤中具有良好的稳定性。

(5) 机械强度及耐土壤应力作用。覆盖层金属构件从涂覆施工到埋设到地下，要经受许多机械力的作用，如冲击、摩擦及挤压等，要求覆盖层抗冲、耐磨、坚硬并具有柔韧性，以使覆盖层的损伤降低到最低限度；在黏性土壤中，由于土壤干湿变化，将对覆盖层产生应力，要求覆盖层具有耐土壤应力的能力。

（6）覆盖层施工便易性。应当能够通过合理实用的施工手段，包括表面处理、覆盖层涂覆，保证覆盖层具有所要求的应用技术条件。要求施工条件易于满足，施工周期合理。

（7）可修补性。覆盖层的损伤很难避免，应当有简便易行的修补方法。修补覆盖层和原覆盖层应结合良好，防腐性能相当，使防腐覆盖层具有完整性。

（8）阴极保护的匹配性。许多使用寿命长的地下构件常要采用覆盖层和阴极保护相结合的防腐措施。覆盖层应当使被保护物体只需较小的阴极保护电流，降低阴极保护运行费用，并能承受阴极保护对覆盖层的影响。要求覆盖层能够抵抗因保护电位过负、金属表面可能析氢所产生的剥离力。另一方面，由于阴极保护使被保护金属成为阴极，要求覆盖层也能够对阴极区产生的碱性环境具有耐受力。此外，当覆盖层破损处有剥离时，对保护电流的屏蔽作用要小。

四、重防腐蚀涂料

重防腐涂料最早出现在 20 世纪 60 ~ 70 年代，英文名称为“heavy duty coating”，在那个年代，它是与油性涂料和醇酸树脂涂料相比而言的。

常用重防腐蚀涂料主要有：环氧树酯类、聚氨酯类、橡胶树脂、含氯聚烯烃类、酚醛树脂、呋喃树脂、生漆及改性树脂、重防腐涂料等 8 种。重防腐涂料作为常用防腐蚀涂料的一种，弥补了普通防腐涂料的缺点，普通涂料防腐主要缺点是耐高温性能差，漆膜有一定透气性且机械强度较差。针对这些特点，近 20 年来，随着现代工业技术的发展，人们开发了重防腐涂料，即能在严酷的腐蚀环境下应用并具有长效使用寿命的涂料，从而使涂料应用范围更加广泛。重防腐涂料除具有严酷腐蚀环境下应用和长效寿命特性外，区别于一般涂料的重要特点是厚膜化。常用防腐涂料的涂层干膜厚度一般为 100 ~ 150μm，而重防腐涂料干膜厚度一般要在 200μm 或 300μm 以上，厚者可达 500 ~ 1000μm，甚至 2000μm。厚的涂膜为涂料的长效寿命提供了可靠保证。在油罐涂料选择上，一般对强腐蚀性环境下的钢板外壁应用重防腐涂料。

1. 重防腐蚀涂料概述

重防腐蚀涂料的出现，发生在墨西哥湾和北海上的石油钻井以及采油平台纷纷建立起来后，当时，数万吨和几十万吨的油轮在各大洋各大洲上航行；在日本，连岛工程上建起了跨海大桥。在这些恶劣的海洋环境下，需要更高性能的防腐蚀涂料来保护钢铁构件。当时主要的涂料产品为富锌涂料、乙烯树脂涂料、环氧树脂涂料和氯化橡胶涂料等，厚浆型环氧煤沥青涂料更是在 20 世纪 90 年代以前的高档涂料之一。

随着涂料技术的发展，现代重防腐涂料的意义和产品也随之赋予了新的含义。对于此类涂料的名称，英文又叫保护涂料或防护涂料，以及高性能涂料。乙烯树脂涂料、氯化橡胶涂料等已经逐步被淘汰，曾经相当重要的厚浆型环氧煤沥青涂料也已经开始为其他综合性能更好的防腐蚀涂料所替代。环氧树脂涂料也从纯环氧涂料开始向更好性能的改性环氧树脂涂料发展。

海洋工程的进一步发展，石油化工的持续发展，冶金、能源、城建和环保工程等，都需要使用重防腐涂料。现代重防腐涂料与传统的防腐蚀涂料的重要区别如下：

① 注重环境保护，降低能源消耗，低 VOCs(volatile organic compounds，挥发性有机化合物)；

② 关注涂料对人类健康的影响，不含有害溶剂、有毒颜料；

③ 严酷环境下使用寿命长，防腐效果优异；

④ 技术含量新，使用高性能的耐腐蚀合成树脂、新型颜(填)料和助剂；

⑤ 涂层厚膜化，超厚膜化；

⑥ 严格的表面处理；

⑦ 涂料配套设计科学化；

⑧ 系统化、专业化的涂装过程控制。

VOCs 是挥发性有机化合物(volatile organic compounds)的缩写。从环保意义上来说，挥发和参加大气光化学反应是 VOCs 重要的因素。在大气中，VOCs 在太阳光和热的作用下，参与氧化氮反应，形成臭氧，臭氧会导致空气质量变差，而且是夏季烟雾的主要组分。挥发性有机物和氮氧化物结合，在太阳光的照射下会生成两种(类)污染物，一种是 $PM_{2.5}$的组成部分，叫作二次有机颗粒物，或二次有机气溶胶(SOA)，是大气中 $PM_{2.5}$的一个重要组成部分。

在环境保护法规的推动下，涂料公司发展了许多新的重防腐涂料品种，使用安全的原材料而不丧失其优良性能和耐久性。现代重防腐涂料的主要品种有：高固体分涂料和无溶剂涂料、水性工业防腐蚀涂料、富锌漆、玻璃鳞片涂料以及超耐候性涂料等。

2. 高固体分涂料

提高涂料的固体分并不是单纯地靠减少有机溶剂来达到的，它涉及成膜物质低黏度化、活性稀释剂的应用，采用溶解力强、毒性小、成本低的溶剂、新型助剂的应用等一系列新原料和新技术。

高 VOCs 含量的涂料主要是热塑性树脂涂料，如氯化橡胶涂料、乙烯树脂涂料和丙烯酸树脂涂料等，用量正在下降。现在使用的低 VOCs 涂料多为热固性涂料。

3. 无溶剂涂料

无溶剂涂料的使用，减少了有机挥发物的排放，对个人防护、防火、防爆等安全也起到了无可估量的作用。正因为无溶剂涂料含极少量或不含挥发性的溶剂，所以适用于特种环境下的重防腐涂装。

无溶剂涂料与其他产品的最大区别是无论在熟化还是在应用时都不需要溶剂或水，低黏度的胺固化剂、液态的树脂和颜料结合形成的涂层具有非同一般的特性。

边缘覆盖性：无溶剂环氧涂层对没有处理过的钢板边缘具有强大的覆盖能力，比溶剂型环氧漆效果更好。

不收缩，无伸长力：不含溶剂的环氧树脂在熟化过程中不收缩，涂层在干燥以后没有伸长，这是无溶剂环氧涂层经久耐用的主要特点。溶剂型的环氧涂层在干燥时由于溶剂挥发会导致破裂，而无溶剂环氧涂层的不收缩性使其在遇到不平钢板时，不易发生裂纹。

4. 富锌漆

(1) 富锌漆中的锌粉

锌可以被熔融并加工净化成细颗粒的高纯度锌粉，是防锈漆中非常重要的防锈颜料。锌粉的标准电位(-0.76V)比钢铁的(-0.44V)低，涂膜在受到侵蚀时，锌粉作为阳极先受到腐蚀，基材钢铁为阴极，受到保护。

锌作为牺牲阳极形成的氧化产物对涂层起到一种封闭作用，仍可加强涂层对底材的保护。在富锌涂料中，锌粉在保护过程中逐渐被消耗，但速度很慢。其腐蚀产物的形成，使涂层与底材电位差有所减小，当漆膜被损伤时，又露出新的金属锌，电位差立即增大，产生较强的阴极保护作用。所以富锌漆的锈蚀不会从损伤处向周围扩散。

为了确保在富锌漆中锌粉同钢铁能紧密结合而起到导电和牺牲阳极作用，富锌漆中要求使用大量的锌粉，早期的锌粉质量分数占到整个漆膜的90%(质量分数)。近年来，由于出于成本的压力和实际使用性能的考虑，锌粉含量下降到80%左右，再加上其他的增强型颜料来提高漆膜的性能，比如减少膜厚处的龟裂现象。这些锌粉量使锌-锌-铁互相紧密接触，就可以产生阴极保护作用。

对富锌漆中锌粉的含量占干膜总质量的百分比，不同国家的规范和标准规定如下。

BS 4652：1995 富锌底漆(有机溶液)规范(英国标准)中规定，干漆膜中锌粉含量不能低于85%(质量分数)。

SSPC-Paint 20：2002 富锌底漆(日本标准)规定，富锌漆的漆膜中锌粉质量，Ⅲ级大于等于65%，少于77%；Ⅱ级大于等于77%，少于85%；Ⅰ级大于85%。

SSFC-Paint 29：2014 锌粉颜料的底漆，性能，BAS(日本标准)规定牺牲型锌粉底漆干膜中锌粉质量至少要达到65%。

ISO 12944-5：2017(国际标准化组织)第5.2条文中规定，富锌底漆，无论是有机还是无机，不挥发组分中锌粉含量不得低于80%(质量分数)，锌粉颜料要符合 ISO 3549 的规定。

HG/T 3668—2009《富锌底漆》(国家行业标准)：不挥发组分中的金属锌含量的三个级别，分别要大于等于 60%、70%和 80%。这个要求接近于 SSPC-Paint 20 锌粉含量的规定。

涂膜中锌粉含量的测定方法可以参考 BS 4652(英国标准)和 HG/T 3668—2009(国家行业标准)中的有关实验程序。

(2) 环氧富锌底漆

有机富锌漆最常用的是环氧富锌漆，此外还有氯化橡胶富锌漆等，但是因其是热塑性树脂，遇热时会变软，所以应用不多。

环氧富锌底漆是以锌粉为防锈颜料，环氧树脂为基料，聚酰胺树脂或胺合成物为固化剂，加以适当的混合溶剂配制而成的环氧底漆，其中锌粉含量很高，以形成连续紧密的涂层而与金属接触。环氧富锌底漆要施工须喷砂至 Sa2.5 的表面上，与大多数涂料相兼容(除了醇酸漆会皂化)，是多道涂层系统中很好的底漆，不管是新建还是现场维修的施工，环氧富锌经常用作临时底漆，用于大型钢结构维修。它干燥迅速，重涂间隔相对较短，附着力好，耐碰撞，耐热可达 120~140℃，耐磨性能也很好。

(3) 水性无机富锌涂料

水溶性自固化无机富锌漆，主要以硅酸钠(又名水玻璃)为黏结剂，与锌粉混合后，涂在钢铁表面，当涂膜干燥后，再喷上酸性固化剂，如稀磷酸(H_3PO_4)，使涂层固化。由于施工比较麻烦，这种无机富锌涂料已经不再使用。

水溶性自固化无机富锌漆，其中锌粉不仅是防锈颜料，而且还起帮助固化的作用。碱金属盐是主要的成膜基料，不同的碱金属种类和硅氧化物与碱金属氧化物的摩尔比不同，可作为几种性能差别极大的基料，碱金属可以是钠、锂和钾。硅酸锂的水溶性很差，不易制得较高浓度的溶液，而且价格较高；硅酸钠易溶于水，价格低，但是易于被碳酸化，因此硅酸钾是最为常用的水性无机富锌涂料中的基料。

水性无机富锌涂料，以水为溶剂和稀释剂，不含任何有机挥发物，无毒，无闪火点，对施工人员的损害明显比溶剂型无机富锌涂料低，对环境污染小，VOCs 为零，没有火灾危险，在施工、储存和运输过程中较为安全。

(4) 溶剂型无机富锌涂料

溶剂型自固化无机富锌涂料，以醇类溶剂为主，因此也称之为醇溶性无机富锌涂料，以正硅酸乙酯水解缩聚体作为成膜物，加入溶剂、超细锌粉、硅铁粉、增稠剂和助剂等组成双组分涂料。它与钢铁有着很强的附着力，防锈能力强，耐曝晒、防风化，耐磨蚀，耐水、耐盐水、耐盐雾，并且耐溶剂、油品和其他化学品，导电性能良好，可以作为储罐内壁涂层使用。

溶剂型无机富锌涂料含有大量的锌粉粒子，与钢铁表面之间紧密接触，起牺牲阳极保护的作用。鳞片状锌粉的应用，除了具有阴极保护作用外，还能搭接在涂层中，有着更好的涂层屏蔽性能，并且能减少锌粉用量。锌粉与空气中的 CO_2、SO_2或者 Cl 接触生成锌的各种难溶碱式盐，会填没涂层中的空隙，增加屏蔽性。紫外线对无机富锌涂层的作用也比有机涂层要小得多，因此耐老化性能要强于有机涂层。

5. 玻璃鳞片涂料

玻璃鳞片涂料是以耐腐蚀树脂为主要成膜物质，以薄片状的玻璃鳞片为骨料，再加上各种添加剂组成的厚浆型涂料。美国欧文斯-康宁(Owens-Corning)玻璃纤维公司于 1953~1955 年间首先成功开发并制造出玻璃鳞片，并于 1957 年发表了玻璃鳞片涂料制造的第一个专利，此后开始了更广泛、深入的试验应用。

乙烯酯玻璃鳞片涂料主要用于有硫酸露点腐蚀的地方，如火力发电厂的烟气脱硫装置、烟囱内壁等。用于混凝土表面，要先涂一道乙烯酯清漆，以便整个系统能获得最佳的附着力。如果要进行针孔测试，须先涂一道导电底漆。由于其杰出的耐化学性能和耐溶剂性能，它能有效地耐广泛的化学品，包括无铅汽油、盐水、钻井泥浆和处理水等。乙烯酯涂料比聚酯涂料的耐化学品性能更高，耐碱性超强，耐酸性稍强。乙烯酯玻璃鳞片涂料具有很好的耐高温性能，又具有很好的耐酸性，因此是火力发电厂 FGD 烟气脱硫装置中成功应用的涂料型衬里材料。

6. 陶瓷涂料

陶瓷涂料可以应用于石油化工、海洋工程、电力、氯碱、化纤、制药和化肥等行业中。2008 年北京奥运会的火炬，就是使用的陶瓷涂料，在耐高温的同时，还保持了中国红的颜色特性。

五、油罐常用防腐蚀涂料的主要类型

工业防腐蚀涂料品种规格很多，在石油库油罐中常用防腐蚀涂料主要有环氧树脂类涂料、聚氨酯类涂料、氟碳类涂料、沥青涂料、含氯防腐蚀涂料、聚脲弹性体防腐涂料、丙烯酸树脂涂料、生漆及改性树脂涂料，以及功能性涂料如导静电涂料、热反射隔热防腐蚀涂料等。

下面将石油库中油罐常用防腐蚀涂料简要介绍如下。

1. 环氧类涂料

环氧类涂料代号 H，主要成膜物质包括环氧树脂、环氧脂和改性环氧树脂，其以环氧树脂为主要成膜物质的涂料称为环氧树脂涂料，涂料组成中含有较多环氧基团，主要品种是双组分涂料，由环氧树脂和固化剂组成。每年世界上约有40%以上的环氧树脂用于制造环氧涂料，其中大部分用于防腐。环氧防腐涂料是目前世界上用得最为广泛、最为重要的防腐涂料之一，尤其在重防腐涂料领域。

主要优点是具有极好的附着力，耐水性好，耐腐蚀，涂层坚硬，机械性能优良，耐磨，耐冲击，耐碱性较好，品种、性能的多样性和应用的广泛性，体现当代涂料的发展方向，缺点是耐候性不好，日光照射久了有可能出现粉化现象，装饰性较差，低温下涂膜固化缓慢。

在石油库油罐中主要用于洞库、覆土式油罐外壁，或立式油罐底板外表面、立式贴壁油罐、贴壁油池壁板及底板外表面、卧式直埋油罐外表面涂料，也适用于油罐内壁或罐室内较为潮湿场所的油罐外壁表面涂层。

2. 聚氨酯类涂料

聚氨酯类涂料代号 S，主要成膜物质为聚氨基甲酸酯树脂，一般是由异氰酸酯预聚物(也叫低分子氨基甲酸酯聚合物)和含羟基树脂两部分组成，通常称为固化剂组分和主剂组分。根据含羟基组分的不同可分为：丙烯酸聚氨酯、醇酸聚氨酯、聚酯聚氨酯、聚醚聚氨酯、环氧聚氨酯等品种。主要优点是漆膜强韧，光泽丰满，附着力强，耐水耐磨、耐腐蚀性。其缺点主要是漆膜遇潮容易起泡，出现漆膜粉化、变黄等弊病，施工工序复杂，施工环境要求高。

主要用作洞库、覆土式油罐外壁或立式油罐底板外表面、立式贴壁油罐、贴壁油池壁板及底板外表面、卧式直埋油罐外表面涂料，也适用于油罐内壁或罐室内较为潮湿场所的油罐外壁表面涂层。

3. 氟碳类涂料

氟碳类涂料代号 E，主要成膜物质为氟树脂；又称氟碳漆、氟涂料、氟树脂涂料等。在各种涂料之中，氟树脂涂料由于引入的氟元素电负性大，碳氟键能强，具有特别优越的各项性能。耐候性、耐热性、耐低温性、耐化学药品性，而且具有独特的不黏性和低摩擦性。经过几十年的快速发展，氟涂料在建筑、化学工业、电器电子工业、机械工业、航空航天产业、家庭用品的各个领域得到广泛应用。成为继丙烯酸涂料、聚氨酯涂料、有机硅涂料等高性能涂料之后，综合性能最高的涂料。储罐的外防腐应采用氟碳类防腐蚀涂料。目前，应用比较广泛的氟树脂涂料主要有 PTFE、PVDF、PEVE 等三大类型。性能特点如下：

(1) 优良的防腐蚀性能——得益于极好的化学惰性，漆膜耐酸、碱、盐等化学物质和多种化学溶剂，为基材提供保护屏障。该漆膜坚韧——表面硬度高、耐冲击、抗屈曲、耐磨性好，显示出极佳的物理机械性能。

(2) 免维护、自清洁——氟碳涂层有极低的表面能、表面灰尘可通过雨水自洁，极好的疏水性(最大吸水率小于5%)且斥油、极小的摩擦系数(0.15~0.17)，不会黏尘结垢，防污性好。

(3) 强附着性——在铜、不锈钢等金属、聚酯、聚氨酯、氯乙烯等塑料、水泥、复合材料等表面都具有其优良的附着力，基本显示出宜附于任何材料的特性。高装饰性——在 60°光泽计中，能达到 80%以上的高光泽。

(4) 超长耐候性——涂层中含有大量的 F—C 键，决定了其超强的稳定性，不粉化、不褪色，使用寿命长达 20 年，具有比任何其他类涂料更为优异的使用性能。优异的施工性——双组分包装、储存期长、施工方便。

4. 沥青漆涂料

沥青漆涂料代号 L，主要成膜物质包括天然沥青、石油沥青、煤焦油沥青，一般是在常规环氧沥青防腐漆的基础上，加入特种添加剂、快干助剂、耐蚀颜料等，经先进工艺制备而成的双组分重防腐涂料，具有吸水率低，耐海水，耐微生物侵蚀，抗渗透性好，耐水性优，电绝缘性强等突出优点。沥青漆由环氧树脂、煤焦油沥青、防锈颜料、助剂、改性胺配制而成。产品具有干燥迅速，附着力好、柔韧性好，双组分包装、施工方便。具有耐酸、耐碱、耐盐、耐水、耐油等特点。

沥青漆适用范围：适用于工业污水、海水、淡水埋地管线外壁、混凝土、水闸、船用码头、海洋工程、海洋设施等设备的防腐。适用于高温、湿、化学、空气污染及海边盐分高等易于腐蚀环境下的钢铁结构、电气化铁路系统、船舶、桥梁及各类镀锌器材铁管、浪板、镀锌钢架构造物之防护涂料。多用于地下管道、油罐埋地部分防腐工程。

沥青漆主要特点：

① 涂层具有较强的附着力、耐水性、耐酸碱性、耐潮湿性等性能；

② 互穿网状耐磨涂层，因加入了特种改性剂，固化后形成互穿网状高分子防腐涂层，有效地防止涂层的变化，提高涂层的耐候、耐磨性能；

③ 防腐性能好；

④ 施工方便，常温固化；施工费用省，一次成膜，常温固化成膜。

5. 含氯防腐蚀涂料

含氯防腐蚀涂料属于过氯乙烯树脂涂料类型，代号 G，主要成膜物质为含有大量氯原子的聚合物，根据聚合物不同，可分为橡胶涂料和乙烯类树脂涂料两大类。橡胶涂料一般用橡胶树脂是以天然或合成橡胶为原料，经过化学处理(氯化改性)而制得。天然橡胶相对分子质量大，溶液的强度高，涂膜干燥缓慢，且膜软、发黏。另外，大分子中具有较多的双键(即高度不饱和)，易于老化，故不宜用来制造涂料。合成橡胶的品种很多，某些品种如丁苯橡胶、氯丁橡胶及丁基橡胶等皆可用作涂料，但防腐蚀性能不够理想。不论是天然橡胶或合成橡胶，通过氯化改性或者通过其他方法合成得到的含氯弹性聚合物，其溶解性、可塑性、反应性、化学稳定性以及耐腐蚀性才有所改善或提高，达到制备防腐蚀涂料的要求。因此，橡胶类防腐涂料主要为含氯橡胶涂料，包括：氯化橡胶涂科、氯磺化聚乙烯涂料、氯丁橡胶涂料、氯化氯丁橡胶徐料。

该类涂料由于成膜物大分子中引入了氯元素，构成了极性较大的 C—Cl 链，使涂膜与基材，涂层与涂层之间的附着力增强，耐水、酸、碱、盐及防腐性能好，并且有阻燃自熄、防霉性能。但涂膜不耐高温，高温下易析出氯化氢气体而降解，性能变差，使用温度一般不超过60℃。

6. 聚脲弹性体防腐涂料

聚脲弹性体防腐涂料属于氨基树脂涂料类，代号A，主要成膜物质为脲(或三聚氰胺)甲醛树脂，是近年来新兴起的无溶剂、无污染的高性能重防腐蚀涂料，喷涂聚脲弹性体技术是在反应注射成型技术的基础上，于20世纪70年代中后期发展起来的。德国、美国是喷涂弹性体技术的发源地。该技术将新材料、新设备和新工艺有机地结合在一起，是传统施工技术的一次革命性飞跃。它的快速固化性能、耐蚀性能、采用喷涂工艺得到防腐橡胶衬里厚度的覆盖层，是涂装技术与防腐蚀衬里技术融合的又一典范。国外将SPUA(喷涂聚脲弹性体)技术用于建筑钢结构、石油化工储罐及设备、长距离输送油、水气管道、跨海大桥等钢结构防腐，已经有近10年的历史。

7. 丙烯酸树脂涂料

丙烯酸树脂涂料代号B，主要成膜物质包括丙烯酸树脂、丙烯酸共聚树脂及其改性树脂。丙烯酸树脂的主链是C—C键，对光、热、酸和碱十分稳定，用它制成的漆膜具有优异的户外耐候性能，保光保色性好。它的侧链可以是各种基团，通过侧链基团的选择，可以调节丙烯酸树脂的物理机械性能、与其他树脂的混溶性及可交联性能等。它可以单独作为主要成膜物质制成各种各样的涂料，以及可用来对醇酸树脂、氯化橡胶、聚氨酯、环氧树脂、乙烯树脂等进行改性，构成许多类型的改良型涂料。

丙烯酸树脂涂料有两类，热塑性和热固性。

热塑性丙烯酸树脂的大分子链节上不含可参与交联反应的活性基团，易溶解熔融。用作面漆，具有优异的保色保光性能，树脂水白，透明度高，在紫外线照射下不易褪光及变色，户外耐久性远比醇酸和乙烯类涂料要好。漆膜光亮丰满，耐酸耐碱性和耐腐蚀性好。其缺点是对温度敏感，遇热易软化发黏，打磨时会黏砂纸。近年来，随着氯化橡胶的生产得到一定的限制，丙烯酸树脂涂料因具备同氯化橡胶相类似的施工性能，如快干、无涂装间隔，已逐步取代了氯化橡胶涂料，现在所使用的面漆已经完全是热塑性自干型丙烯酸面漆。

8. 生漆及改性树脂防腐蚀涂料

属天然树脂类涂料，代号T，又名大漆、天然漆、国漆等，是一种乳白色到灰黄色的黏稠液体，耐油耐水性强，能与钢板很好地结合在一起，起到防腐作用。生漆是从漆树上采割下来的汁液，呈乳白色或黄色黏稠液体，为我国特产，在国外负有盛名，特称中国大漆，其主要成分是漆酚(51%)、漆酶(3%)、树脂(9%)、水分(35%)。漆酚是一种含有两个OH基团的酚类，能溶于酒精、苯、丙酮和汽油等有机溶剂。生漆中含漆酚愈多，质量愈高；含水愈多，生漆愈黏稠，喷量愈低。漆酶起促进漆酚氧化使生漆干燥成膜的作用，在60℃以上或0℃以下的温度条件下漆酶丧失活性，使生漆不能干燥成膜。当温度在20~30℃、湿度为80%~85%的情况下漆酶的活性最大，因此，在常温和潮湿的空气条件下涂刷生漆能加速其干燥成膜。大约在汉代，漆器和油漆技术已传到朝鲜和日本。将割取的漆液经过过滤等处理后，便得到可使用的生漆。因漆树品种和产地不同，其组成性质也有差异，产地集中于我国湖北、湖南、江西、云南、陕西一带，陕西秦巴地区是我国最大的产漆区。经加工的生漆，漆膜坚硬、丰满、富有光泽，是良好的防腐蚀漆和装饰漆。近几十年来在防腐蚀涂装保护领域，占有很重要的位置。

生漆在空气中易氧化干燥，储存越久，颜色越深，质量越差；氧化结皮后表面结成黑色光亮坚硬的漆膜，使用时，最好把新旧漆掺和使用。生漆越新鲜，质量越好。涂刷最好选择在潮湿的雨季，或人工保持温度20~30℃，湿度为80%~85%，要防止温度偏低或烈日曝晒，以防止漆膜不易形成或不易干燥。生漆可以用于地面和地下油罐，都需涂刷生漆两遍，地面油罐第一遍的配方是生漆70%，石膏粉(或磁粉)30%，配成生漆调和漆，也可用洋干漆作第一遍漆。第二遍刷纯生漆。生漆具有如下特性：

① 附着力、坚硬、覆盖力均极好；

② 具有独特的耐久性，能抵抗酸、土壤、水、海水及各种化学介质的腐蚀。如出土的汉朝漆器，漆膜完整。其耐腐蚀性能与酚醛树脂漆相似，而综合性能、防腐蚀效果优于酚醛树脂漆；

③ 耐热性优异，可以在150℃以下长期使用，短时间的耐热温度可达200℃，加入填料后耐热性能可大为提高，耐热冲击性能更为优异；

④ 优异的耐磨性能，并且越打磨越光亮；

⑤ 但生漆干燥成膜慢、颜色深、黏度大，不耐碱和强氧化剂，不耐阳光的长期暴晒，而且毒性大，在成膜前，易使人皮肤过敏，这限制了它的应用。

改性漆酚树脂防腐蚀涂料是用生漆作防腐蚀涂料，既可直接应用，亦可改性后应用。生漆的改性方法很多，归纳起来不外物理方法和化学方法两种。前者是将生漆和改性树脂机械混合而得，后者是利用生漆特性和某些树脂进行化学反应而得。目前，常用的改性漆酚树脂产品包括漆酚青漆、漆酚醛树脂、漆酚环氧树脂、漆酚钛树脂、漆酚硅树脂等。

9. *石油库专业功能性涂料*

(1) 防静电涂料

从油罐内壁导静电性能要求角度考虑，油罐内防腐涂料可分为导静电涂料和非导静电涂料。

① 内壁用导静电涂料

GB 13348—2009《液体石油产品静电安全规程》、GB 15599—2009《石油和石油设施雷电安全规范》要求，原油、轻质成品油罐内壁使用导静电涂料。按导电介质分类，主要分为金属导静电涂料和非金属导静电涂料，其性能特点各不相同。金属导静电涂料采用电位低于钢材的金属粉末(如锌粉)作为导电介质，对钢材有阴极保护防锈作用。非金属导静电涂料常用产品主要有环氧耐油防静电防腐涂料，环氧酚醛油罐涂料。

②内壁导静电涂料电阻率的确定

一是油料导静电要求。为杜绝石油静电引起火灾爆炸事故，航空煤油及舰艇油料国家管理委员会明确规定，轻质油品均要加入抗静电添加剂，使油料从绝缘状态($10^9\Omega$ 以上)变成导静电状态($10^9\Omega$ 以下)。实际上为安全起见，国内各行业使用的油料电阻率远低于 $10^9\Omega$。为了配合抗静电剂的使用，国家技术监督局、国家安全生产监督总局明确规定，石油罐进行防腐时，必须采用导静电涂料。导静电涂料电阻率必须与轻油品之电阻率相匹配。若导静电涂料电阻率高于 $10^9\Omega$，则抗静电添加剂的投用将失去作用。目前国内使用的 T1501、T1502 抗静电添加剂电阻率均控制在 $10^9\Omega$ 以下。

二是涂层导静电要求。相关资料表明：石油罐导静电涂料的电阻率随着时间延长而增大($10^{11}\Omega$)，对该类涂料的电阻率必须控制在不大于 $10^9\Omega$，以避免因静电电位升高诱发静电火灾爆炸事故。

美国国家消防协会标准 NFPA77《静电作业规范》明确提出，“导静电涂料的涂层表面电阻率低于油品电阻率的 1~2 数量级，可以认为是安全的。”涂层表面电阻过低，涂层的耐蚀性将降低，过高则导静电性变差。API-RP2003(美国石油学会)、DODHDBK263(美国国防部指令 DODD)、MIL-STD-863D(美国常用军用标准)、BS(英国标准)等美、英标准均规定，导静电涂层的表面电阻率为 $10^5\sim10^9\Omega$。CNCIA-HG/T 0001—2006《石油贮罐导静电防腐蚀涂料涂装与验收规范》第 2.6 条规定，导静电涂层的表面电阻率应为 $10^5\sim10^9\Omega$。

③ 本征型和添加型导静电涂料

导静电涂料分为本征型和添加型两类。

本征型利用基料本身的导静电能力来实现导静电。

添加型主要通过填料来实现导静电，常见的主要以添加金属和金属氧化物及炭黑为主，添加金属和金属氧化物浅色导静电涂料，与以添加炭黑为主的黑色导静电涂料有所区别。由于炭黑系列的导静电涂料在使用过程中污染油品、耐腐蚀性差、导静电性能易随着时间的延长而下降等缺陷，限制了炭黑系列的导静电涂料的使用。提倡使用本征型导静电涂料。

④ 锌粉系列涂料不能作为航空煤油油罐面漆

MH 5008—2005《民用机场供油工程建设规范》第 10.0.2 条规定，喷气燃料罐、管道和配件内壁禁止镀锌、镀镉或涂以富锌的材料。因此，环氧富锌、环氧锌粉、无机富锌等锌粉系列涂料不能作为喷气燃料罐内壁面漆使用，以免污染喷气燃料，影响飞机发动机飞行参数，诱发飞机发生安全事故。铜能加速喷气燃料胶质的生成，影响质量，因此，内防腐涂料不能含有铜的成分。

(2) 热反射隔热防腐蚀涂料

热反射隔热防腐蚀涂料，是由高分子有机树脂添加特种填料配制而成的一种功能性涂料。它既有一般涂料附着力强、耐候性好、寿命长、耐酸碱、耐湿热、耐盐雾、耐紫外光、不含有色成分、无刺激性气味的特点，又具有耐高强辐射、反射太阳光和阻隔热能传递的特性，是集防腐蚀与隔热降温为一体的新型特种涂料。

热的传播形式有辐射、对流及传导三类，太阳对地球的热传播是辐射，物体受辐射升温，再形成相互间的对流和传导。热反射隔热防腐蚀涂料以反射热辐射为主要手段，在可见光及红外波段最大限度地反射掉太阳光的辐射能，即较高的反射率；在大气窗口，特别是 $\lambda = 8 \sim 13.5\mu m$ 波段范围，尽可能将可见光、红外光、紫外光等以红外辐射的方式通过大气窗口发射到大气层，使基体吸收到的辐射能降低到最低限度，即较高的发射率；经涂层的反射和发射作用后，再由阻隔性隔热涂层对极少残留的辐射能进行有效的阻断，即较低的导热系数。热反射隔热防腐蚀涂料同时具备优良的防腐蚀性能，尤其是优异的力学性能和耐候性能。

目前，石油化工等行业储罐外壁涂装油性或树脂类银粉漆，溶剂储罐及低沸点化工产品储罐，在高温季节只能以水喷淋降温来减少产品的呼吸损耗。水喷淋带出水管中的锈蚀物和循环水的沉淀污垢，罐壁长藻、长霉，造成外壁涂层破坏和罐体锈蚀，并有碍罐区面貌。西部地区开发的首要条件是水资源，用水喷淋降温成本较高；而中东国家石油资源丰富，沙漠地区水比油还贵，就不能走水喷淋老路，使用热反射隔热涂料就能减少轻质油品的呼吸损耗，因此热反射隔热涂料是必需产品。苏丹喀士慕炼油厂储罐建造中还有一个小故事：非洲苏丹沙漠的中午热得像烤炉，援外项目的总设计师只能躲在涂装隔热涂料的储罐里，逃避赤道的暑热，如果在一般的铁罐里，外壁可以达到80℃，里面大概可以烤肉了。从这个小故事可见热反射隔热涂料的神奇。储罐、管道等采用热反射隔热防腐蚀涂料，由于涂层的导热系数很低，减少了涂层对基材的热传导，罐壁升温小，达到免去水喷淋的效能，节能节水。

热反射隔热防腐蚀涂料具有热反射功能，隔热性良好，在国内此类涂料已应用10多年。由于轻质油品地面储罐在夏天或气温较高时，容易挥发损失大量油品，该涂料主要用于易挥发轻质油品储罐的外壁，主要功能是能够使油罐的内部温度低于环境温度，GB 50074—2014《石油库设计规范》、军队石油库等级管理标准明确规定，地面轻质油罐应涂装热反射隔热防腐蚀涂料。

热反射隔热防腐蚀复合涂层可选用聚氨酯类或氟碳类防腐蚀涂料。

六、常用防锈底漆

涂层(coating)是涂料一次施涂所得到的固态连续膜，是一种最广泛应用的使保护材料免受腐蚀的措施。从广义上讲，其保护对象包括一切适于保护的材质。当强调保护金属免受自然介质(如水、大气、海水、土壤)腐蚀时，称其为防锈涂料，即金属用防锈底漆，它必须阻止金属内形成腐蚀电池和阻止其继续发展。严格意义上讲，防锈涂料应该划入功能性涂料类型。

防锈底漆主要有铁红防锈底漆、环氧防锈底漆、红丹防锈底漆和醇酸防锈底漆四种，其主要特点是：适用于黑色及有色金属防锈；适用于室外有遮盖及室内条件下金属的防锈；水溶性、不可燃，对环境无污染，使用安全；防锈功能优异，可完全取代防锈油、脂；独特的气相作用，保护未涂层或难以触及的表面；具有良好的耐硬水性能和热稳定性，在金属表面形成疏水性薄膜。

防腐蚀涂料往往由底漆、中间漆和面漆构成，防锈底漆是防腐蚀涂料的重要组成部分，其直接与金属基材接触，是防腐蚀涂装体系的基础，应满足底漆的基本性能要求，要与金属有良好的浸润性、附着性、耐碱性及与面漆的配套性，同时黏度要低、内应力小。

防锈底漆的防锈功能主要通过防锈颜料发挥作用，因此通常用防锈颜料的作用和名称来分类命名。从使用效果上看，可分为普通防锈漆(物理、一般化学防锈涂料)、特种防锈漆(磷化底漆、富锌涂料、锈面涂料)；从防锈颜料的防锈作用机理来看，大致归纳为四种类型：物理作用防锈底漆、化学作用防锈底漆(一般化学防锈涂料，磷化底漆和带锈涂料)、电化学作用防锈底漆(富锌涂料)及综合作用防锈底漆。

防锈底漆通常按功能划分，可分为普通防锈底漆、磷化底漆、锈面涂料、富锌涂料等四种类型。

1. 普通防锈底漆

该类防锈底漆种类繁多，现今大多数品种的防锈作用是物理、化学防锈作用共同发挥，相互交叉重叠，难以截然分开。从防锈涂料的名称来看只是强调了防锈颜料作用。普通防锈底漆种类和规格很多，常用的普通防锈底漆有铁红防锈底漆、云母氧化铁防锈底漆、铝粉防锈底漆、氯化锌防锈底漆、石墨防锈底漆、红丹防锈底漆、锌黄及铬酸盐防锈底漆等。

2. 磷化底漆

磷化底漆(又称洗涤底漆)是一种特殊的预涂底漆，实际上是一种高效的金属表面处理剂，来增强防锈能力和提高金属与底漆涂层之间的附着力，并有无毒、对焊接无影响的特点，它不能替代底漆。由于涂料中含有磷酸，对金属底材有轻微的侵蚀作用，在英国常称之为“刻蚀底漆”，在我国涂料行业中称之为磷化底漆。

3. 锈面涂料

锈面涂料是指可在未充分除锈清理的钢面上涂敷，以稳定活泼铁锈并能很好地附着在钢铁的表面上为目的，从而具有一定防锈功能的涂料。曾习惯地称为带锈涂料。

为了获得优良的耐腐蚀性能，涂漆前必须把底材上的铁锈消除干净。因为铁锈是一种疏松的、多孔的不断发展着(膨胀)的物质，如果不清除干净，就在其上涂漆将会导致漆膜和防腐效果很差，所以钢铁的表面处理对于防腐涂料来说是至关重要的。但有些大型建筑、桥梁、复杂的设备、煤气储气柜等钢结构在维修过程中，由于受施工条件限制，不能采用喷砂或喷丸等方法除锈处理，而只好用手工或电动工具除锈，其结果必然有铁锈和各种腐蚀产物的残留，即使采用价格昂贵、性能优良的防锈涂料也难以发挥其作用，在这种实际情况下，人们迫切希望有一种在一定的锈蚀表面上能直接施工而且具有较好的防锈效果的涂料，锈面涂料正是为适应上述情况而开发的。

采用锈面涂料不仅减轻了繁重的除锈工作量，节省施工费用、提高劳动生产率，而且改善了劳动者工作环境，特别是在一些特定的情况下大幅度提高了涂装质量，因此引起了普遍的关注。但需强调的是锈面涂料不能完全取代表面处理，重防腐涂装体系质量的保证离不开严格的表面处理。

4. 富锌涂料

(1) 基本原理及要求

含有大量锌粉的涂料为富锌涂料(富锌底漆)。锌粉是一种化学活性颜料，在其漆膜中锌粉相互接触并与钢铁接触而导电。因此当涂装了富锌底漆的钢结构发生腐蚀时，因为金属锌在很宽的温度范围内的电极电位比铁负，锌是阳极，被腐蚀，铁是阴极得到保护，起到了牺牲阳极的阴极保护作用。同时锌粉腐蚀后的产物可填充涂膜的孔隙，封闭涂膜的损伤部位，又起到屏蔽腐蚀介质的作用。因此尽管富锌涂料的涂层比较薄，但仍有较好的防锈效果，使用寿命也较长。

富锌涂料的一大特点是即便涂膜上有的部位被机械损伤或有漏涂等缺陷，在一定范围的面积内，防蚀电流也能流向钢铁露出部分而起到保护作用。此种保护作用，在涂膜呈崭新状态期间特别显著。在有防蚀电流流过的同时，锌的腐蚀产物沉积到露出的钢铁表面上，形成保护膜。随着钢铁表面的不断暴露，富锌涂膜不断地被保护膜所遮盖，阴极保护作用便呈现惰性，但在涂膜受到机械损伤而露出新的锌表面时则又开始复活。若用砂纸打磨涂膜表面，或将涂膜擦伤露出新的锌面，则电位差便恢复原状。但是，若损伤部位上由于阴极保护作用所生成的保护膜损伤到不能与周围的锌粉接触时，则电位差就不能恢复，钢铁表面将发生腐蚀。

当今，富锌涂料已成为保护金属的普遍、重要的底漆，广泛用于大气、海洋环境中的桥梁、船舶、海上采油平台、输油气管道、港口码头设施、户外钢结构的保护。在大气、海洋气候条件下，保护期能达到3~15年，是重防腐蚀涂料成员主要品种之一。最为常用的是环氧富锌涂料，其中聚酰胺固化环氧富锌底漆是应用最大的品种。

富锌涂料中锌粉的用量一般在85%~95%之间才能起到很好的电化学保护作用。因基料用量少，所以要求基料与钢铁表面的附着力较好，具有较高的力学强度和密实、耐水、耐腐蚀和耐候性。实践证明，锌料含量的多少与漆膜的防蚀性并无直接关系。某些含锌量高的防蚀性并不好，这是因为成膜物的黏合力不够，或成膜物质的耐蚀性不能满足环境要求，抗渗、抗损失等综合性能不能满足要求；而某些含量低的防蚀性并不差。涂料的耐蚀性能是成膜物、颜料、涂装情况综合作用的结果。

(2) 有机富锌涂料

有机富锌涂料常用环氧树脂、氯化橡胶、乙烯基树脂和聚氨酯树脂作为成膜基料。锌粉在干膜中的质量分数高达85%~94%。有机富锌漆的有机成膜物的导电率低，所以必须增加锌量以保证导电性，有机树脂的黏合性一般优于无机的，这也为其锌粉含量的提高提供了条件，但其防锈性比无机型的稍差，导电性、耐热性及耐溶剂性不如无机型的，但施工性能好，对底材表面处理质量容忍度大，且受施工环境影响小。宜作暴露在大气中的石油化工装置、构筑物的防锈底漆或防腐蚀涂料。作为防锈底漆与其他防腐蚀涂料配合使用时，可比两者单独使用寿命延长2~10倍。但防腐性稍差，不环保，西方发达国家已逐步淘汰或限制使用。

(3) 无机富锌底漆

无机水性涂料主要是以无机硅酸盐(钠、钾、锂)为基料，现也开发出了磷酸盐类的富锌涂料。水性无机富锌涂料的发展，已经历了50余年的历史，实践验证了它的防蚀效果，至今仍为最重要的重防腐涂料品种之一，广泛用于暴露在海洋大气、高温和各种环境下钢结构的长效防腐。总体来看，无机富锌涂料具有下列特性：

① 极佳的耐蚀性能和附着力，由于漆膜与基材间存在化学键结合，无机锌粉底层能与金属基板形成很牢固地附着，从而抑制膜下的开裂和锈蚀的迁移；

② 耐候性佳，因为该类涂层完全是无机的，因而不会被氧化，耐太阳光的化学辐射，在长期曝晒下，不会有粉化、开裂或脱落的情况发生；

③ 耐热性，以硅酸盐涂层为例，在形成固化层时与聚硅氧烷相结合，具有更强的耐热性和耐辐射性；

④ 耐磨性，一般无机涂层均较硬和耐磨，但硅酸乙酯涂层在低湿干燥环境中因固化不充分，其耐磨性比其他无机锌粉涂层差；

⑤ 耐溶剂性，这也是无机涂层一个突出的性质，尤其是水性无机涂料，它们几乎在所有烃类溶剂中，包括汽油、甲苯、二甲苯和其他脂肪烃和芳香烃石油产品中是不溶的，对许多强溶剂(如醚、酮及氯化烃)均有很强的抵抗能力；

⑥ 安全环保性，因绝大多数无机涂层不以有机溶剂为稀释剂，不存在溶剂挥发等问题，是环保型重防腐涂料，无闪点，不燃烧，故在各类施工中无须采取严格的防火措施，大大简化了储运、施工条件，提高了安全性能；

⑦ 抗静电性，一般有机涂层容易产生静电，这样不但会发生危险，而且也易沾染尘埃，而无机富锌底漆的电阻率符合防静电指标要求，是油罐重防腐保护的主要措施；

⑧ 良好的导电性，这种性能带来了可带漆焊、切割性能，因此可作为预涂底漆，也是有机类环氧富锌漆所不及的。

无机富锌底漆中的无机黏合剂以硅酸盐为主耐腐蚀性好，环保，西方发达国家应用广泛，主要缺点是施工性能差，对底材表面处理要求严格。

七、储油罐防腐蚀涂料的选用

选用防腐蚀涂料应当考虑涂料的使用目的、运行条件、施工作业条件、造价和运用维护费用、使用寿命等，当然涂料的性能是考虑的重要条件。

对石油库油罐而言，适合常用的油罐涂料面漆主要有环氧类涂料、聚氨酯类涂料、氟碳类、丙烯酸聚氨酯防腐蚀涂料、沥青涂料，以及特殊功能性涂料如热反射隔热防腐蚀涂料、防静电涂料等。考虑到油罐使用期长，涂层应有较长的防腐年限，所以，宜选用防锈性好的底漆，易涂刷施工和维修的面漆。适合常用的油罐底漆主要有有机富锌涂料、无机富锌涂料等。富锌类防腐涂料主要用作油罐内外防腐涂层的底漆，性能特点是，漆膜中含有大量锌粉，具有优异的防锈性及阴极保护作用，具有优异的耐油性，干燥快，配套性好。富锌涂料(底漆)分为有机和无机两大类，有机类主要采用环氧树脂作为黏结剂(基料)，而水性无机富锌底漆则以硅酸钠、钾、锂水溶液(基料)为黏结剂。近年来，各国为控制VOCs的排放量，制定了日益严格的法规。在国外发达国家，水性无机富锌防腐底漆替代环氧富锌底漆已成为最重要、使用最普遍的重防腐漆品种。目前国内作为重防腐底漆多数仍采用环氧富锌底漆。

依据相关标准制度要求，储油罐防腐蚀涂料针对油罐不同环境和部位有所不同。

② 聚氨酯类涂料。

4. 油罐底板外壁(地下部分)

(1) 底漆

① 环氧富锌底漆：ZIES213 无机富锌底漆。

② 无机富锌底漆：ZIES215 水性无机富锌底漆。

③ 沥青船底漆：EPCT384 高固体厚膜型焦油环氧涂料。

④ 沥青防腐层。

(2) 中间漆

环氧沥青厚膜型底漆：EPCT380-1 环氧沥青厚膜型底漆。

(3) 面漆

① 环氧沥青厚浆漆：EPCT382-2 环氧沥青厚膜型面漆，EPCT384 高固体厚膜型焦油环氧涂料；

② 环氧煤沥青；

③ 环氧类；

④ 聚氨酯类涂料。

防腐常用涂料的性能及用途见表 2-6。

表 2-6　防腐常用涂料的性能及用途

类别	名称	型号	特　性	使用温度/℃	建议涂装道数/道	每道干膜厚度/μm	主要用途
沥青涂料	沥青清漆	L01-13	耐水、防潮、耐腐蚀性好，漆膜光泽好，干燥快；但机械性能差，耐候性不好	-20~70	2	30	用于不受光线直接照射的金属表面防潮、耐水、防腐蚀
	沥青磁漆	L04-1	漆膜黑亮，耐水性较好				
	铝粉沥青底漆	L44-83	附着力好，防潮、耐水、耐热、耐润滑油		2	60	用于金属设备、管道表面打底
	沥青耐酸漆	L50-1	耐硫酸腐蚀，附着力良好，常温下耐氧化氮、二钒化硫、氨气、氯气、盐酸气以及中等浓度以下的无机酸	-20~70	2	60	用于防止硫酸腐蚀的金属表面

续表

类别	名称	型号	特　　性	使用温度/℃	建议涂装道数/道	每道干膜厚度/μm	主要用途
环氧树脂涂料	环氧脂清漆	H01-6	漆膜柔韧、附着力好，耐潮性、耐酸碱性比一般油性漆好	<110	2	20~30	用于不能烘烤的设备罩光
	各色环氧磁漆	H04-1	良好的附着力，耐碱、耐油、耐水性能良好		2	30~40	用于石油化工设备、管道外壁涂装
	云铁环氧底漆	H06-1	具有优良的耐盐雾、耐湿热性能，附着力良好		1~2	40~60	作为优良的防锈底漆用
	铁红环氧脂底漆	H06-2	漆膜坚硬耐久，附着力良好，与磷化底漆配套可提高漆膜的耐潮、耐盐雾和防锈性能	<120	2	30~40	用于沿海地区和湿热带气候的金属表面打底
	环氧富锌底漆	H06-4	有阴极保护作用，优异的防锈性能和耐久性，优异的附着力和耐冲击性能，耐磨、耐油、耐溶剂、耐潮湿，干燥快	<120	车间底漆 1	20~30	用于环境恶劣，且防腐要求比较高的金属表面作底漆。用作车间底漆时，漆膜厚度为20μm
					防腐底漆 1	50~80	
	铁红环氧底漆	H06-14	具有良好的抗水性能和防腐蚀性能，漆膜干燥快，附着力好	<110	2	30~40	用于钢铁表面打底漆和地下管道、设备的防腐
	各色环氧防腐漆	H52-33	附着力、耐盐水性良好，有一定的耐强溶剂性能，耐碱液腐蚀，漆膜坚硬耐久		2	40~60	适用于大型钢铁设备和管道的防化学腐蚀
	铝粉环氧防腐底漆	H52-81	自干，漆膜坚韧、附着力好，耐水、耐碱和耐一般化学品的腐蚀		2	30~40	用于水下及地下设备、机械防腐打底
	云铁环氧脂防锈漆	H53-33	干燥快、毒性小、防锈性能好		1~2	40~60	适用于石油化工设备、管道及钢结构防锈打底或作中间涂层

续表

类别	名称	型号	特性	使用温度/℃	建议涂装道数/道	每道干膜厚度/μm	主要用途
聚氨酯涂料	铝色环氧有机硅耐热漆	H61-1	耐温变、耐热，自干；有较好的物理机械性能	-40~400	1~2	20~25	适用于表面温度较高的设备和管道防腐蚀
	各色环氧有机硅耐热漆	H61-32		-40~200	1~2	20~25	
	铁红环氧有机硅耐热底漆	H61-83		-40~200	1~2	20~25	
	聚氨酯清漆	S01-3	具有良好的耐水、耐磨、耐腐蚀等特性	<120	2	30	可在自然条件比较恶劣的地区使用
		S01-11	对恶劣气候的抵抗力极佳，耐磨性极佳，抗化学性和溶剂性极佳，漆膜坚韧、附着力好		2	30	
聚氨酯涂料	各色聚氨酯磁漆	S04-1	对恶劣气候的抵抗力极佳，耐磨性极佳，抗化学性和溶剂性极佳，漆膜坚韧、附着力好	<120	2~4	40	可在自然条件比较恶劣的地区使用
	铁红聚氨酯底漆	S06-4	优良的附着力和良好的防锈性、防腐性、耐油性		2	30	用于钢铁表面防锈打底
	各色聚氨酯底漆	S06-5	漆膜坚韧，耐油、耐酸碱、耐各种化学药品		2	30	
	各色聚氨酯防腐漆	S52-31	漆膜光亮耐磨，附着力强，防腐性能突出		3~4	40	金属材料的外部防腐蚀保护层

几种新型防腐涂料的性能及用途见表 2-7。

表 2-7 几种新型防腐涂料的性能及用途表

<table>
<tr><th>类别</th><th>名称</th><th>型号</th><th>特 性</th><th>使用温度/℃</th><th>建议涂装道数/道</th><th>每道干膜厚度/μm</th><th>主要用途</th></tr>
<tr><td rowspan="7">防腐涂料</td><td rowspan="2">704 无机硅酸锌底漆</td><td rowspan="2"></td><td rowspan="2">漆膜干燥快、具有优异的防锈性能和耐热性能，优良的耐磨性、耐溶剂性和低温固化性能，耐冲击性能优异，配套性好</td><td rowspan="2"><400</td><td rowspan="2">1</td><td>车间底漆 20</td><td rowspan="2">用于重要设备、管道及钢结构作高性能防锈漆</td></tr>
<tr><td>防锈底漆 50~80</td></tr>
<tr><td rowspan="2">842 环氧云铁防锈漆</td><td rowspan="2"></td><td rowspan="2">漆膜附着力好，耐久性、耐候性优异，耐水、耐磨、耐化工大气腐蚀；该漆具有良好的层间附着力，易配套</td><td>.</td><td>无气喷涂 1</td><td>100</td><td></td></tr>
<tr><td><100</td><td>刷涂或滚涂 2~3</td><td>30~50</td><td>用于防腐性能要求较高的钢材表面作防腐底漆</td></tr>
<tr><td>624 氯化橡胶云铁防锈漆</td><td></td><td rowspan="2">漆膜干燥快、附着力好，具有优异的耐水性和层间附着力，耐候性和耐久性好，可低温施工</td><td rowspan="2">-30~80</td><td>1~2</td><td>60~80</td><td>适用于码头、海上钢结构的飞溅区</td></tr>
<tr><td>各色氯化橡胶面漆</td><td></td><td>2</td><td>35</td><td>钢结构及化工设备、管道的防腐蚀</td></tr>
<tr><td>各色脂肪族聚氨酯面漆</td><td></td><td>漆膜坚韧、耐久、光泽好；具有良好的耐冲击性、耐磨性、耐水性和耐化学药品性能，耐各种油类，耐候性优异</td><td><120</td><td>2</td><td>30</td><td>用于防腐性能要求较高的钢材表面作防腐面漆</td></tr>
</table>

第四节 油罐涂装设计及应用

一、油罐涂装设计的必要性

由于石油库建库时间长，或者施工质量差、防腐工艺落后、涂层保护不够、罐内外大气环境恶劣等原因，如有些建于 20 世纪五六十年代，油罐使用年限较长，有的早已超过设计使用年限，极易造成漆膜断裂脱落，致使油罐钢板裸露，罐板涂层脱落、局部或大面积锈蚀，甚至锈蚀穿孔。一般说来，立式钢质油罐，罐壁外部腐蚀速度和涂层破坏速度主要取决于外部环境，如工业废气排放污染严重、含盐量高的潮湿气候的环境腐蚀速度要快得多。对于罐壁内部腐蚀速度来说相对较慢，多为均匀点蚀，主要发生在油水界面、油与空气界面处。油罐顶部内部不直接接触油品，属气相腐蚀，因罐内油气空间在温差作用下存在结露现象，在罐顶内表面容易形成冷凝水膜，油品中的有害气体蒸发溶解于水膜，加上氧气的作用，形成腐蚀原电池，腐蚀一般呈连片的麻点，多为伴有孔蚀的不均匀全面腐蚀，穿孔现象相对较少。对于罐底来说，腐蚀情况最为严重，大多为溃疡状的坑点腐蚀，严重的出现穿孔。

为了确保油罐性能良好，防止带病运行，杜绝油罐由于腐蚀穿孔、焊缝开裂导致石油渗漏，石油石化等相关行业管理制度中都明确要求对油罐等设备要进行定期鉴定，并根据鉴定结果确定是否检修维护或大修更换主要部件。如《军队石油库设备技术鉴定规程》明确要求，油罐达到设计使用寿命或超过设计使用寿命，发生故障或事故后，申请更新、改造、大修、报废前，腾空清洗后等情况下要进行技术鉴定，对油罐内壁进行罐底板厚度和缺陷检测，如用漏磁检测仪对罐底板扫描，得到底板缺陷分布图，在此基础上，用超声波测厚仪测量缺陷处的深度，定位缺陷位置，同时划定缺陷的类型。根据检测结果，对油罐进行技术检定，形成检定报告。经鉴定技术状态达到四级时要给予报废，达到二级或三级时，要进行更新改造，如进行维护保养或大修，为油罐局部修理、表面除锈、涂装设计提供了可靠依据。

在用油罐涂装是石油库设备设施更新改造的主要内容之一，主要作业范围涉及油罐清洗、油罐检修、油罐除锈、油罐涂装等，本书重点讲一下油罐除锈、油罐涂装的相关内容。油罐涂装属于工程施工，在施工过程中应严格按照石油库设备设施安全改造和设备设施大修规定程序，从项目论证、技术鉴定、施工设计到工程招标、工程监理、工程施工到检查验收都要按规定程序组织实施。设计是工程施工作业前期的必要工作，这个观点往往容易被大家忽视，特别是油罐的涂装更为突出，有些人总片面认为这些修修补补的零星工程，没有必要兴师动众进行正规设计，这种认识是错误的。

油罐涂装作为工程项目，在施工前就需进行设计，才能做到施工有据可依，有效保证施工质量和涂装效果。由于忽视油罐涂装设计要求，导致涂料选型错误、涂装工艺不科学、涂装不理想、安全隐患多，防腐效果差，直接引发施工质量差，这方面的教训是非常深刻的。由于涂装操作不当或不及时所造成的危害是不容置疑的，如不及时采取防腐措施，油罐的使用寿命会大大降低，安全风险会大大增加。往往由于设计要求不明确，施工检测和控制不严，涂料的产品质量问题(如固体含量太低等)造成涂层总厚度达不到规定要求，涂层达不到预期效果。SY/T 6784—2010《钢质储罐腐蚀控制标准》等相关规范标准明确要求，在进行更新改造或主体整修时，应同时考虑所储油品种类以及油罐所处外部环境和地质情况，采用合理有效的防腐措施，并做到油罐防腐蚀控制工程要与主体工程(包括新建项目)同步设计、同步施工和同步投产使用，这样才能及时、经济、有效地发挥涂装工程的防腐功能。

二、油罐涂装设计程序

油罐采用涂层保护防腐时，防腐蚀涂装设计应遵循安全实用、经济合理的原则。首先，防腐蚀涂层设计要考虑储罐所处的外部腐蚀环境和地质情况，确定腐蚀环境、腐蚀类型和腐蚀等级。其次，要区别对待油罐内壁、外壁，考虑储存油品类型和油罐结构、布置位置，结合管理要求，综合考虑设定合理保护期。然后，再决定采取防腐蚀保护的级别，正确合理地选择涂料，并按其特长合理地组成涂层，即采用不同的防腐涂层体系，同时采用合理有效的防腐蚀措施，选择优化涂层保护方案是涂层设计的主要内容。

1. 前期技术准备

前期技术准备主要包括四个方面的内容，一是编报油罐检修计划，对在用油罐进行腾空清洗；二是依据石油库设备技术鉴定规程完成油罐技术鉴定；三是依据检定结论确定的油罐技术等级、使用年限、技术缺陷，按照更新改造或设备大修管理规定要求，判断是否对油罐进行换底改造设计，或对罐底、罐壁、罐顶及附件进行局部更换、修补或整形修理进行设计(这些设计内容也可和油罐涂装设计同步进行)；四是针对需要大修的油罐，依据设计图纸对油罐换底改造或局部修理组织施工、验收、交付使用；五是通过腾空清洗、技术鉴定、局部整修改造，摸清在用油罐技术状况，重点掌握腐蚀状况，防腐层和阴极保护系统的有效性。

2. 腐蚀环境分析

结合油罐实际环境、当地或周围常年平均相对湿度、储存油料等情况，综合分析判断油罐环境气体类型、常年相对湿度、腐蚀速率、腐蚀环境类型等。

根据在用油罐腐蚀状况，防腐层和阴极保护系统的有效性，并确认腐蚀环境类型。

3. 涂层保护期设定

依据油罐技术检修、油料储存、质量管理要求，根据现有防腐层完好性和阴极保护系统的有效性，以及在用油罐腐蚀状况(油罐钢板腐蚀等级)，按照油罐保护对象的寿命(大修至报废期间的设计使用年限)、价值、维护难易程度，以及油罐清洗周期及经济性、安全性，合理设定涂层保护期。

如规定油罐内壁涂层保护的设计寿命不宜低于 7 年，是基于油罐的管理维护周期和经济合理性方面的考虑。通常油罐使用 6~7 年后需进行清罐检修，特别是内防腐涂层使用寿命若高于 7 年，则罐内壁及罐底板内表面明显有被储存介质腐蚀的倾向。

4. 表面处理标准

依据涂层保护期、环境腐蚀类型和腐蚀等级、油罐使用年限、钢板锈蚀等级、旧涂层附着牢固程度和涂料品种、场所安全要求，综合分析后制定表面处理方法，局部清理旧涂层或全部除掉旧涂层，旧涂层和新选用涂料是否相溶等，确定表面处理标准。

5. 涂料品种的选用

油罐内、外壁板的底层和面层涂料可根据防腐层的材料和结构，以及防腐层设计寿命、防腐层特性，对油罐内壁还包括储存不同部位、结构形状、介质腐蚀性、温度等因素综合确定。

6. 涂层的配套

涂层配套要求底漆应与基层表面有较好的附着力和长效防锈性，中漆应具有优异屏蔽功能，面漆应具有良好的耐候、耐介质性能，从而使涂层系统具有综合的优良防腐性能。涂层配套主要包括：底层、中间层与面层匹配配套；涂刷道数、涂层单层厚度、总厚度；涂刷间隔时间等方面技术要求。

7. 涂装体系设计

油罐涂装体系设计是做好油罐防腐蚀的重点工作，其设计深度应能满足油罐防腐涂装前的表面处理、涂料的订货、投资的控制、施工组织设计的编制等，主要包括表面处理、涂层结构(含施工场所要求)、涂料品种、涂装方式、涂装道数、涂料用量、涂层厚度等内容。同时应综合考虑结构的重要性、所处腐蚀介质环境、涂装涂层使用年限要求和维护条件等要素，并在全寿命周期成本分析的基础上，选用性价比良好的长效防腐蚀涂装措施。

8. 其他

包括施工方法及施工要求，施工质量及验收技术标准要求，施工场所，脚手架要求，对使用阶段维护(修)的要求，安全与健康要求，环保要求等。

三、油罐腾空清洗与技术鉴定

在用油罐使用较长时间后，由于油罐外部环境恶劣，罐内底部沉积物水杂较多，可能出现锈蚀现象或者渗漏、损坏等问题，需要定期对油罐进行检查、检修、除锈、涂装防腐，检修前期工作就是对在用油罐进行腾空清洗，并对油罐进行技术鉴定，确定油罐技术性能数据，确认油罐钢板表面锈蚀等级，按照油罐使用年限、油罐钢板锈蚀等级、旧涂层附着牢固程度和场所特殊要求，综合分析后制定除锈方法、除锈标准，为制定检修设计方案提供可靠依据。

油罐腾空清洗与技术鉴定主要内容：

① 根据检修计划、油罐故障缺陷，对在用油罐进行腾空清洗；

② 依据石油库设备技术鉴定规程相关要求对油罐进行技术鉴定，确定油罐钢板锈蚀等级等技术性能数据和技术等级，经鉴定后，可采取旧涂层继续留用、防腐层大修(全面更新)、维修(局部更新、漆面更新)等措施；

③ 通过腾空清洗、技术鉴定、局部整修改造，摸清在用油罐腐蚀状况，防腐层和阴极保护系统的有效性。

四、大气环境腐蚀影响分析

在配套设计前，必须要详细调查被涂设备所处的环境、接触的介质等因素。通常油罐是处在乡村大气、城市大气、工业大气和海洋大气等四种不同大气环境下，或四种不同混合大气环境下，在对油罐进行涂装设计中，要认真分析涂装对象——油罐所处的大气环境，是否属于乡村大气、城市大气、工业大气或海洋大气范围，大气中是否有腐蚀性气体，腐蚀气体含量、类型要搞清楚，并对当地的常年相对湿度，是否属于海洋性气候要搞清楚，最后再正确分析判断大气环境腐蚀性的等级，低级属于C2，中级属于C3，高级属于C4，很高级属于C5-I、C5-M。还有油罐基础的地下水和土壤的等级，如是否埋设于地下，水是淡水、咸水或微咸水等。

根据GB/T 30790. 2—2014《色漆和青漆 防护涂料体系对钢结构的防腐性保护 第2部分：环境分类》(ISO 12944-2：1998，MOD)的相关规定，对推荐的涂料系统"腐蚀环境、使用寿命、干膜厚度"的关系对涂装设计具有重要意义。由表2-8可以看出，大气腐蚀环境对涂层使用寿命有直接影响，大气腐蚀环境越差，使用寿命越短。

表2-8　大气腐蚀环境对涂层使用寿命的影响

大气腐蚀环境	使用寿命	干膜厚度/μm
C2 低	低(2~5年)	80
	中(5~15年)	150
	高(≥15年)	200
C3 中	低(2~5年)	120
	中(5~15年)	160
	高(≥15年)	200
C4 高	低(2~5年)	160
	中(5~15年)	200
	高(≥15年)	240(含锌粉) 280(不含锌粉)

续表

大气腐蚀环境	使用寿命	干膜厚度/μm
C5-Ⅰ 很高(工业)	低(2~5年)	200
	中(5~15年)	280
	高(≥15年)	320
C5-M 很高(海洋)	中(5~15年)	280
	高(≥15年)	320

对于洞库、覆土式油罐而言，还要综合分析室内局部通风条件，常年相对湿度情况，腐蚀性气体情况，室内局部与外部大气接触影响的大小，来综合评判室内局部环境下的腐蚀性气体类型。

对于罐内壁而言，要综合分析评判罐内储存介质、不同部分局部环境下的腐蚀性气体类型。

对于罐底板下部直接接触油罐基础的钢板，侧重分析罐基础处理情况，当地地质、地下水位和土壤性质，综合分析评判罐底板下部局部环境的腐蚀性气体类型。

五、涂层保护期设定

涂层的有效保护期限，即涂层的使用寿命。它有两种含义，一种是指使用至下一次维护时间的间隔时间；另一种是指使用至失去保护作用的期限。

涂层的有效保护期限必须考虑到结构物(油罐)所处的腐蚀环境、新建结构或维修保养等。防腐蚀涂层的目标有效保护期通常根据保护对象(油罐)的工程造价、折旧期限、维修费用与剩余价值的比例等确定。大型结构或装置的造价越高，比如油罐，更新换代的资产损失和对生产的影响越大，要求防腐蚀涂层的有效保护期就越长，并允许多次维修甚至重涂；小型设施或易损易耗设备，涂层的寿命按一次性使用设定。防腐涂层的耐久性除其厚度外，还取决于以下不同的因素：

① 涂料系统的类型；

② 涂层结构的设计；

③ 表面处理前的底材状况；

④ 表面处理的有效性；

⑤ 涂装施工的标准；

⑥ 施工条件；

⑦ 施工后的暴露状况。

ISO 12944-2：2017《色漆和青漆 防护涂料体系对钢结构的防腐蚀保护 第2部分：环境分类》、GB/T 30790.2—2014《色漆和青漆 防护涂料体系对钢结构的

防腐性保护 第2部分：环境分类》(ISO 12944-2：1998，MOD)，明确将涂料的预见耐久性分三个范围：

低(Low)：2~5年；

中(Medium)：5~15年；

高(High)：>15年。

通常在国内依据保护对象的寿命、价值、维护难易，也习惯性地把在大气中使用涂层的有效使用期分为4个范围：

① 短期：5年以下；

② 中期：5~10年；

③ 长期：10~20年；

④ 超长期：20年以上。

虽然人们希望有效保护期越长越好，但是，实际上在技术方面还有许多困难。例如，漆膜使用期的加速预测技术尚在深入研究阶段，目前还只能对涂层的耐腐蚀性作相对评价，而不能提供准确的涂层老化动力学数据；许多新开发的长效防腐蚀涂料，投入实际使用时间尚短，还未取得可以印证预测技术的结果；涂装工艺、施工条件、检测手段尚不能十分把握涂层的质量；实际的腐蚀环境复杂而试验模仿条件代表性有限等。因此，虽然防腐蚀工作者以长效涂层为目标，不断开发出各种重防腐蚀涂料，但是，除了特别重要场合，采取特殊措施外，一般主张把涂层的有效使用期定为短中期，留有余地，以免期望过高而忽略了其他防腐蚀措施，而把"长期"的档次作为目标指标。

对于石油系统来讲，油罐投入运行后，一般每隔少则四、五年，多则七、八年，都应对在用油罐重新进行防腐处理。在重新涂敷防腐材料之前，必须进行彻底除锈。GB/T 50393—2017《钢质石油储罐防腐蚀工程技术标准》、SY/T 6784—2010《钢质储罐腐蚀控制标准》、SH/T 3606—2011《石油化工涂料防腐蚀工程施工技术规程》、YFB 009—1999《PU91型弹性导静电防腐蚀涂料施工及验收规范》要求，油罐内壁涂层保护的设计寿命不宜低于7年，属中期档，这是基于油罐的管理维护周期和经济合理性方面的考虑。通常油罐使用6~7年后需进行清罐检修，特别是油罐内防腐涂层使用寿命若高于7年，则罐内壁及罐底板内表面明显有被储存介质腐蚀的倾向。

油罐外壁涂层保护的设计寿命按中期档对待，主要综合考虑地面油罐大气环境差异较大，洞库、覆土罐间潮湿程度、潮气化学成分差异、南北方气候差异等不同，对涂层保护寿命影响也不同，一般对最低年限做明确要求。对新建罐油罐底板下部直接埋地的部分，或全部、局部更换底板时对直接埋地的部分，一般设计保护寿命要求要达到20年以上，设计要求上通常采用重防腐涂料。

六、除锈方法、除锈标准选择

表面除锈方法及除锈标准的选择，也是设计的一项重要内容，在设计文件中必须明确。为此，设计者需要对除锈方法和标准有一定的掌握，以便于顺利完成设计。

1. 表面除锈的功能

表面除锈是涂装的前道工序，也是涂装的基础工作。在基体表面进行涂装等防腐施工之前，都必须对基体表面进行预处理。这种预处理对防腐蚀工程的质量至关重要。以金属表面涂装为例，如果不将基体表面的水分、油污、尘垢、介质的污染物以及铁锈和氧化皮等清除干净，均会使黏结剂对基体表面的浸润显著降低，从而严重影响界面黏结，使涂层的质量和使用效果变差甚至失效。

钢材表面除锈质量的好坏，对涂层的防腐蚀效果和使用寿命有很大的影响，除锈、除去旧涂层的质量严重影响着防腐的质量。储罐防腐涂层涂敷前，钢表面不进行适当的清洗和处理，将会影响到涂层的使用性能和寿命。如果在涂漆前不将这些杂质和污垢予以清除，它们介于漆膜和金属表面之间，轻则影响涂料的润湿性，降低漆膜的附着力，漆膜出现缩孔等弊病；重则漆膜遭受残留物的侵蚀破坏，产生膜下腐蚀，导致漆膜随着污垢一同剥落。主要原因是如果在发生锈蚀的罐壁上涂敷涂层，并不会使腐蚀停止，锈蚀的体积膨胀则能破坏涂敷的新涂层。

2. 表面除锈方法的确定

常见的除锈方法有：手动工具除锈、动力工具除锈、机械法喷射除锈（抛丸法除锈、干喷砂处理、湿喷砂处理、真空喷射处理）、高压水射流除锈（水喷射处理法、磨料水射流处理）、化学除锈、火焰处理和超声波除锈，这些除锈方法在后面章节中还要进一步阐述。

手动工具方法除锈，作为除锈的必要补充手段，主要用于油罐边角死角部位除锈，也适用于一般零星、小型设备材料除锈；动力工具方法除锈，适用于洞库油罐除锈，一般零星、小型设备材料除锈；干喷砂处理，适用于在用地面油罐除锈、新建罐钢板表面预处理；湿喷砂处理，在用洞库油罐可采用此方法除锈，地面油罐除锈不宜采用；其他几种除锈方法，油罐除锈都不宜采用。因此，在制作设计文件时，要根据具体情况灵活选择除锈方法，同一项目也可能涉及采用多种除锈方法，才有可能达到除锈目的。

3. 表面除锈等级的确定

钢材表面除锈等级标准有两个，根据设计要求和现场实际可供选择。

一是针对已涂覆过的钢材表面局部清除原有涂层后的表面处理等级。执行 GB/T 8923.2—2008/ISO 8501-2：1994《涂覆涂料前钢材表面处理 表面清洁度的目视评定 第 2 部分：已涂覆过的钢材表面局部清除原有涂层后的处理等级》。对已涂覆过的钢材表面，比如，在用油罐钢板表面，属于已涂覆过的钢材表面，设计要求局部清除原有涂层。

喷射或抛射除锈，用 PSa 表示，分为 3 个等级，分别为 PSa2 级、PSa21/2 级、PSa3。动力工具和手工除锈，用 St 表示，分为 2 个等级，分别为 PSt2 级和 PSt3 级。火焰除锈处理，用 F1 表示，分为 1 个等级。

二是未涂覆过的钢材表面，或已涂覆过的钢材表面全部清除原有涂层后的表面处理等级。执行 GB/T 8923. 1—2011/ISO 8501-1：2007《涂覆涂料前钢材表面处理 表面清洁度的目视评定 第 1 部分：未涂覆过的钢材表面的锈蚀等级和处理等级》。喷射或抛射除锈，用 Sa 表示，分为 4 个等级，分别为 Sa1 级、Sa2 级、Sa2. 5 级、Sa3 级。动力工具和手工除锈，用 St 表示，分为 2 个等级，分别为 St2 级和 St3 级。火焰除锈处理，用 F1 表示，分为 1 个等级。

各等级的标准要求在后面章节中还要具体描述。不同的等级标准，代表了除锈后应达到的金属表面洁净度的要求，除锈后油罐的用途不同，所选用的除锈方法也不同，其除锈后达到的质量要求也不同。从宏观上讲，油罐涂装前表面处理的质量要求，主要是除锈等级达标，表面清洁无油渍、污渍、灰尘，转角等部位无死角，无明显的氧化皮。对于在用罐而言，一般成品油罐对表面粗糙度、水溶性盐含量、表面灰尘含量技术指标不做具体检测，对于设计上有特殊要求的应执行设计规定。

七、涂料品种选择

1. 涂料选用的基本原则

涂料品种繁多，性能各异，被保护对象多种多样，使用条件各不相同。但是，没有一种“万能涂料”可以适应各种用途。涂料是构成涂层的基本材料，为了达到预定的涂层有效保护期限，正确选择涂料是十分重要的。一般从适应性、配套性、施工性、安全性和经济性等 5 个方面进行综合考虑。

(1) 适应性

保护对象在不同的环境下接触的化学介质、温度、湿度、光照和机械应力各不相同，腐蚀作用的发生和控制也有差别。在给定的被保护对象的运行条件和环境中，涂层要有良好的化学稳定性和对机械作用的耐受能力。油罐在不同的环境下接触的化学介质、温度、湿度、光照和机械应力各不相同，腐蚀作用的发生和控制也有差别，要结合油罐的环境条件，即腐蚀类型等级、腐蚀介质腐蚀性分类以及拟定的有效保护期选用涂料。选用涂料要与被涂油罐的使用环境相适应；要根据不同部位的腐蚀环境选用不同的涂料，如洞库内外壁防腐涂料需具有防霉菌性能，内壁储油部位必须采用导静电涂料，对罐底和焊缝等薄弱部位要采用加强防腐，埋设在地下或盐渍土中的管道、油罐底板下部的防腐蚀，因无装饰性的要求，可采用抗渗透性和耐腐蚀性都非常好的沥青类涂料，如煤焦沥青、石油沥青以及环氧沥青、聚氨酯沥青等。有机硅及其改性树脂漆能适应高温的环境。

(2) 配套性

涂料与底材的配套性主要表现在对底材的侵蚀、附着力等方面，漆膜在不同金属底材上，附着力有所差异，对钢铁一类黑色金属，大多数防锈漆和防腐蚀漆可以适应。环氧、聚氨酯、醇油和油性漆有较好的附着力，乙烯类和硝基类涂料附着力比较差。选用涂料要与被涂物表面的材质相适应，根据不同被涂物的材质选用不同的涂料。

(3) 施工性

施工条件包括表面处理、涂布方法和干燥方式等内容。每类涂料的施工工艺不尽相同，涂料施工应严格遵守施工工艺规范。但是，在选择涂料时，该涂料对施工条件的要求是否能够得到保证，是否超出实际可能，是选择涂料的重要条件之一。

涂料施工有刷涂、喷涂、高压无空气喷涂等多种方法，并且有自干、烘干等不同干燥方式。应选择条件可能、符合用户作业要求的施工工艺或得到用户认可的涂料品种。

例如，油罐涂装如采用高压无气喷涂法等，则因户外工程可能受条件所限，油罐涂装要求漆膜能够自干和快干，有时因季节关系，还要求适应低温干燥的环境。

(4) 安全性

由于大多数涂料使用的溶剂都是可燃、有毒物质(如：苯、甲苯、二甲苯、汽油、环己酮等)，因此，使用时应充分考虑其安全性。

高 VOCs 含量的涂料主要是热塑性树脂涂料，如氯化橡胶涂料、乙烯树脂涂料和丙烯酸树脂涂料等，用量正在下降。现在使用的低 VOCs 涂料多为热固性涂料。在环境保护法规的推动下，涂料公司发展了许多新的重防腐涂料品种，使用安全的原材料而不丧失其优良性能和耐久性。现代重防腐涂料的主要品种有：高固体分涂料和无溶剂涂料、水性工业防腐蚀涂料、富锌漆、玻璃鳞片涂料以及超耐候性涂料等。

(5) 经济性

在一般情况下，涂料保护的费用低于其他保护方法，涂料成本低于施工费用。在同一施工工艺的前提下，如果有几种涂料供选择，应考虑"重涂期、实际保护期、价格"等综合因素，不应仅考虑当时的售价。

要根据维修周期和油罐设计寿命选择涂料，遵循各个部位同寿命设计原则，不易维修部位适当延长设计寿命，确保经济合理。

2. 涂料选用满足的要求

应按照设计标准和产品使用说明书关于材料适用范围的规定执行，符合使用温度环境条件等要求。

应优先选用低挥发性有机化合物含量、低毒性、高闪点的产品。

底漆、中间漆、面漆及固化剂、稀释剂等应相互匹配，并有同一供货方配套提供。底漆、中间漆、面漆的颜色应有区别。

(1) 地面油罐外防腐层应具备的性能

地面油罐外防腐层性能一般要求要具备良好的耐候性能、抗日光照射、抗风化性能；良好的抗水渗性能，沿海地区和盐碱地区还应考虑耐盐雾性能；施工工艺较简单，施工质量易保证；防腐层对钢铁表面有良好的黏结性；易于维修；防腐层对环境的影响应符合相应的要求。

地面油罐外防腐层面漆一般选用酸聚氨类涂料或丙烯酸类涂料，如丙烯酸聚氨酯面漆、S-Ⅱ型钢质油罐外壁防锈涂料、PU411 可覆涂丙烯酸聚氨酯面漆(脂肪族)、丙烯酸聚氨酯；氟碳系涂料，如交联氟碳、SFCP1101 氟碳涂料面漆；氯类涂料，如氯醚橡胶、氯化橡胶和高氯化聚乙烯涂料；聚脲防腐漆，如脂肪族反应可控型聚脲防腐面漆；单组分面漆系，如 CPR003 丙烯酸橡胶面漆，CR102 氯化橡胶面漆。对储存轻质油品的，要选用热反射隔热防腐蚀涂料。

底漆一般选用环氧富锌类底漆，如 ZIEP212 环氧富锌底漆、JL7020 环氧富锌车间底漆、JL7021 环氧富锌防锈漆、S-Ⅱ型钢质油罐外壁防锈涂料、ZIES213 无机富锌(硅酸锌)底漆；无机硅酸富锌类底漆，如无机硅酸锌底粉漆、JL7040 无机硅酸锌车间底漆、JL7041 无机硅酸锌防锈漆；磷酸富锌类底漆，如 EPP303 环氧磷酸锌底漆；沥青船底漆。

(2) 油罐内防腐层应具备的性能

油罐内防腐层性能一般要求要具备对储存介质无污染；施工质量易保证；对钢铁表面有良好的黏结性；采用阴极保护部位的内防腐层有良好的抗阴极剥离性能；与油相接触的防腐层应具备良好的导静电性能；易于维修。

油罐内防腐层面漆一般选用聚氨酯类面漆，如聚氨基甲酸酯涂料、弹性聚氨酯涂料、PV-91 弹性导静电油罐内壁涂料；环氧类面漆，如 EPSP393-2 环氧耐油防静电防腐涂料(浅色，采用稀土金属氧化物复合导电粉为导电介质)；生漆。

对储存轻质油品有导静电要求的，要选用导电金属粉体类，如 JL7040 无机硅酸锌车间底漆、JL7041 无机硅酸锌防锈漆、JL7020 环氧富锌车间底漆、JL7021 环氧富锌防锈漆、E0601 通用无机硅酸锌底漆；黑色的本征导电聚合物类，如 JL-W5211D 灰色石油及化学品储罐导静电纳米有机钛防腐底漆、JL-W5211Z 黑色石油及化学品储罐导静电纳米有机钛中间漆、L-W5211M 浅灰石油及化学品贮罐导静电纳米有机钛防腐面漆。

(3) 洞库、覆土式油罐外壁面漆

洞库、覆土式油罐外壁应考虑抗水渗性能及防酸、碱、防霉变性能。外壁面漆一般选用耐水性环氧类、聚氨酯类涂料。

底漆一般选用环氧富锌类底漆，如ZIEP212环氧富锌底漆、JL7020环氧富锌车间底漆、JL7021环氧富锌防锈漆、S-Ⅱ型钢质油罐外壁防锈涂料、ZIES213无机富锌(硅酸锌)底漆；无机硅酸富锌类底漆，如无机硅酸锌底粉漆、JL7040无机硅酸锌车间底漆、JL7041无机硅酸锌防锈漆；磷酸富锌类底漆，如EPP303环氧磷酸锌底漆；沥青船底漆。

(4) 中间漆

中间漆一般选用环氧云铁中间漆，如EPM321环氧云铁防锈漆；环氧耐油防腐涂料，如EPSP393-1环氧耐油防静电防腐涂料(黑色，采用导电炭黑或石墨为导电介质)、PSP393-1环氧耐油防静电防腐涂料(黑色，采用导电炭黑或石墨为导电介质)、EPSP393-2环氧耐油防静电防腐涂料(浅色，采用稀土金属氧化物复合导电粉为导电介质)；纳米有机钛中间漆，如JL-W5211Z黑色石油及化学品储罐导静电纳米有机钛中间漆。

(5) 油罐底板外壁(地下部分)涂料选择

要求加强级防腐，或采用重防腐涂料。油罐底板外壁(地下部分)底漆一般选用环氧富锌底漆、沥青船底漆，高固体厚膜型焦油环氧涂料。中间漆一般选用环氧沥青厚膜型底漆。面漆一般选用环氧沥青厚浆漆、环氧煤沥青、环氧类、聚氨酯类涂料。对设置阴极保护系统的，要考虑涂料相应的适应性要求。

八、涂层配套设计

1. 涂层配套重要性

通常，涂层由底漆、中涂漆和面漆(磁漆)构成，它们之间的配套和协同作用，直接决定着涂层的质量和防腐蚀效果。或者说，在涂料的使用过程中，涂层一般包括底漆、中间涂料、面漆几层。这就要求底漆与基体间、不同的漆层之间、涂料与施工工艺之间都要有很好的配套性，以获得结合性好、耐腐蚀性高的涂层以及涂层均匀的物理性能。从涂层性能要求上讲，底涂层应与基体表面有较好的附着力和长效防锈性，中涂层应具有优异屏蔽功能，面涂层应具有良好的耐候、耐介质性能，从而使涂层系统具有综合的优良防腐性能。

除了专门研制的涂层，采用同一类型树脂作底、中、面漆之外，一般主张采用“多层异类”结构，即根据各种树脂的性能特长，选其作为底、中、面漆，而不在乎成膜物质是否属于同一类型。例如，过氯乙烯漆有良好的耐化学介质稳定性，涂层的断裂强度值很高，但同时具有极低的金属附着力，而醇酸漆的附着力指标非常高，断裂强度和耐蚀性却远低于过氯乙烯漆，若采用醇酸底漆、过氯乙烯面漆的“多层异类”配套，则涂层兼具附着力和耐蚀性均好的特点。又如，环氧漆系列金属附着力好而耐候性差，丙烯酸/缩二脲聚氨酯漆的耐候性极佳，但价格昂贵，二者底面配套，可作为装饰性、耐候性极好的户外钢结构保护涂层，而且涂层成本有所降低。涂料配套不当占影响涂料使用寿命的20%，其重要性是显而易见的。

根据涂层保护期、环境腐蚀类型和腐蚀等级、油罐使用年限、钢板锈蚀等级、旧涂层附着牢固程度和涂料品种、场所特殊要求，合理组成涂层，明确底层、中层和面层的配套，单层涂层厚度、总厚度和涂装道数配套，漆膜层间附着力配套，不同涂层颜色配套等。

2. 涂层配套一般原则

(1) 底漆、中间漆和面漆配套

涂层之间的配套。涂层之间良好的配套对于干燥成膜后形成连续、致密、均匀的膜层是十分重要的。一般来说，底漆与面漆的干燥类型应该是一致的，即自干型的底漆与面漆匹配，同漆基的底漆与面漆匹配等。此外，底漆与面漆的物理性质也应大致相似。底层、中间层与面层的匹配配套，还涉及涂刷道数、涂层单层厚度、总厚度、涂刷间隔时间、涂料配比、涂层之间的附着性等方面的内容。

① 底漆与基体间配套

不同的物质表面必须选用适宜的涂料与之匹配，除了要有一定大小的结合力之外，还要充分考虑它们的化学性质是否匹配。例如，含铅的涂料是钢铁制品优良的防腐徐料，但是当涂在铝制品上时，则不仅不能防腐而且还会促进腐蚀。

底涂层主要起防锈作用，包括防锈底漆、热浸镀锌和金属热喷涂等，是整个涂层中最重要的基础。防锈底涂层的涂装质量对涂装系统的防腐效果和使用寿命至关重要。常用的防锈底漆有环氧富锌底漆、环氧磷酸锌底漆等。

底漆多选用富锌底漆，主要原因是基于锌的标准电位比铁低，所以它更活泼，可以作为“牺牲阳极”保护钢铁。同时，锌较容易制成高纯度的锌粉。所以，锌是涂料中最重要的防锈颜料。锌粉是最重要的电化学防锈颜料。与其他金属相比，锌有其独特的特点，它比铁轻，有良好的延展性，最重要的是其电化学活性，其标准电极电位为(-0.76V)，较铁(-0.44V)为活泼。锌可以被熔融并加工净化成细颗粒的高纯度锌粉，用于防锈漆中最为重要的防锈颜料。涂膜在受到侵蚀时，锌粉作为阳极先受到腐蚀，基材钢铁为阴极，受到保护。锌作为牺牲阳极形成的氧化产物以对涂层起到一种封闭作用，仍可加强涂层对底材的保护，在锌粉涂料中，锌粉在保护过程中逐渐被消耗，但速度很慢。其腐蚀产物的形成，使涂层与底材电位差有所减小，当漆膜被损伤时，又露出新的金属锌，电位差立即增大，产生较强的阴极保护作用。所以锌粉底漆的锈蚀不会从损伤处向周围扩散。

底漆具有良好的屏蔽性，以阻挡水、氧、离子等腐蚀介质的透过。在底漆填料的选择中，应注意提高屏蔽性的要求。一般在设计底漆时经常选用片状颜料，就是因为片状颜料在涂层中能屏蔽水、氧和离子等腐蚀因子透过，切断涂层中的毛细孔。另外片状颜料在漆膜中相互平行交叠，在涂层中能起到迷宫效应，延长腐蚀介质渗入的途径，从而提高涂层的防腐蚀能力。主要的片状颜料有云母粉、铝粉、云母氧化铁、玻璃鳞片、不锈钢鳞片等。

底漆中应含较多的颜料、填料，以使漆膜表面粗糙度变大，增加与中间漆或面漆的层间密合。颜料可以使底漆的收缩率降低，因为在干燥成膜的过程中，底漆溶剂挥发及树脂交联固化，均产生体积收缩而使漆膜附着力降低，加入颜料后，颜料并不收缩，整个漆膜的收缩率因而降低，保证了对底材的附着力。颜料能在一定程度上屏蔽和减少水、氧、腐蚀离子的透过。在一些功能性底漆中应含有缓蚀颜料，比如用在铝材、镀锌件表面的底漆中含有磷酸锌等颜料。

底漆对底材表面应有良好的润湿性，对底材表面透入较深。在非金属底材如混凝土及木材上，底漆要能透入“锚固”。

底漆厚度不高，如造船工业中使用的车间底漆漆膜厚度在 15~20μm，环氧富锌底漆 30~50μm。厚度过大，会引起收缩应力，损及附着力。由于科学的进步，施工工艺和涂料环境限制或要求，近年来为减少人工费用，减少涂装道数，在保证防腐寿命的同时，研制并采用了厚膜型防锈底漆，要求厚度在 65~70μm，甚至更厚。

② 中间漆

中间漆要与底漆和面漆保持良好的附着力。漆膜之间的附着并非单纯依靠极性基团之间的吸力，中间漆漆膜中所含的溶剂能够使底漆溶胀，导致两层界面的高分子链缠结，也能增加层间附着力。

中间漆可以增加涂层的厚度以提高整个涂层的屏蔽性能。在整个涂层系统中，有时底漆具有功能性，不宜太厚，而面漆的性能决定了其生产成本相对较高，综合考虑涂装的整体造价，合理地使用中间漆可以减少面漆的使用量，降低配套成本。将中间层涂料制成触变性好的高固体分厚膜性涂料，通过无气喷涂的方法，一般施工一两次就能达到所需要的厚膜效果。

使用中间漆还可以提高面漆的丰满度或按照特殊要求提供出所需要的有装饰性的花纹，同时增加面漆对底材及底漆的遮盖力。合理使用中间漆并选择适当种类还能发挥一些特殊功效，如铁路客车的中间漆及腻子等，可以使漆膜平整，保持美观。

配套中间漆的功能是作为“屏蔽层”，高性能涂装体系的中间漆通常为环氧云铁漆，其中相互交错的层片状的云铁(MIO)会有效地阻滞水分、氧分子及电解质的渗透，从而使环氧中间漆具有更好的阻隔保护功能，可延阻外界水分或其他污染物的侵入，“屏蔽能力”好，如图 2-7 所示。另外，环氧中间漆中的云铁能够延长涂覆面漆的时间窗口，改善其涂覆的性能。但是这并不意味着涂层中含有越多的云铁，其性能就越好。过多的云铁会降低环氧中间漆的黏结力，从而降低涂层系统的整体性能。

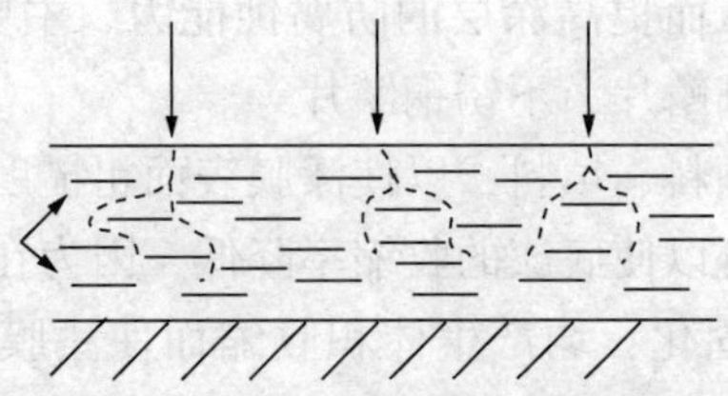

图 2-7 相互交错的层片状云铁对水分、氧分子及电解质的阻滞作用

③ 面漆

面漆可以遮蔽日光紫外线对涂层的破坏，具有抗失光、抗老化等作用。有些面漆可含有铝粉、云母氧化铁等阻隔阳光的颜料，以延长涂膜的使用寿命。

面漆还需要具备一定的防护作用，在化工污染较为严重的区域，如炼油厂、化工厂等处，要求面漆能抵抗一定程度的酸碱腐蚀。对在沿海地区使用的涂装系统，还需要面漆能抵御海洋环境特有的较为严酷的腐蚀条件，有较好的抗离子渗透能力。其中比较突出的是集装箱、船舶、钻井平台等使用的面漆，要求更加严格。

面漆具有一定的装饰性。涂料的装饰作用强，修补方便，依靠面漆的色彩、光泽、图纹等的变换应用于改进环境极为便捷。如轿车漆、家具漆、建筑物外表面漆等，都可以借助于面漆丰富的色彩和表现形式，通过不同涂装方法起到很好的装饰效果。另外面漆的颜色还可用于区分不同的区域、功用等，如生产装置的管线、路面的标志线等。面漆通常采用添加特殊颜料的手段，实现特殊的效果，如加入铝粉提高金属光泽，加入闪光粉作为夜间指示标志等。

在重防腐涂装中，最常用的面漆有酸聚氨类涂料、丙烯酸类涂料、丙烯酸聚氨酯面漆、氟碳面漆、氯类涂料、聚脲防腐漆、聚硅氧烷和单组分面漆等。

在多数的情况下，一个良好的涂层体系由底漆、中层漆和面漆组成。底漆对底材和面漆有较高的附着力和黏结力，并有缓蚀防锈作用；中层漆是过渡层，起抗渗作用；面漆则起抵抗腐蚀介质和外部应力的作用。三者构成的涂层，发挥总体效果。

(2) 涂层总厚度和每层涂层厚度配套

对于油罐涂装工程施工作业来讲，为保证工程质量，清洗是准备，除锈是保证，厚度是基础，均匀是重点，道数是关键。为此，一定要把好涂层厚度和道数这个关键重点。

① 防腐涂层厚度与使用寿命的关系

涂层厚度与防腐蚀效果有直接的关系，是达到预定使用寿命的关键。多年的防腐实践表明，没有足够的厚度，涂层的防腐蚀作用是不可靠的。在实验室中，以不同厚度的氯化橡胶防锈漆作常温浸泡试验，对比结果也证明这一结论，见表2-9。

表 2-9　氯化橡胶防锈漆常温浸泡试验对比表

涂　料	漆膜厚度/μm	浸泡介质	结　论
615 氯化橡胶防锈漆	85	3%NaCl 水溶液	13 个月，16%起泡
	170	3%NaCl 水溶液	85 个月，5.5%起泡
	200	淡水	8 年无变化

为确保暴露在大气环境中的钢结构表面防护涂层达到一定的使用寿命，国家相关行业规范对钢结构表面防护涂层最小厚度做了明确要求。

GB/T 30790.2—2014《色漆和青漆 防护涂料体系对钢结构的防腐性保护 第 2 部分：环境分类》(ISO 12944-2：1998，MOD)对钢结构的防腐性保护明确了腐蚀环境、使用寿命、总干膜厚度之间的关系，总干膜厚度一定情况下，腐蚀环境越大，使用寿命越小，使用寿命一定情况下，腐蚀环境越大，总干膜厚度越大，见表 2-10。

表 2-10　ISO 12944-2—2017、GB/T 30790—2014 对照表

腐蚀环境	使用寿命	整个涂层系统的总干膜厚度/μm，ISO 12944	整个涂层系统的总干膜厚度/μm，GB/T 30790—2014
C2	低 中 高	80 120 160	80 150 200
C3	低 中 高	120 160 200	120 160 200
C4	低 中 高	160 200 240(建议使用富锌底漆)	160 200 240(含锌粉) 280(不含锌粉)
C5-I	低 中 高	200 240(建议使用富锌底漆) 280(建议使用富锌底漆)	200 280 320
C5-M	低 中 高	200 280(建议使用富锌底漆) 320(建议使用富锌底漆)	200 280 320

注：以上所描述的是暴露在大气环境中的常规防腐体系，不包括一些特殊工况和涂装要求的情形，如：耐高温、保温、防火、储罐内壁和不锈钢材质。

CECS 343：2013《钢结构防腐蚀涂装技术规程》。该规程给出了暴露在大气环境中的钢结构表面防护涂层的最小厚度，见表 2-11。

表 2-11 CECS 343：2013 钢结构表面防护涂层的最小厚度

最小厚度/μm			使用年限
强腐蚀	中腐蚀	弱腐蚀	
280	240	200	10~15
240	200	160	5~10
200	160	120	2~5

注：室外工程的涂层厚度应增加 20~40μm。

HGT 4077—2009《防腐蚀涂层涂装技术规范》给出了暴露在大气环境中的钢结构表面防护涂层的最小厚度，见表 2-12。

表 2-12 HG/T 4077—2009 钢结构表面防护涂层的最小厚度

钢结构表面涂层厚度/μm			使用年限
强腐蚀	中腐蚀	弱腐蚀	
≥350 含锌粉	≥300(含锌粉)	≥300 ≥250(含锌粉)	>15
250~300 200~250 含锌粉	250~250 180~220(含锌粉)	150~200	5~15
≥200	≥150	≥120	2~5 以下

注：室外工程的涂层厚度应增加 20~40μm

SH/T 3603—2009《石油化工钢结构防腐蚀涂料应用技术规程》。该规程给出了暴露在大气环境中的钢结构表面防护涂层的最小厚度，见表 2-13。

表 2-13 SH/T 3603—2009 钢结构表面防护涂层的最小厚度

最小厚度/μm			使用年限
强腐蚀	中腐蚀	弱腐蚀	
320	280(不含锌粉) 240(含锌粉)	240	10~15
280	240	200	5~10
240	200	160	5 以下

注：在非腐蚀环境下，室外不少于 150μm，室内不少于 125μm。

厚浆涂料、高固体分涂料、无溶剂涂料的单层漆膜厚度可达 100~300μm，甚至更厚，为一般涂料的 10 余倍，在施工技术和检测方法可靠的情况下，厚浆涂料有节省工时、减少污染的优点，缺点是涂层装饰性差。对于普通涂料而言，涂料不能过厚，否则，不但费工费时费料，还可能影响施工质量和涂装效果。

② 每道涂层厚度

一般认为，防腐蚀设计采用多层设计，主要原因是同一厚度的涂层，多道数涂装，耐腐蚀性和机械性能明显优于单层涂装。这是由于单层涂布是不可能得到均匀无孔涂层的，多道数涂装可能将一道遗留的缩孔、漏涂及其他弊病予以弥补，另外是氧化干燥型涂料，因为从表面先开始干燥，底层不容易彻底干透，对挥发性较强的涂料，一道过厚，滞留溶剂问题突出，对涂层防腐蚀性产生不利影响。

为保证涂装质量，设计中不但明确涂层干膜总厚度，还要明确每道涂层湿膜厚度，确保涂层合理配置。为保证上下道涂层黏接匹配，要求每道涂层未干透前涂刷下一道涂层。因此，检测上道涂层厚度只能检测其湿膜厚度。

③ 涂料使用量的计算

涂料的使用量可按下列公式进行计算：

$$G=\frac{\delta\rho A\alpha}{m}$$

式中 G——涂料的计算使用量，g；

δ——单道漆膜厚度，μm；

α——涂装道数，道；

ρ——涂料的密度，g/cm^3；

A——涂覆面积，m^2；

m——涂料固体百分含量，%。

在涂装施工过程中，涂料的实际使用量，还受涂装方法、被涂物表面的粗糙度、涂装损失等因素的影响。因此，计算使用量有一定的误差，一般计算值取1.5~1.8倍作为实际使用量的估算值。表2-14给出了每$1000cm^3$(100%固体含量)涂料涂刷面积和漆膜厚度对照数据。

表2-14 每$1000cm^3$(100%固体含量)涂料涂刷面积和漆膜厚度对照表

漆膜厚度/μm	200	150	100	80	50	40	33.3	25	20	16.7	14.3	12.5	11.1	10
涂刷面积/m^2	5	6.67	10	12.5	20	25	30	40	50	60	70	80	90	100

(3) 涂刷总道数和底漆、中层漆和面漆涂刷道数要配套

为保证每道涂层厚度和涂刷质量合格，明确涂刷总道数和底漆、中层漆及面漆涂刷道数是非常必要的。一般根据防腐强度的设计要求、设备部位重要程度、防腐保护设计年限、腐蚀环境、腐蚀介质等情况综合分析，并结合所选涂料类型、特性、固体颗粒含量、挥发性大小、涂层设计厚度、一道涂层最小厚度等情

况综合分析，确定涂层涂刷道数。涂层道数不应小于最小值，如普通涂层涂刷道数为3~4道，其中底漆1~2道，面漆2道；对于油罐而言，腐蚀环境较差，要求保护年限较长，根据部位不同，涂刷道数一般为5~9道，其中底漆2道，中层(过度)漆2道，面漆4~5道。对于油罐底部埋地部分使用重防腐涂料的话，单道涂层厚度和总厚度增大，涂层涂刷总道数可减少到2~3道。

(4) 底漆、中层漆和面漆漆膜层间结合要配套

由多道漆膜组成的涂层，漆膜间的层间附着力是重要性能。如果层间附着力不好，在使用过程中，会发生逐层剥落，涂层总厚度减少，耐腐蚀性降低。层间附着力大小主要有两个影响因素，一是涂料产品选择上，层间不同涂料品种要选用相匹配的涂料产品；二是对于超出涂料涂刷上下道之间时间间隔的，上道工序涂层已实干的，要按规定打磨后再涂。

目前，全国生产油漆的厂家很多，即使同一品种的涂料，在配方上也可能有差异，不同品种则在配方、性能等方面差异很大。在实际使用时，有不少单位订货为某一产品，使用后剩余一部分，又购进其他厂同类品种或不同品种，若规定严禁配套使用，则会造成浪费，在实际中也有进行配套使用效果较好的例子，一般"配套使用，必须经试验确定"。对于在用油罐来说，如果设计中要求旧涂层可以不做彻底清除，选用涂料时更要注意涂料选用的配套性。

(5) 涂层颜色要配套

涂层的外观颜色在工程设计时已经确定，应符合色差范围。对于没有要求颜色的防腐蚀涂料，特别是非面层涂料，如底漆、中层漆等，尤其是在大面积多层涂装时，为防止漏涂或者道数不一致，每层漆的颜色可稍有区别，以便检查和补涂。

(6) 涂层间涂刷间隔要配套

① 涂料的成膜过程

生产和使用涂料的目的是得到符合需要的涂膜，涂料形成涂膜的过程直接影响着涂料的使用效果以及涂膜的各种性能。涂料的成膜过程包括涂料施工在被涂物表面和形成固态连续漆膜两个过程。液态的涂料施工到被涂物表面后形成的液态薄层，称为湿膜；湿膜按照不同的机理，通过不同的方式变成固态连续的漆膜，称为干膜。涂料由湿膜形成干膜的过程就是涂料的干燥和固化成膜过程。

各种涂料由于采用的成膜树脂不同，其成膜机理也不相同。正确了解涂料的成膜机理，可以进一步理解涂料的性能，确保能够正确选用使用涂料。

涂料的成膜方式主要有两大类，物理干燥和化学固化。其中化学固化又可以分为氧气聚合、固化剂固化、水汽固化等。常见涂料的成膜分类见表2-15。

表 2-15 常见涂料的成膜分类

物理干燥	溶剂型	沥青涂料、氯化橡胶、丙烯酸、乙烯
	水性	丙烯酸
化学固化	氧化聚合固化	油性、醇酸、酚醛、环氧酯
	双组分固化剂固化	环氧、聚氨酯、不饱和聚酯
	湿气固化	聚氨酯、无机硅酸锌
	辐射固化	不饱和聚酯、环氧丙烯酸酯、聚氨酯丙烯酸酯

② 物理干燥

物理干燥有两种形式，溶剂的挥发和聚合物粒子凝聚成膜。

溶剂型的涂料，经涂装后，溶剂挥发到大气中，就完成漆膜干燥的过程。常见的涂料产品有沥青涂料、乙烯树脂涂料、氯化橡胶涂料和丙烯酸树脂涂料等。这一类涂料的共性如下：

a. 可逆性，涂膜在几个月后甚至几年后，还能被本身或更强的溶剂所溶解，溶剂分子会渗进黏结剂的分子间，迫使它们分离而后分解黏结剂；

b. 溶剂敏感性，作为可逆性的结果，这些涂料不耐本身的溶剂或更强的溶剂；

c. 漆膜成型不依赖于温度，这是因为漆膜成型中没有化学反应发生；

d. 热塑性，物理干燥的涂料在高温下会变软。

分散型涂料，如乳胶漆等，在水的挥发过程中，聚合物粒子彼此接触挤压成型，由粒子状聚集变为分子状态的聚集而形成连续的漆膜。

③ 化学固化

化学固化的涂料，由转化型成膜物质组成，主要依靠化学反应方式成膜，成膜物质在施工时聚合为高聚物涂膜。

以天然油脂为成膜物的涂料，以及含有油脂成分的天然树脂涂料和以油料为原料合成的醇酸树脂涂料、酚醛树脂涂料和环氧酯涂料等都是依靠氧化聚合成膜的。这是一种自由基链式聚合反应。这些涂料中的不饱和脂肪酸通过氧化而使分子量增加，其氧化聚合速率与其所含亚甲基基团数量、位置和氧的传递速率有关。为了加快氧化干燥过程，可以使用催干剂。

需要用固化剂反应成膜的涂料，通常为双组分包装，一组分为基料含树脂、溶剂、颜料和填料等，另一组分为固化剂。使用时，把固化剂倒入基料中搅拌均匀才能使用。常见的有环氧涂料、聚氨酯涂料和不饱和聚酯涂料等。

涂料的固化机理还有其他几种化学反应或聚合过程。

a. 气固化：基料的分子与水汽相反应，如无机硅酸锌漆和单组分的聚氨酯涂料；

b. 二氧化碳固化：基料的分子与空气中的二氧化碳反应，如硅酸钠/钾的无机富锌漆；

c. 高温触发固化反应：有机硅在 200℃ 的温度下几个小时后才能达到固化程度。

化学固化的涂料具有以下一些基本性能：

a. 可逆转性，固化后的漆膜是不可溶解的；

b. 耐溶剂性，不可逆转性的结果；

c. 成膜速率要依靠温度，比如说有些涂料对最低成膜温度有具体的要求，低于该温度漆膜将不会固化；

d. 非热塑性，黏结剂的分子在高交联状态下不会有移动，即使是在高温状态下也不会有变化，比如漆膜在高温下不会变软等；

e. 严格的重涂间隔，涂层间的重涂，必须是在固化完全结束之前进行，已经达到完全固化程度的涂层表面必须经过拉毛处理后才能涂下道漆。

④ 控制覆涂间隔，实现涂层间“湿碰湿”

涂层厚度有干膜厚度、湿膜厚度之分，漆膜涂刷一定时间但未彻底固化的称之为湿膜，已彻底固化的称之为干膜。通常设计的保护涂层由多道漆膜组成的涂层，为保证漆膜间的层间附着力，防止层间附着力不好，发生逐层剥落，减少涂层总厚度，降低耐腐蚀性，在施工工序上尽量采用“湿碰湿”或者在底层未彻底固化时涂装下一道涂层的工艺。所以在设计上也要明确，在一定温度下的覆涂间隔，时间太短，涂层未开始固化，不能保证下道涂刷质量，时间太长，已发生固化，影响层间附着力。

另外，控制组分比例符合规定，涂料调和均匀，保证熟化时间满足要求也非常重要。

(7) 涂料与施工工艺配套

涂料与施工工艺的配套性，主要指施工工艺是多种多样、千差万别的。不同的施工工艺都有自身的特点和使用范围。施工工艺与涂料的配套与否直接影响到涂层质量、涂装效率和涂装成本。例如对高黏度高固体分涂料，采用高压无空气喷涂时，所得到的涂膜效果大大优于刷涂施工时的涂膜防腐性能。

在用油罐涂装形式一般不选用喷涂等机械方式，常常选择人工刷涂或人工滚涂，主要原因基于：对于在用油罐内壁防腐，包括洞库、覆土式油罐内外壁防腐来说，由于局部空间通风不良，光线不强，作业空间受限，采取喷涂等机械方式，一是局部空间受限喷涂等机械设备无法展开，二是局部空间涂料溶剂等挥发的有害气体密布，无法及时散发，设备大分贝噪声等对人身安全和健康构成严重威胁，三是光线亮度不够，质量不能得到保证。对于在用地面油罐外壁防腐，一般不选用喷涂等机械方式，常常选择吊篮人工刷涂或人工滚涂，主要原因是吊篮人工操作时或选用喷涂等机械方式作业时，人员、设备和罐壁之间距离不能满足操作要求，无法实施作业。若采用搭设脚手架方式，存在支护困难，经费开支大，不宜采用。

刷涂：道数多，厚度大，人工费大，效率低，速度慢，质量稳定性不易控制，但易操作，灵活方便，不受空间和场所限制。

喷涂：道数可少些，厚度可小些，人工费少，效率高，速度快，质量稳定性好控制，但受空间和场所限制，如罐内部、洞库罐、覆土罐室内。通常对新建油罐钢板安装前采用喷涂方式预涂底漆。

需要说明的是，在表面处理同样达到标准要求的情况下，由于人工操作及检验原因，常常喷砂除锈防腐效果要高于人工除锈，根据经验，建议采用人工除锈方式时，涂层设计上要适当加大系数，见表 2-16。

表 2-16　涂层厚度调整系数表

序号	涂层厚度调整系数	除锈方法	涂装方式	备注
1	1	喷砂除锈	喷涂	达到设计规定标准
2	1. 0~1. 05	喷砂除锈	人工	
3	1. 05~1. 1	人工	喷涂	
4	1. 1~1. 2	人工	人工	

注：除特殊注明外，一般给出的涂层厚度值标准厚度调整系数均按 1 考虑。根据施工实际，主要考虑到人工操作中质量稳定性相对较差，为保证设计寿命可控制性，需增加涂层厚度调整系数因素。

3. 油罐防腐涂层厚度

涂料选择及涂层厚度设计要依据涂料说明书和相关技术规范，并结合石油库实际经验确定。油罐涂层保护设计寿命通常按不低于 7 年考虑，合理确定涂层厚度。人们通常依据的规范主要有 GB 13348《液体石油产品静电安全规程》GB/T 50393—2017《钢质石油储罐防腐蚀工程技术标准》、SY/T 6784　2010《钢质储罐腐蚀标准》、CNCIA-HG/T 0001—2006《石油贮罐导静电防腐蚀涂料涂装与验收规范》；参照规范标准主要有 HG/T 4077—2009《防腐蚀涂层涂装技术规范》、CECS 343—2013《钢结构防腐蚀涂装技术规程》、SH/T 3603—2009《石油化工钢结构防腐蚀涂料应用技术规程》、QSY XJ 0126—2010《储罐涂层防腐设计施工及验收规范》。根据以上标准，相关专业规范要求涂装设计涂层最小厚度见表 2-17。

表 2-17　相关专业规范要求涂装设计涂层最小厚度一览表

<table>
<tr><th colspan="2" rowspan="2">油罐钢板部位</th><th rowspan="2">油罐环境或部位</th><th colspan="3">最小厚度/μm/设计寿命/年</th><th rowspan="2">说明或建议</th></tr>
<tr><th>GB 50393—2008</th><th>SY/T 6784—2010</th><th>CNCIA/T0001—2006</th></tr>
<tr><td rowspan="3">油罐内壁</td><td>壁板</td><td></td><td>200/7</td><td>200</td><td>200</td><td></td></tr>
<tr><td>底板</td><td>含下部沉积水部位壁板</td><td>300/7</td><td>300</td><td>300</td><td></td></tr>
<tr><td>顶部气相部位</td><td>沿海或腐蚀严重的潮湿工业大气环境</td><td>200/7</td><td>200</td><td>300</td><td>300μm 不便实际操作，重点控制相关部位涂装质量</td></tr>
<tr><td rowspan="3">地面罐外壁</td><td>外壁 1</td><td>普通环境中</td><td>200/7</td><td>120</td><td></td><td rowspan="3">1. 施工一次动用资源多，耗资大，120μm 厚度过小，设计寿命小，经济性差；2. 环境不同，同寿命厚度指标应不同；3. 设计厚度下实际设计寿命 7 年；4. 成品油罐相对原油罐杂质少</td></tr>
<tr><td>外壁 2</td><td>沿海或腐蚀严重的潮湿工业大气环境</td><td>200/7</td><td>120</td><td></td></tr>
<tr><td>外壁 3</td><td>储存轻质油料，涂装热反射隔热复合涂料</td><td>250/7</td><td>250</td><td></td></tr>
<tr><td rowspan="2">洞库覆土离壁罐外壁</td><td>外壁 1</td><td>普通环境中</td><td>300/7</td><td>300</td><td></td><td rowspan="2">1. 环境不同，如自然洞库，腐蚀强度很大，技术指标应不同；2. 南北方环境差异大，北方局部环境可能很干燥；3. 壁板涂层厚度差异大。具体建议参见相关章节</td></tr>
<tr><td>外壁 2</td><td>腐蚀严重的潮湿环境</td><td>300/7</td><td>300</td><td></td></tr>
<tr><td colspan="2">洞库贴壁罐壁板外壁</td><td rowspan="2">底漆：环氧富锌、煤焦油、沥青船底漆。中间漆：环氧沥青。面漆：环氧沥青、煤沥青、或环氧类、聚氨酯类</td><td>防腐/20</td><td></td><td></td><td rowspan="2">底漆：环氧富锌类，总厚度不小于 50μm，每道厚度 20~40μm。
面漆富锌类，总厚度不小于 300μm，每道厚度 20~40μm。
面漆重防腐涂料，总厚度不小于400，每道厚度 60~200μm</td></tr>
<tr><td colspan="2">油罐底板外壁</td><td>阴极保护、防腐/20</td><td></td><td></td></tr>
</table>

(1) 油罐内壁

① 一般大气环境下，油罐内壁(罐壁和顶部)涂层干膜厚度不小于200μm。

由于油品可以在金属表面形成一层保护膜，因此油罐储油部位腐蚀速率低。

在气相、液相交界处环境潮湿富氧，具备电化学腐蚀的两大基本要素。由于油品内和油面上部气体空间中含氧量不同，形成氧浓差电池而造成腐蚀。油罐气相部位基本上属均匀腐蚀，这是因为油料中挥发出的酸性气体 H_2S、HCl，外加通过呼吸阀进入罐内的 H_2O、O_2、SO_2、CO 等腐蚀气体在油罐上凝结成酸性溶液，导致化学腐蚀的发生。

总之，在罐顶的气相和气、液相交界处虽然有电化学腐蚀和化学腐蚀发生，但腐蚀破坏程度并不大，根据近年军队石油库、地方石油库实际涂装厚度防腐蚀效果、设计院实际设计参数，干膜厚度应在200~300μm为宜。

② 油罐内壁底部(含第一圈板以下或1.5m以下部位)涂层干膜厚度不小于240μm。

油罐底部由于储油会有滞留析出水，不同的油质析出的水不同，可呈酸性或碱性。由于富含水分和微生物，腐蚀主要表现为电化学腐蚀、微生物腐蚀，主要为溃疡状坑点腐蚀，有可能形成穿孔，是储油罐腐蚀最严重的区域。为此，要求涂层做加强防腐，漆膜总厚度要求220μm以上。涂层屏蔽抗渗透性要好，避免介质渗透造成膜下腐蚀。避免采用电位大于铁的导电材料，造成铁作为阳极而形成电化腐蚀。

若用导静电防腐涂料，有些导静电防腐蚀涂料存在静电性能不稳定、污染油品、或物理机械性能不好而脱落等问题，因此使用过程中必须严把质量关，特别是在选定涂料类型后必须严格执行施工规范及验收规定，而且要在涂层彻底固化干燥的情况下才能使用，否则涂层的质量将得不到保证。

如果配合阴极保护使用，由于罐底板安装了牺牲阳极，静电可通过阳极导出，因而无须采用导静电涂料，采用普通环氧涂料即可。总之，根据近年军队石油库、地方石油库实际涂装厚度防腐蚀效果、设计院实际设计参数，干膜厚度应在240~300μm。

(2) 地面油罐外壁

① 一般大气环境下，地上油罐外壁涂层干膜厚度不小于180μm。

面漆由于长期受紫外线和大气的破坏，因此面漆必须采用耐候性好的氟碳漆和丙烯酸聚氨酯类防腐涂层，防腐涂层总厚度控制在180~220μm较为合理。

② 沿海或腐蚀严重的潮湿工业大气环境下，地上油罐外壁涂层干膜厚度可按200~250μm考虑。

主要考虑到沿海或腐蚀严重的潮湿工业大气环境下，在较强的腐蚀环境下，对地上油罐外壁产生负面影响，故要求涂层厚度适当加大。

③ 储存易挥发的轻质油料的地上油罐外壁，热反射隔热复合涂料涂层干膜厚度不小于250μm。

(3) 洞库、覆土式油罐外壁

① 一般大气环境下，人工洞库内常年相对干燥，洞库、覆土式油罐外壁涂层干膜厚度不小于200μm。

洞库金属油罐外壁由于在室内，涂层无须考虑耐紫外线性能，但一定要具备优异的耐湿热、耐盐雾、耐霉菌等性能，同时还要具备良好的机械性能和施工性能。

② 人工洞库全年潮湿较严重或潮湿水分腐蚀性较大的情况，油罐外壁可按涂层干膜厚度250~300μm考虑。

③ 自然洞库全年潮湿较严重或潮湿水分腐蚀性较大的情况，油罐外壁可按涂层干膜厚度不小于300μm，或采用重防腐涂料，涂层干膜厚度不小于400μm。

主要考虑到全年潮湿较严重或潮湿水分腐蚀性较大的情况下，在较强的腐蚀环境下，对油罐外壁产生负面影响，故要求涂层厚度适当加大。

(4) 底板外部及其他埋地部分外表面

油罐罐底外部的腐蚀。罐底板直接与油罐基础的沥青砂垫层接触，当沥青砂垫层老化开裂时，由于毛细管作用，地下水渗透到油罐底部，有时形成积水，形成电化学腐蚀。在罐底板与沥青砂基础之间由于接触不良(如满载和空载比较，空载时接触不良)，以及罐周和罐中心部位的透气性差别，形成氧浓差电池腐蚀。另外油罐底部还会有硫酸盐还原菌腐蚀及杂散电流腐蚀，因此油罐罐底外部的腐蚀性较大。

国内用于该部位的涂料品种较少，一般采用环氧富锌底漆+环氧沥青底漆+环氧沥青面漆的配套体系，有条件可以同时配合外加电流阴极保护。

参照施工经验，洞库贴壁罐壁板外壁、油罐底板外壁，考虑不便大修原因，设计寿命按油罐使用或大修年限20年考虑，方案应采用加强型防腐处理，采用重防腐涂料，选用耐水性涂料，如环氧煤沥青、环氧煤焦油等，涂层干膜厚度不小于400μm。

(5) 最大厚度的限制

油罐外壁涂层厚度现有规范都未做上限要求，在实际实施中，由于局部过厚底层不易彻底干透，滞留溶剂问题突出，易出现龟裂等问题，依据实际经验，涂层干膜厚度最好不应大于设计厚度的2倍以上，当然，对于重腐蚀涂料而言，设计施工另当别论。

不同形式的油罐及油罐的不同部位涂料选型、涂层厚度分析见表2-18。

同时，为了便于读者了解防腐涂料的配套使用情况，特举例说明，见表2-19防腐涂料的配套方案举例。

表 2-18　油罐涂料选型、涂层厚度分析

油罐形式		厚度/≥μm	底漆选型	面漆选型			备　注
				方案 1	方案 2	方案 3	
油罐内壁	上部	180（240）	富锌类涂料	环氧类导静电涂料	聚氨酯类涂料	（喷气燃料油罐）添加非碳系导静电剂，不得含有锌、铜、镉成分，不得是富锌类的导静电涂料	上部指罐壁和顶部，不含第一体圈壁板；括号数字指沿海或腐蚀严重的潮湿工业大气环境情况；其他为一般地区
	底部	220	富锌类涂料	环氧类导静电涂料	聚氨酯类涂料	（喷气燃料油罐）添加非碳系导静电剂，不得含有锌、铜、镉成分，不得是富锌类的导静电涂料	内壁底部和第一体圈壁板
油罐外壁	地面式油罐	250	富锌类涂料	氟碳热反射隔热复合涂料		聚氨酯热反射隔热复合涂料	括号数字指沿海或腐蚀严重的潮湿工业大气环境情况；其他为一般地区；梯子、扶手、平台等油罐外钢结构的涂层可按此执行
		180			丙烯酸~聚氨酯涂料		储存易挥发的轻质油料的地面油罐
	洞库及覆土式油罐	180（220）	富锌类涂料	环氧类涂料	聚氨酯类涂料	其他耐水性涂料	括号数字指全年潮湿较严重或潮湿水分腐蚀性较大的情况；其他为一般地区
	贴壁式油罐	加强型	富锌类涂料	环氧类涂料（加强型）	聚氨酯类涂料（加强型）	其他耐水性涂料（加强型）	立式油罐底板、贴壁油罐（池）壁板及底板、卧式直埋油罐外表面

表 2-19　防腐涂料的配套方案举例

序号	涂层构成	涂料名称	型号	涂装道数	每道干膜厚度/μm	涂层总厚度/μm	用途
1	底层	环氧富锌底漆	H06-4	1	60	200~250	沿海、湿热地区（室内）
	中间层	铁红环氧(脂)底漆	H06-2	2	30~40		
	面层	各色环氧防腐漆	H52-33	2~4	30~40		

续表

序号	涂层构成	涂料名称	型号	涂装道数	每道干膜厚度/μm	涂层总厚度/μm	用途
2	底层	云铁环氧底漆	H06-1	1~2	40~60	200~250	
	面层	各色环氧防腐漆	H52-33	2~4	30~40		
3	底层	聚氨酯耐油底漆	S54-80	2	40~50	250~300	恶劣气候接触油品
	中间层	聚氨酯耐油磁漆	S54-31	3~4	40~50		
	面层	白聚氨酯耐用油漆	S54-33	3~4	40~50		
4	底层	环氧富锌底漆	H06-4	1	60~80	200	重要部位化工防腐
	中间层	842 环氧云铁防锈漆		1	80		
	面层	各色氯化橡胶面漆		2	35		
5	底层	环氧富锌底漆	H06-4	1	60~80	200	重要部位化工防腐
	中间层	624 云铁氯化橡胶防锈漆		1	80		
	面层	各色氯化橡胶面漆		2	35		
6	底层	环氧富锌底漆	H06-4	1	60~80	200	重要部位化工防腐
	中间层	842 环氧云铁防锈漆		1	80		
	面层	各色脂肪簇聚氨酯面漆		2	30		

九、涂装体系设计

涂装体系主要包括任务来源、编制目的、编制依据、设计原则、防腐蚀环境、表面处理、涂料品种、涂层结构(含施工场所要求)、涂装方式、涂装道数、涂料用量和涂层厚度等内容。涂装体系设计方案一般应包括以下内容。

(1) 前言

任务来源、编制目的、编制依据等。

(2) 油罐内外壁防腐蚀环境及要求

(3) 设计原则

对设计方案进行合理评价。

方案设计应当遵循“科学、合理、清洁、环保、安全、可靠、经济、适用”的设计原则，优先采用高新技术产品，并应考虑与原防腐蚀涂装体系的匹配性。

(4) 选用防腐蚀涂料依据

根据 GB 13348—1992《液体石油产品静电安全规程》、GB 15599—2009《石油和石油设施雷电安全规程》要求，轻质油品油罐内壁使用导静电涂料，GB 6950—2001《石油罐导静电涂料技术指标》要求按标准 GB/T 16906—1997《石油罐导静电涂料电阻率测定法》检测，石油储罐导静电涂料的表面电阻率应为 $10^5\,\Omega<\rho_s<10^8\,\Omega$。

CNCIA-HG/T 0001—2006《石油贮罐导静电防腐蚀涂料涂装与验收规范》，对喷气燃料罐底面配套涂层明确，面漆应采用白色或浅复(灰)色环氧类、漆酚改性类导静电防腐涂料，喷气燃料罐涂装不得使用含有锌、铜、镉成分或富锌的导静电防腐涂料；汽油、煤油和柴油罐面漆应采用浅复(灰)色环氧类、漆酚改性类或聚氨酯类导静电防腐涂料；导静电防腐涂料应采用添加非碳系导静电剂(最好是采用金属氧化物，如氧化锡包覆)。

外壁用防腐涂料，考虑到油罐所处大气环境包括局部小环境情况，同时油罐使用期长，涂层应有较长的防腐年限，宜选用防锈性好的底漆，屏蔽性佳的中涂漆和保光保色性好、耐候性佳、易覆涂和维修的面漆。

(5) 表面处理

(6) 油罐内外壁防腐涂装方案

① 防腐控制方法选择主要考虑如下因素：油罐所处环境的腐蚀性；储存介质的特性、工作温度、温差引起的金属膨胀和收缩；储罐的工作压力；储罐所属区域类别；储罐与其他设备、装置的相对位置；杂散电流；经济性及安全性。

② 防腐层维修要求：防腐层破损处需维修时，维修使用的防腐层材料和结构应与旧防腐层相同，但应保证新旧防腐层的相容性。防腐层漆面老化需要维修时，应将旧防腐层打毛后，涂装与旧防腐层面漆相同或相容性好的涂料。涂装道数宜与旧防腐层面漆涂装道数相同。

③ 防腐涂装方案主要包括要素：油罐部位、涂层类别、表面处理、涂料品种型号、涂料颜色、涂刷道数、涂层干膜总厚度、每道涂层厚度、涂料用量及涂刷时间最小、最大间隔等。

(7) 油罐防腐涂装施工说明

主要包括要素：

① 表面处理详细要求。如除锈质量、洁净要求、平整要求、表面处理后最短时间涂装底漆要求等。

② 涂装环境条件。主要包括天气情况、空气相对湿度、涂装环境温度、表面潮湿程度、防灰尘及雨水措施等要素。

③ 涂漆操作工艺要求。主要包括涂料配制方法、涂料配料量、施工方式等要素。

④ 施工安全。主要包括防火防爆、防静电、防高空坠落、防中毒窒息等安全措施。

(8) 涂层检验

主要包括要素：表面处理检验、漆膜厚度检验、漆膜外观检验、防静电涂层电性能检查等。

一般立式固定顶地面金属油罐涂装体系见表 2-20。

表 2-20　立式固定顶地面金属油罐涂装体系

涂装区分			表面处理	程序		涂料品种	道数	用量/[g/(m²·道)]	覆涂间隔(25℃)		标准厚度/μm	总厚度/
环境	油罐部位	涂装体系						(涂装方法)	最短	最长	道数×厚度	μm
工业大气(较轻腐蚀环境)	外壁顶部板、罐壁板、旋梯等附件	A-1	喷砂处理 Sa2.5	现场	涂底漆	热反射隔热复合涂料	2	2×170(喷)			2×40	260
					中涂		1	1×170(喷)			2×40	
					涂面漆		3	3×170(喷)			3×40	
	内壁顶部、内壁罐身(除第一体圈板)	A-2	动力工具处理 St3	现场	涂底漆	环氧类导静电涂料	2	2×170(刷)			2×35	200
					中涂		1	1×170(刷)			1×35	
					涂面漆		3	3×170(刷)			3×35	
	内壁底部、罐身第一体圈板	A-3	动力工具处理 St3	现场	涂底漆	环氧类导静电涂料	2	2×170(刷)			2×40	300
					中涂		2	2×170(刷)			2×40	
					涂面漆		4	4×170(刷)			4×40	
海洋大气(较强腐蚀环境)	外壁顶部板、罐壁板、旋梯等附件	B-1	喷砂处理 Sa2.5	现场	涂底漆	热反射隔热复合涂料	2	2×170(喷)			2×40	260
					中涂		2	2×170(喷)			2×40	
					涂面漆		3	3×170(喷)			3×40	
	内壁顶部、内壁罐身(除第一体圈板)	B-2	动力工具处理 St3	现场	涂底漆	聚氨酯类导静电涂料	2	2×170(刷)			2×35	200
					中涂		1	1×170(刷)			1×35	
					涂面漆		3	3×170(刷)			3×35	
	内壁底部、罐身第一体圈板	B-3	动力工具处理 St3	现场	涂底漆	聚　氨酯类导静电涂料	2	2×170(刷)			2×40	300
					中涂		2	2×170(刷)			2×40	
					涂面漆		4	4×170(刷)			4×40	
强腐蚀环境	罐底板地下部分	C-1	喷砂处理 Sa2.5	现场	涂底漆	无机硅酸锌底漆	2	2×170(刷)	8h	14d	2×40	350
					涂面漆	环氧沥青厚膜型涂料	2	2×250(刷)			2×150	

注：底漆均为环氧富锌涂料。标准规定：①采用磨料喷射处理后的钢表面除锈等级应达到 Sa2 级或 Sa2.5 级；②采用手工或动力工具处理的局部钢表面除锈等级应达到 St2 级或 St3。

十、涂装体系设计举例

1. 前言

随着我国国民经济的快速发展，石油及石油制品日益成为主要的能源和化工原料。石油从原油开采、运输、储存、加工都需要大量的储罐。本防腐涂装设计及施工方案依据×××总公司制定的“加工高含硫原油储罐防护技术管理规定”，并结合本公司生产的相关防腐涂料的性能特点，对原油储罐内外壁防腐提出了整套防护方案。

2. 原油罐内外壁防腐蚀环境及要求

（1）内壁。内壁防腐蚀环境及要求见表2-21。

表2-21 内壁防腐蚀环境及要求

区　域	腐蚀环境	防腐蚀要求
罐底区 （1.8m以下部位）	底部滞留析出水，不同的油质析出水可能呈酸性或碱性，由于析出水的作用，钢材腐蚀严重，主要为溃疡状坑点腐蚀，有可能形成穿孔，是油罐腐蚀最严重的区域	1. 按×××“规定”方案，无导静电涂料强制要求； 2. 涂层屏蔽抗渗透性要好，避免介质渗透造成膜下腐蚀； 3. 避免采用电位大于铁的导电材料造成铁作为阳极而形成电化学腐蚀
罐壁区	直接与油品接触，油品中可能含有水及各种酸、碱、盐等电解质，引起电化学腐蚀，特别是油水及油气交界面，为均匀点蚀，罐壁区的腐蚀较轻	1. 涂层表面电阻率应在10^5～10^8Ω之间，以防止静电积集，保证油品安全； 2. 防止钢材的腐蚀； 3. 涂料对油质无损害
罐顶区	不直接与油品接触，但受氧气、水汽、硫化氢等气体腐蚀。腐蚀程度较罐壁区严重	1. 涂膜表面电阻率应在10^5～10^8Ω之间，以防止静电积集，保证油品安全； 2. 耐化工气体腐蚀性优异； 3. 涂料对油质无损害

（2）外壁。外壁防腐蚀环境及要求见表2-22。

表2-22 外壁防腐蚀环境及要求

区　域	腐蚀环境	防腐蚀要求
地上部分 （罐壁及罐顶外壁）	处于户外大气腐蚀环境下，如海边大气腐蚀环境，炼油厂化工大气腐蚀环境等	1. 应有较长的防护寿命(10年以上)； 2. 面漆应具有良好的耐油性、耐沾污性，外观漂亮、醒目，有较好的装饰和标志效果，保光保色性佳； 3. 为满足长期使用要求，面漆应易于覆涂和维修

续表

区　域	腐蚀环境	防腐蚀要求
地下部分（罐底外部）	埋于地下，处于潮湿环境中，受土壤中水分和微生物腐蚀	1. 涂层防锈性、耐水性、耐油性要好； 2. 应具有良好的耐阴极保护性能

3. 设计原则

本方案遵循"科学、合理、清洁、环保、安全、可靠、经济、适用"的设计原则，采用高新技术产品"纳米有机钛高分子合金涂料"做涂层配套设计。

本设计方案是经过长久科学试验获得的可行性依据。1996 年采用本设计方案，在××炼油厂 4 个 10000m^3石油化学污水处理储罐上做应用试验，使用至今仍完好无损；1997 年在广东××30×10^4t 乙烯工程的 4 个 10000m^3 乙二醇和苯乙烯储罐上做应用试验，也使用至今而完好无损。从而验证了新材料、新产品在石油化工防腐蚀技术领域的应用，具有传统防腐涂层材料不可替代的先进性。

4. 石油贮罐选用防腐蚀涂料依据

(1) 内壁用导静电涂料

根据 GB 13348—1992《液体石油产品静电安全规程》、GB 15599—2009《石油和石油设施雷电安全规程》，要求原油罐内壁使用导静电涂料，GB 6950—2001《石油罐导静电涂料技术指标》要求按标准 GB/T 16906—1997《石油罐导静电涂料电阻率测定法》检测，石油储罐导静电涂料的表面电阻率应为 $10^5\Omega<\rho_s<10^8\Omega$。目前用于储油罐内壁涂装的导静电涂料按导电介质来分类，有以下几种，见表 2-23。

表 2-23　储罐内壁涂装导静电涂料按导电介质分类表

导电介质	导电金属粉体	黑色的本征导电聚合物
性能特点	1. 颜色受金属粉体颜色所限制； 2. 本设计涂层材料导电金属为纳米钛粉； 3. 如采用电极电位高于钢材的金属粉末作为导电介质，与钢铁基材直接接触时，形成电化学腐蚀，使钢铁作为阳极而加速腐蚀； 4. 采用电位低于钢材的金属粉末（如锌粉）作为导电介质，对钢材有阴极保护防锈作用	1. 颜色受限，只能制成深色漆； 2. 由于其电极电位高于钢材，与钢材直接接触时，形成电化学腐蚀，使钢铁作为阳极而加速腐蚀； 3. 由于其吸油量高，当导电性要求高时，加量大，漆膜较疏松，屏蔽性、抗渗透性下降，引起膜下腐蚀，防锈性不佳
相关对应产品	JL7040 无机硅酸锌车间底漆、JL7041 无机硅酸锌防锈漆、JL7020 环氧富锌车间底漆、JL7021 环氧富锌防锈漆、E0601 通用无机硅酸锌底漆	JL-W5211D 灰色石油及化学品贮罐导静电纳米有机钛防腐底漆、JL-W5211Z 黑色石油及化学品贮罐导静电纳米有机钛中间漆、JL-W5211M 浅灰石油及化学品贮罐导静电纳米有机钛防腐面漆

(2) 外壁用防腐涂料

考虑到原油罐多处于海边腐蚀性很强的海洋性大气环境之中，同时油罐使用期长，涂层应有较长的防腐年限。所以，宜选用防锈性好的底漆，屏蔽性佳的中涂漆和保光保色性好、耐候性佳、易覆涂和维修的面漆。储罐外壁常用涂料的性能特点见表2-24。

表2-24　储罐外壁常用涂料的性能特点

部位	类别	涂料品种	主要性能特点
地上部分	底漆	无机硅酸锌底粉漆	涂层中含有高活性锌粉，具有优异的防锈性能及阴极保护作用，并且耐油性，干燥快，配套性好，常用于长效重防腐体系中
地上部分	中涂漆	环氧云铁中间漆	漆膜中含大量鳞片状云母氧化铁，形成"鱼鳞"搭接结构和"迷宫"效应，因而具有优异的屏蔽抗渗性能，有效阻挡腐蚀介质浸入而腐蚀基材；对富锌底漆有良好附着力，与面漆配套性好
地上部分	面漆	脂肪族反应可控型聚脲防腐面漆	卓越的保光保色性，抗粉化，不泛黄，耐久性好，还具有优异的耐油品、耐溶剂性和良好的可覆涂性，凝胶固化时间可调控
地下部分	底漆	环氧富锌底漆或无机富锌底漆	漆膜中含有大量锌粉，具有优异的防锈性及阴极保护作用，具有优异的耐油性，干燥快，配套性好，常用在长效重防腐体系中
地下部分	面漆	环氧沥青厚浆漆(夏用型或冬用型)	漆膜具有优异的耐水性和防锈性，良好的耐油性和耐化学品性，良好的附着力、耐冲击性、耐磨性，同时具有良好的耐阴极保护性能，冬用型能在-15~10℃之间使用

5. 油罐内外壁防腐涂装方案(储原油及产品油类)

油罐内外壁防腐涂装方案可简单地浓缩成一张直观表格，见表2-25。

6. 原油罐防腐涂装施工说明

(1) 表面处理

新建储罐钢结构表面在涂装底漆前应经喷砂处理达到瑞典标准SIS 055900的Sa2.5级，不便喷砂处采用动力工具除锈至SIS 055900的St3级。用压缩空气吹去灰尘和砂粒，用溶剂去除油污。表面不允许有焊渣、药皮、电弧烟尘、边角不允许有毛刺及未除去的锈斑。表面不平处或其他因喷砂处理引起的表面瑕疵须设法磨平填平，填补或适当处理。在表面处理后6h内涂装底漆。

表 2-25　油罐内外壁防腐涂装方案简明表

涂装部位		类别	涂料型号、名称	颜色	干膜厚度/μm	理论用量/(g/m^2)	覆涂间隔(25℃)		备注
							最短	最长	
内壁	罐底板（1.8m 以下）	表面处理	整修罐现场采用动力工具除锈达 St3 级						可加牺牲阳极保护
		底漆 2 道	JL-E0601 通用无机硅酸锌底漆	灰色	50	240	8h	14d	
		面漆 2 道	JL-H06 无溶剂金属油罐导静电漆	浅色	200	300	—	—	
	罐壁、浮顶、罐上部	表面处理	整修罐现场采用动力工具除锈达 St3 级						
		底漆 2 道	JL-E0601 通用无机硅酸锌底漆	灰色	50	240	8h	14d	
		面漆 2 道	JL-H06 无溶剂金属油罐导静电漆	浅色	200	300	—	—	
	加热管及支架	表面处理	整修罐现场动力工具除锈达 St2 级						视使用温度选用，考虑到环保因素，推荐使用
		底漆 2 道	JL-XS001 水稀释耐高温防腐底漆	灰色	80	250	3d	不限	
		面漆 2 道	JL-XS002 水稀释耐高温防腐面漆	可选择	120	300	—	—	
外壁	地上部分	表面处理	整修罐现场喷砂处理达 Sa2.5 级，不便喷砂处采用动力工具除锈达 St3 级						
		底漆 2 道	JL-7020 环氧富锌底漆	灰色	60	250	4h	14d	
		中漆 2 道	JL-8420 环氧云铁防锈漆	铁灰	100	250	10h	不限	
		面漆 2 道	JL-PU411 聚氨酯面漆(脂肪族)	各色	80	175	—	—	
外壁	地下部分	表面处理	整修改换钢板室外场地喷砂预处理达 Sa2.5 级，不便喷砂处采用动力工具除锈达 St3 级						可加牺牲阳极保护
		底漆 2 道	JL-E0601 通用无机硅酸锌底漆	灰色	50	240	8h	14d	
		面漆 2 道	JL-8350 环氧沥青厚膜型涂料	黑色	250	460	—	—	
外壁	扶手、旋梯等附件	表面处理	整修罐现场动力工具除锈达到 St2						
		底漆 2 道	JL-7020 环氧富锌底漆	灰色	60	250	4h	14d	
		面漆 2 道	JL-PU411 聚氨酯面漆(脂肪族)	各色	80	175	—	—	

注：手工或动力工具处理的局部钢表面除锈等级应达到 St2 级或 St3 级。

整修油罐以动力工具除锈为主，对于更换底板，应在室外进行喷砂预处理并涂底漆后再移动到罐室安装焊接。

(2) 涂装环境条件

宜充分利用好天气涂漆，潮湿的表面不宜涂漆，雨天、雾天、下雪天、落雹天气均不宜施工。涂装环境温度最宜为5~35℃，空气相对湿度不大于80%。涂装场院所宜采取适当遮蔽措施，防止灰尘及雨水落在未干漆面上。

(3) 涂漆操作工艺要求

双组分涂料配制必须按照规定比例，并充分搅拌均匀，根据不同的施工方法用专用的配套稀释剂调整施工黏度。宜根据需用量和在使用期内的施工能力来确定双组分涂料的配料量，在使用期内用完，超出使用期则不能再使用。如用不完一组料，需将甲组份充分搅拌均匀后，分别按比例称取甲乙组份并混合搅拌均匀。根据施工条件和面积、涂料的施工性能采用适当的施工方式：

刷涂法：用油漆刷涂刷。刷涂时，宜交错纵涂与横涂。焊缝、铆钉头及边角处，应先作预涂。

辊涂法：辊筒蘸漆要均匀。涂漆时应使辊筒上下左右缓缓辊动，勿使油漆溢出辊筒两边。焊缝、铆钉头及边角处，应先作预涂。

空气喷涂法：喷涂时，喷枪与被涂表面应成正确的角度与距离(30~50cm)。上下左右移动喷枪时，喷孔和被涂面的距离应保持不变，不应作弧线形移动。焊缝、铆钉头及边角处，应先作预涂。

无空气喷涂法：建议大面积施工时采用此法。焊缝、铆钉头及边角处，应先作预涂。

涂装时，可随时检测湿膜厚度并换算出干膜厚度，并通过调节施工手法控制干膜厚度以达到规定要求。涂装时，应遵循规定的施工间隔。如超出最长覆涂间隔后涂漆，为保证层间附着力，宜将表面进行打毛处理后涂漆。涂料完全固化后，才能投入使用。

详细的施工工艺参数请参看产品说明书或向本公司咨询。

(4) 施工安全

施工作业场地严禁存放易燃品(油漆材料除外)，现场严禁吸烟，场地周围距离10m内不准进行焊接或明火作业。存放涂料及施工现场应有必要的消防设施。在施工中应采用防爆照明设备。施工现场应设置通风设施，有害气体含量不得超过有关规定。从事作业人员应佩带必要的防护用品，在容器内施工，应轮流作业，并采取良好的通风设施。高空作业，要有防滑措施，作业人员应系好安全带。使用高压无空气喷枪时，应将喷枪接地，以避免静电火花酿成火灾、爆炸事故。使用无空气喷涂设备在极高压力下作业，切勿将喷枪喷孔对着人体与手掌，以免酿成人身伤害。清洗工具及容器内的废溶剂，不得随意倾倒，宜妥善处理。

7. 涂层检验

(1) 表面处理检验

采用喷砂或抛丸进行处理的金属表面清洁度应符合 SIS 055900 中规定的 Sa2.5 级标准要求，手工和动力工具除锈的零部件表面应符合 SIS 055900 中规定的 St3 级标准要求，采用照片或样块对照法进行检验；粗糙度达到 $Ra=40\sim50\mu m$，用粗糙度检测量具进行测量。

(2) 漆膜厚度检验

① 施工过程中，施工单位应按照油漆说明书经常自测湿膜厚度，以有效控制干膜厚度。

② 每道漆膜实干后，用电磁式测厚仪测量干膜厚度，涂装完毕后，测试漆膜总厚度。

检测时，测点的选择要注意分布的均匀性和代表性，对于大面积平整表面，每 $10m^2$ 测一个点；对于结构复杂的表面，每 $5m^2$ 测一个点；对于狭小面积区域或部位，需保证每一自由面应有三个以上检测点；对于细长部件，每米测一个点。

③ 干膜厚度采用两个 90%控制，即 90%以上检测点干膜厚度不小于规定膜厚，其余检测点的干膜厚度不低于规定膜厚的 90%。

④ 对于干膜厚度达不到规定要求的部位，应及时进行补涂。

⑤ 对于防静电涂层的厚度检测，可参照 GB/T 16906—1997《石油罐导静电涂料电阻率测定法》附录 B 进行。

(3) 漆膜外观检验

采用目测检验涂膜外观，要求表面光滑、平整、颜色均匀一致，不得有流挂、气泡、针孔、橘皮、起皱、刷痕、边界不清等病态现象，在防护保证期内无严重鼓泡、开裂、脱落、锈蚀等现象。

(4) 防静电涂层导电性能检查

用涂料电阻率测定仪测定，涂层导电性能测试结果均应小于 $10^9\Omega$，且每一测试结果都应在同一数量级内。

检验过程中，发现有不符合要求的项目，立即通知施工单位按照要求进行整改，以达到技术要求。

8. 参考资料

[1] GB/T 16906—1997《石油罐导静电涂料电阻率测定法》

[2] GB 13348—1992《液体石油产品静电安全规程》

[3] GB 15599—2009《石油与石油设施雷电安全规程》

[4] GB 6950—2001《石油罐导静电涂料技术指标》

[5] 石油罐导静电涂料监测规范国家标准管理组，宋广成．石油储罐导静电涂料使用情况的调研报告[J]，防腐蚀，2002，(6).

[6] 杨占品、赵庆华、范传宝，等，钢质储油罐底板腐蚀调查与分析[J]，防腐蚀，2002，(6).

第三章 金属油罐表面处理

第一节 金属表面处理概述

金属表面防腐蚀涂料的保护作用主要体现在涂层上，在涂装体系设计和选择涂料之后，要做的工作就是规范、精心地组织施工了，只有这样才能获得质量合格的涂层，达到预期的防腐蚀效果。防腐蚀涂装由“涂装前表面处理、涂装施工、涂层干燥与养护”三部分构成。金属表面处理是涂装施工的前期工序，也是涂装施工的基础性工作。

一、金属表面污染物的来源及其对涂膜的影响

钢板表面附着杂质和污垢主要来源有四个方面：一是金属本身的腐蚀产物，它们是在使用、储存、热处理和机械加工过程中形成的，如铁锈、氧化皮、焊渣等；二是外来的附加物和污染物，如金属热处理和机械加工时使用的碱和碱性盐残余的碱斑，酸洗时因清洗不净而在表面附着的酸腐蚀产物和酸性盐，在储运及加工中临时防锈保护所涂抹的防锈油、矿物油以及动植物油的污染；三是需要重新涂装或维修的设备、在用油罐上残留的旧漆、固态附着物、油杂等液态附着物等；四是对类似钢制容器储存有关介质的旧油罐而言，储存介质内部的杂质也是主要来源。

对在用油罐而言，涂层的表面处理，包括涂装施工时的前道涂层、维修涂装时的旧涂层等。涂装施工时的前道涂层，在涂装规定的间隔期内，只需要表面清洁，除油去灰。如果是化学类，如环氧树脂涂料，一旦超过最大涂装间隔期，则表面要用砂纸拉毛处理，以增强表面附着力。旧涂层的表面处理，不仅需要进行表面的清理，还要根据实际情况决定喷砂清理。锌涂层表面，包括富锌底漆，在潮湿空气中，特别是在沿海含氯离子的环境中，表面生成的锌盐会影响涂膜的附着力。必须通过手工打磨、高压水冲洗等方法进行清理。

以氧化皮为例，不论是松弛的氧化皮或紧密的氧化皮，都存在潜在的危害，

铁的晶格常数是 0.286nm，氧化铁为 0.83nm，相差很远，两者结合力非常低。如果是紧密氧化皮，其硬度比钢高，膨胀系数比钢小，经受温变容易龟裂或脱落，在缝隙处有裸钢露出，当在高湿条件或浸泡在电解质溶液中时，因氧化皮的电极电位比裸钢正，便形成了氧化皮为阴极、裸钢为阳极的腐蚀电池，又因为氧化皮的面积远远大于缝隙处裸钢的面积，此电池属大阴极/小阳极型微电池，容易发生集中腐蚀——深度点蚀，并不断扩大蔓延。如果是松弛的氧化皮，因氧化皮上下氧的浓度差别，将导致氧浓度差别腐蚀电池的形成。

也就是说，对于储罐而言防腐涂层涂敷前，钢表面不进行适当的清洗和处理，将会影响到涂层的使用性能和寿命。主要原因是如果覆在发生锈蚀的罐壁上的涂层，并不会使腐蚀停止，锈蚀的体积膨胀能破坏涂层。金属表面污物的来源及其对涂层的影响见表 3-1。

表 3-1　金属表面污染物的来源及其对涂层的影响

污物类型	污染来源	对涂层的影响	清除方法
氧化皮	热加工(锻造、热轧等)	氧化皮质硬、无延展性，受应力或温变作用易产生裂纹、翘起，带着漆膜脱落；结构不均匀性诱导和促进腐蚀	机械清除或酸腐蚀
黄锈	在未保护的情况下使用和储存	松散黄锈上漆膜浸润不透，附着不牢，膜下腐蚀易蔓延，使漆膜屏蔽性进一步降低，失去附着力而剥落	机械清除或酸腐蚀
矿物油、润滑油、动植物油	在储运过程和机械加工中临时防锈与污染	造成涂布困难，漆膜附着力、硬度和光泽降低，影响漆膜干燥	用碱液或有机溶剂脱脂
碱和碱性盐	在热处理和机械加工中采用	使涂层起泡、在高湿时底漆发生水解皂化、附着力丧失	用水或专用清洗液清洗
中性盐	在热处理中采用或用含盐量较高的硬水冲洗；专用溶液处理后未洗净	在高湿条件下涂层容易起泡，加速金属的膜下腐蚀	用专用溶液、去离子水或蒸馏水冲洗
酸(不包括磷酸)及酸性盐	酸洗后清洗不彻底、在焊锡或烫锡时采用酸性焊药	涂层容易起泡，金属的膜下腐蚀加速	用水或专用溶液清洗
机械污物(砂、泥土、灰尘等)	在生产、储存和运输过程中(型砂、打磨灰等)	影响涂层外观，污物剥落使涂层破坏，并使腐蚀介质渗透到膜	用溶液和水清洗，用压缩空气吹净或用专用溶液擦净
铜、锡、铅和其他电位较高的金属	经铜模压延、镀锡、焊锡及其他	在高湿度条件下能促进基底金属膜下腐蚀；在许多腐蚀过程中，使涂层附着力降低腐蚀或打磨除去	

续表

污物类型	污染来源	对涂层的影响	清除方法
旧漆和硬的有机涂层(塑料)	在长期储存时采用的临时防锈涂料、更新重涂或返修	使涂层外观和附着力变差	机械清除

二、表面除锈的重要性

在防腐蚀涂装前对被涂物件表面进行的一切准备工作，称为被涂物的表面处理。表面处理是防腐蚀涂料施工的第一道工序，用来增强涂膜与基材的结合力，提高涂膜对被涂物的防腐保护效果。表面处理功能主要有三个方面：一是机械方面的，清除表面杂质、污垢，改善表面状态，为涂层提供表面粗糙度，实现充分润湿底材；二是化学方面的，达到相关涂料对应的除锈等级要求，使涂料的分子与钢材基体表面紧密接触，为提高涂层附着力创造条件；三是提高基体表面的平整度。对防腐要求标准高的关键贵重设备仪器，还要对金属表面进行化学转化，提高底材和涂层的防腐蚀性能。

据有关资料介绍，钢材表面除锈质量的好坏，对涂层的防腐效果和使用寿命有很大影响。涂漆前若除锈不彻底，反而会大大加快钢材的腐蚀。涂漆前经过预先彻底除锈处理的钢材比未除锈的钢材，其抗腐蚀能力可提高 5 倍。

以相同的底漆、面漆配套，在同样的条件下制成的样板，经两年的天然曝晒试验，所得结果见表 3-2。试验表明，不同的表面处理，获得的涂层，具有不同的防腐蚀质量。

表 3-2　表面处理锈蚀对照表

表面处理方法	2 年后涂层锈蚀情况	表面处理方法	2 年后涂层锈蚀情况
不经除锈	60%面积有锈迹	酸洗除锈	15%面积有锈迹
手工除锈	20%面积有锈迹	喷砂+磷化处理	仅有个别锈点

表面处理是储罐防腐涂层施工的关键工序，施工作业耗时较长，而且在罐区内施工，会对其他油罐的运行产生安全隐患。表面除锈投资约占涂装防腐工程的 1/3 到 1/2，比涂层材料费用一般要高出 1 倍以上。长期的实践证明，许多防护体系提早失效，其原因的 70%以上是由表面处理不当引起的。在导致防腐蚀涂层寿命缩短的各种原因中，钢材表面除锈质量占了 40%。因此，底材表面在被涂覆前的处理，直接关系到整个涂装体系的防腐蚀性能和防护寿命。在用油罐防腐涂层涂敷前，表面处理不容忽视，否则将会影响到涂层的使用性能和寿命。

第二节　表面除锈标准

对钢结构底材来说，表面处理至少要包括结构处理和表面清洁度。结构处理是修正钢材本身以及以往焊接过程中的缺陷，表面清洁度主要是指表面喷砂抛丸清理的洁净程度。结构处理属于油罐新建投用时的前道工序，对于在用油罐来说，涂装前表面处理的质量，重点是主要控制表面的粗糙度，控制表面状态以利于漆膜的附着。

一、钢材的锈蚀等级与除锈标准

除锈质量是保证涂层质量的关键，各工业发达国家都针对未涂装过的钢材和全面清除原有涂膜后的钢材，先后制订了相应的除锈标准，以便于作为设计涂层和检查监督的依据。其中得到广泛认可的是瑞典工业标准 SIS 055900《涂装前钢材表面除锈图谱标准》，长期以来为世界很多国家所采用。国际标准化组织的相关部门以瑞典标准 SIS 055900 为基础，针对热轧钢，对未涂装过的钢材和全面清除原有涂膜后的钢材的锈蚀等级和除锈等级进行了规范，制订了国际标准 ISO 8501-1：2007《涂装涂料和有关产品钢材预处理 表面清洁度的目测评定 第一部分：未涂装过的钢材和全面清除原有涂膜后的钢材的锈蚀等级和除锈等级》。我国等效采用国际标准 ISO 8501-1：2007，相应制定并发布了国家标准 GB/T 8923.1—2011/ISO 8501-1：2007《涂覆涂料前钢材表面处理 表面清洁度的目视评定 第 1 部分：未涂覆过的钢材表面的锈蚀等级和处理等级》。

1. 钢材表面原始锈蚀程度评定

钢材(热轧钢)表面原始锈蚀程度分为 A、B、C、D 四个“锈蚀等级”，根据钢材表面氧化皮的覆盖程度和锈蚀情况，原始锈蚀等级及评定标准如下：

A 级：全面覆盖氧化皮、几乎没有铁锈的钢材表面；

B 级：部分氧化皮已经脱落，已发生锈蚀的钢材表面；

C 级：氧化皮已因锈蚀而剥落，或者可以刮除，并已有少量点蚀的钢材表面；

D 级：因锈蚀，氧化皮已全面剥离，普遍发生点蚀的钢材表面。

评定方法：对照国家标准 GB/T 8923.1—2011/ISO 8501-1：2007《中有原始锈蚀等级》中的 4 张彩色照片及标准中相关文字说明进行评定。

采用目视外观方法对涂装前钢材表面锈蚀程度进行评定时，用目视外观来表达锈蚀等级，在评定这些等级时，通过学习执行标准文件中的文字说明，应在适度照明条件下(良好的散射日光下，或在照度相当的人工照明条件下)，以正常视力(检查人员视力应正常)直接对照观察比较标准中附带的典型样板照片，而且检查对比时，必须将照片靠近被检查钢材表面，不允许使用或借助于放大镜等器具，综合对比分析确定未涂装过的钢材表面的锈蚀等级。

2. 未涂装过的钢材和全面清除原有涂膜后的表面除锈等级评定

未涂装过的钢材和全面清除原有涂膜后的钢材表面除锈等级评定标准，主要针对喷丸(砂)或抛丸除锈、手工除锈、动力工具除锈和火焰除锈四种方法，钢材表面除锈方法分别用Sa(喷丸或砂、抛丸等机械除锈)、St(手工和动力工具除锈)、F1(火焰除锈)代表，用后缀以阿拉伯数字表示除锈等级，即表示清除氧化皮、铁锈和油漆涂层等附着物的程度，附着物还包括焊渣、焊接飞溅物、可溶性盐类等。

未涂装过的钢材和全面清除原有涂膜后的钢材(热轧钢)表面除锈等级及评定标准如下：

(1) 喷射或抛射除锈等级评定

喷射或抛射除锈等级共分为四级，分别是Sa1轻度喷射或抛射除锈、Sa2彻底喷射或抛射除锈、Sa2.5非常彻底的喷射或抛射除锈、Sa3改善钢材表观洁净度的喷射或抛射除锈。具体标准为：

Sa1轻度喷射或抛射除锈：钢材表面无可见的油脂和污垢，没有附着不牢的氧化皮、铁锈、涂层等附着物。

Sa2彻底喷射或抛射除锈：钢材表面无可见的油脂和污垢，已经基本除净氧化皮、铁锈、涂层等附着物。

Sa2.5非常彻底的喷射或抛射除锈：钢材表面无可见的油脂、污垢、氧化皮、铁锈和涂层等附着物，任何残留的痕迹仅是点状或条纹状的轻微色斑。

Sa3改善钢材表观洁净度的喷射或抛射除锈：钢材表面无可见的油脂、污垢、氧化皮、铁锈和涂层等附着物，表面呈现均匀的金属色泽。

(2) 手工和动力工具除锈等级评定

手工和动力工具除锈等级分为两级，分别是St2彻底的手工和动力工具除锈、St3非常彻底的手工和动力工具除锈。具体标准为：

St2彻底的手工和动力工具除锈：钢材表面无可见的油脂和污垢，没有附着不牢的氧化皮、铁锈、涂层等附着物。

St3非常彻底的手工和动力工具除锈：钢材表面无可见的油脂和污垢，没有附着不牢的氧化皮、铁锈、涂层等附着物。比St2除锈更彻底，底材显露部分的表面，有金属光泽。

(3) 火焰除锈等级评定

火焰除锈未分等级，便评定标准明确的，具体要求是钢材表面无氧化皮、铁锈和涂层等附着物，任何残留的痕迹仅为表面变色。

评定方法：对照国家标准 GB/T 8923.1—2011/ISO 8501-1：2007 中有原始锈蚀等级标准中的彩色照片及标准中相关文字说明进行评定。

这里需要说明的是：

一是该标准适用于以喷射或抛射除锈、手工和动力工具除锈、火焰除锈三种处理方式，且是属于热轧的钢材表面，对于冷轧的钢材表面除锈等级的评定仅仅是可以参照本标准使用。

二是全面清除过原有涂层的钢材表面除锈和已涂覆过的钢材表面局部清除原有涂层后的处理等级执行标准是不同的，全面清除过原有涂层的钢材表面除锈执行 GB/T 8923.1—2011/ISO 8501-1：2007，已涂覆过的钢材表面局部清除原有涂层后的处理执行 GB/T 8923.2—2008/ISO 8501-2：1994。

三是已涂覆过的钢材表面，比如，在用油罐钢板表面，属于已涂覆过的钢材表面，在涂装前根据设计标准要求不同，可分为全面清除原有涂层或局部清除原有涂层两种。全面清除原有涂层要求可参照此标准要求检查落实除锈质量是否到位。

四是表面除锈后的除锈质量分为若干个“除锈等级”，我们采用目视外观方法对全面清除过原有涂层的钢材表面除锈后的除锈质量进行评定时，同样用目视外观来表达除锈等级。在评定这些等级时的要求同钢材表面原始锈蚀程度评定的方法。

五是附着物的牢固程度判断标准是，当气化皮、铁锈和油漆涂层能以金属腻子刮刀从钢材表面剥离时，均可看成附着不牢。

3. 已涂覆过的钢材表面局部清除原有涂层后的钢材表面除锈等级评定

针对已涂覆过的钢材表面局部清除原有涂层后的钢材表面处理等级，我国等效采用国际标准“ISO 8501-2：1994”，相应制定并发布了国家标准 GB/T 8923.2—2008/ISO 8501-2：1994《涂覆涂料前钢材表面处理 表面清洁度的目视评定 第 2 部分：已涂覆过的钢材表面局部清除原有涂层后的处理等级》。对已涂覆过的钢材表面，比如，在用油罐钢板表面，属于已涂覆过的钢材表面，在涂装前根据设计标准要求不同，可分为全面清除原有涂层或局部清除原有涂层两种。若设计中要求仅局部清除原有涂层，我们在施工检查验收过程中要执行标准 GB/T 8923.2—2008/ISO 8501-2：1994。

已涂覆过的钢材表面局部清除原有涂层后的钢材表面除锈等级评定标准，针对已涂覆表面的局部喷射清理、已涂覆表面的局部手工和动力工具清理、已涂覆表面的局部机械打磨不同三种表面处理方法，钢材表面除锈方法分别用 Psa（已涂覆表面的局部喷射清理）、PSt（已涂覆表面的局部手工和动力工具清理）、Pma（已涂覆表面的局部机械打磨）代表，其中，P 表示只是局部清除原有涂层，并用后缀以阿拉伯数字表示清除氧化皮、铁锈和原有涂层的程度。

表面除锈后的除锈质量(清洁程度的若干处理等级)分为若干个“除锈等级”，评定方法同样和前面提到的目视外观法一样操作就行。必须说明，规范中各种处理方法的处理结果只能通过标准图片对比分析判断，并没有给出可比较的精确结果，在实际工程中要灵活运用，最关键的是表面处理等级应与重新涂覆涂料采用的涂层体系所属类型相适应。

已涂覆过的钢材表面局部清除原有涂层后的钢材(热轧钢)表面除锈等级及评定标准如下：

(1) 已涂覆表面的局部喷射清理

喷射处理前应铲除全部厚锈层，可见的油、脂的污物也应清除掉。喷射处理后，应清除表面浮灰和碎屑。

PSa2 彻底的局部喷射清理：牢固附着的涂层应完好无损。表面的其他部分，在不放大的情况下观察时，应无可见的油、脂和污物，无疏松涂层，几乎没有氧化皮、铁锈和外来杂质。任何残留污染物应牢固附着。

在施工现场检查中，应根据钢材腐蚀凹坑的程度，找出标准图片中对应的样板图片，通过比对给出处理结果。

PSa2 1/2 非常彻底的局部喷射清理：牢固附着的涂层应完好无损。表面的其他部分，在不放大的情况下观察时，应无可见的油、脂和污物，无疏松涂层、氧化皮、铁锈和外来杂质。任何污染物的残留痕迹应仅呈现为点状或条状的轻微污斑。

在施工现场检查中，应根据钢材腐蚀凹坑的程度，找出标准图片中对应的样板图片，通过比对给出处理结果。

PSa3 局部喷射清理到目视清洁度钢材：牢固附着的涂层应完好无损。表面的其他部分，在不放大的情况下观察时，应无可见的油、脂和污物，无疏松涂层、氧化皮、铁锈和外来杂质，应具有均匀的金属光泽。

在施工现场检查中，应根据钢材腐蚀凹坑的程度，找出标准图片中对应的样板图片，通过比对给出处理结果。

(2) 已涂覆表面的局部手工和动力工具清理

手工和动力工具清理前，应清除任何锈层及可见的油、脂和污物。手工和动力工具清理后，应清除表面的浮灰和碎屑。

PSt2 彻底的局部手工和动力工具清理：牢固附着的涂层应完好无损，表面的其他部分，在不放大的情况下观察时，应无可见的油、脂和污物，无附着不牢的氧化皮、铁锈、涂层和外来杂质。

在施工现场检查中，应根据钢材腐蚀凹坑的程度，找出标准图片中对应的样板图片，通过比对给出处理结果。

PSt3 非常彻底的局部手工和动力工具清理：牢固附着的涂层应完好无损，表面的其他部分，在不放大的情况下观察时，应无可见的油、脂和污物，无附着不牢的氧化皮、铁锈、涂层和外来杂质。

相对 PSt2，被清理表面更彻底，金属基底要有金属光泽。

在施工现场检查中，应根据钢材腐蚀凹坑的程度，找出标准图片中对应的样板图片，通过比对给出处理结果。

（3）已涂覆表面的局部机械打磨

对局部机械打磨清理的表面处理，包括彻底机械打磨清理（例如用砂纸研磨盘）或专门的旋转钢丝刷清理，可与针状喷枪一起使用。机械打磨前，应清除任何厚锈层及可见油、脂和污物。机械打磨后，应清除表面浮灰和碎屑。

标准要求：牢固附着的涂层应完好无损，表面的其他部分，在不放大的情况下观察时，应无可见的油、脂和污物，无疏松涂层、氧化皮、铁锈和外来杂质。任何污染物的残留痕迹应仅呈现为点状或条状的轻微污斑。

（4）遗留涂层处理

再次涂覆前，原有涂层的遗留部分，包括表面处理后任何牢固附着的底漆和配套的底层涂层，应无疏松物和污染物，若有必要，应使其粗糙到确保有良好的附着性。遗留涂层的附着力检测按 ISO 2409 的规定进行划格试验测定，或按 GB/T 5210—2006 的规定采用便携式附着力测试仪进行附着力拉开试验测定，或采用其他适当的检验方法进行测定。

与打磨或喷射清理区域交界的原有完好涂层应修理成斜面，形成完好和牢固的附着边缘，新涂层应与原有涂层相配套，相溶性满足要求。

如果有可能，应给出与原有涂层有关的补充性资料，包括涂层体系类型、涂覆次数、制造厂名、腐蚀性污染物、附着力和涂膜厚度。

ISO 4627 给出了评定相溶性的建议。

二、粗糙度等级及评定方法

经过喷射除锈处理的金属表面，粗糙度发生变化，在一定范围内的粗糙度有利于漆膜的附着，也与漆膜的装饰性及防腐蚀性有关系。所以粗糙度的控制也是表面处理的一项内容。但是这种无规则的表面凹凸不平的特征，无法以准确数据表达。国际标准化组织相关部门制订了国际标准 ISO 8503-2：2012《磨料喷射清理后钢材表面粗糙度等级的测定方法——比较样块法》，用比较对照的方法来评定钢材表面粗糙度特征。参照 ISO 8503-2，我国制订了国家标准 GB/T 13288.2—2011/ISO 8503-2：2012《涂覆涂料前钢材处理 喷射清理钢材的钢材表面粗糙度特征 第 2 部分：喷料喷射清理后钢材表面粗糙度等级的测定方法 比较样块法》。

标准将涂装前钢材表面经喷射除锈后形成的粗糙度分为三个等级，代号分别是 F、M、C，分别用文字和与标准粗糙度样块对照进行定级，见表 3-3。

表 3-3　粗糙度等级的划分

级别	代号	定　义	粗糙度参数值 R_y	
			丸状磨料	棱角状磨料
细	F	钢材表面呈现的粗糙度等同于样块 1，所呈现的粗糙介于 1~2 之间	25~40	25~60
中	M	钢材表面呈现的粗糙度等同于样块 2，所呈现的粗糙介于 2~3 之间	40~70	60~100
粗	C	钢材表面呈现的粗糙度等同于样块 3，所呈现的粗糙介于 3~4 之间	70~100	100~150

注：另外还有“细细…粗粗”等级以外的延伸，工业上一般不采用。

标准样块分为“S”样块和“G”样块，“S”样块用于评定丸状磨料或混合磨料喷、抛处理后的表面粗糙度，“G”样块用于评定棱角状磨料或混合磨料喷、抛处理后的表面粗糙度。它们各有 4 个小样块，每个小样块都有编号和相应的粗糙度参数值 R_y，见表 3-4。

表 3-4　小样块的粗糙度参数 R_y 值

小样块编号	“S”样块粗糙度参数值 R_y		“G”样块粗糙度参数值 R_y	
	公称值	允许公差	公称值	允许公差
1	25	3	25	3
2	40	5	60	10
3	70	10	100	15
4	100	15	150	20

锚纹深度的检查不能仅凭肉眼，应根据磨料选择样块，与待测钢材表面进行目测比较，以外观最接近的样块所标示的粗糙度等级作为评定结果，或使用专门的粗糙度检测仪，由于此标准尚没有普及，目前仍有不少设计和施工单位采用带有探针的千分表粗糙度测量仪进行测量。

在防腐蚀涂装中，经常遇到不同的工程执行不同的除锈标准，现将工业发达国家除锈标准质量等级对照列入表 3-5。

表 3-5　工业发达国家除锈标准质量等级对照

标准名称及标准号					除锈方法	处理作业程度	清洁度/%
ISO 8501—2007	瑞典 SIS 055900	中国 GB 8923	美国 SSPC	日本 JSRA-SPSS			

续表

标准名称及标准号					除锈方法	处理作业程度	清洁度/%
ISO 8501—2007	瑞典 SIS 055900	中国 GB 8923	美国 SSPC	日本 JSRA-SPSS			
Sa3（ABCD）	Sa3（ABCD）	Sa3（ABCD）	SP-5	Sd3，Sh3	喷砂、喷钢砂、喷丸、抛丸	彻底清除、钢面	99
Sa2.5（ABCD）	Sa2.5（ABCD	Sa2.5（ABCD	SP-10	Sd2，Sh2	喷砂、喷钢砂、喷丸、抛丸	完全清除接近银白色	95
Sa2（BCD）	Sa2（BCD）	Sa2（BCD）	SP-6	Sdl，Shl	喷砂、喷钢砂、喷丸、抛丸	基本清除、呈灰色	67
Sal（BCD）	Sal（BCD）	Sal（BCD）	SP-7		喷砂、喷钢砂、喷丸、抛丸	除浮锈、疏松、氧化皮	
St3（BCD）	St3（BCD）	St3（BCD）	SP-3	Pt3	动力工具、弹性砂轮、钢丝刷处理		
St2（BCD）	St2（BCD）	St2（BCD）	SP-2		动力工具或手工除锈工具		

注：表中美国 SSPC 是美国钢结构涂装会（Steel Structure Painting CounciI）的标准；JSRA-SPSS 为日本造船研究协会制订的一次和二次除锈标准。

表面粗糙度是为保证漆膜的附着，对表面状态的控制指标。每种涂料都有特定的锚纹深度要求。不同的防腐涂装对锚纹深度要求也不相同，不同的底漆对锚纹深度的要求也不相同。

三、表面清洁度

除去锈蚀、污垢和旧涂层后，钢材表面并非清洁到可以涂装油漆的程度，特别是可溶性成分对涂层的危害性更大。可溶性的铁腐蚀物可能仍然会污染腐蚀过的钢材，特别是锈蚀等级有 C 级、D 级的钢材表面。因为盐类等腐蚀性物质几乎是无色的，它们会隐藏在点蚀处或氧化皮下面，从而无法有效地清除。这些腐蚀性物质会导致涂层在使用过程中引起漆膜的渗压起泡。因此，在涂装前应清除这些可溶性盐分、灰尘、杂质，使其降到一个可以接受的标准。涂装前基体表面应清洁除尘处理，一般是宜采用吸尘器清洁后，再用丙酮等稀料进行清洁，使表面灰尘清洁度、水溶性盐含量达标。

对一些要求涂装标准比较高的重要化工设备表面，涂装前基体表面应清洁除尘处理后，还要按照 GB/T 18570.3—2005/ISO 8502-3：1992《涂敷涂料前钢材表面处理 表面清洁度的评定试验 第 3 部分：涂敷涂料前钢材表面的灰尘评定（压敏黏接带法）》、GB/T 18570.9—2005/ISO 8502-9：1992《涂敷涂料前钢材表面处理 表面清洁度的评定试验 第 9 部分：水溶性盐的现场电导率测定法》相关要求，对表面洁净度进行检查检测，确保表面洁净度满足涂装要求。

第三节　表面除锈及应用

一、表面除锈方法

油罐钢板除锈时外表面的涂料也要求一同清除。因此，除锈和除漆是一体的，为方便起见，将二者统称除锈。

GB/T 18839.1—2002/ISO 8504-1：2000《涂覆涂料前钢材表面处理方法总则》对钢材表面除锈方法进行了详细明确，钢材表面处理的方法，即除去铁锈、氧化皮等的主要方法除喷丸(砂)或抛丸除锈、手工除锈、动力工具除锈和火焰除锈四种方法外，还有化学除锈、酸洗、超声波除锈等方法。

1. 手工工具除锈

采用铲刀、尖头锤、粗锉、凿等非黑色金属工具除掉钢表面上的厚锈和焊接飞溅物，再用铁砂纸、钢丝刷、钢丝束等工具刷、刮或磨，使锈层与金属母体脱离，除掉金属表面上松动的氧化皮、疏松的锈和旧涂层。这种方法简单易行，适用于一般除锈、局部修补和机械除锈不容易达到的边、角处部位，缺点是劳动强度大，生产效率低，且除锈质量差，人工费用成本高，长时间高空作业易发生坠落事故。适用于一般除锈要求及局部修补和机械除锈不容易达到的部位。

2. 动力工具除锈

动力工具除锈是指依靠动力驱动的旋转式或冲击式除锈工具，如风动刷、除锈枪、电动刷、电动砂轮和针束除锈器等工具的机械冲击与摩擦作用，除去金属表面松动的氧化皮，疏松的锈层和旧涂层。最常用的工具有：风动刷、电动刷、除锈枪、风动砂轮、电动砂轮及风动打锈锤等。动力工具一般有风动和电动两种，这种方法效率相对手动工具除锈较高，质量较好，尤其用于二次表面处理，清理焊缝、焊渣及边角等，可以较为彻底地除去旧漆膜和锈蚀产物，在旧钢结构的涂膜修缮或已处理后的结构表面施工中使用较广。缺点是不易除去边角、凹处锈污。

可以使用的动力工具包括下列各项：

① 尖锤和旋转氧化皮清除器，用来清除难以清除的氧化皮，包括厚的层状氧化皮；

② 针束除锈器，用来清除焊缝、死角和紧固件的锈、锈垢或旧涂层；

③ 砂轮机、砂轮盘、旋转钢丝刷、旋转砂纸盘和嵌有磨料的塑料毛毡等，用来清除锈垢和涂层；

④ 在表面处理之前，先用砂轮机打磨焊缝、边缘等。

电动或风动的砂轮，主要用于清除铸件的毛刺，清理焊缝，打磨厚锈层。旋转钢丝刷适用于除锈、除旧涂层、清理焊缝、去毛刺、飞边等，使用灵活方便。影响除锈效果的主要因素是刷子的性能和刷面的运动速度。

风动打锈锤又称敲铲枪，是一种比较灵活的除锈工具，适用于比较狭小的区域。它由锤体、手柄、旋塞构成。它靠压缩空气驱动锤作往复运动，撞击金属表面铁锈，从而使其脱落除去。梅花形棱角锤头适用于平面除锈，针尖型锤头适用于边角、凹坑处除锈。

针束除锈器，适用于狭小区域、边角、凹坑处除锈。

近年新发展的钢针除锈机(图 3-1)，比真空喷砂机更安全，更便捷，又能达到喷砂的效果。钢针除锈机由合金钢针在高速运转并突然加速的状态下撞击表面，产生不规则表面粗糙度，产生的白金属表面和不规则表面粗糙度满足 ISO 8501—2007 的 Sa2.5 级和美国 SSPC 标准的 SP10 级的要求。钢针除锈机能产生 50μm 的表面粗糙度，能非常有效地增加涂层和金属表面的接触面积，大大增加涂层的附着力，而且不破坏焊缝。真空喷砂机虽然能有效地产生表面粗糙度，但真空喷砂机的损耗大，不耐用，操作不当会污染环境，损坏周围的设备和仪器。钢针打砂机是现场维修表面处理最理想的选择，不会产生粉尘，不会污染环境。

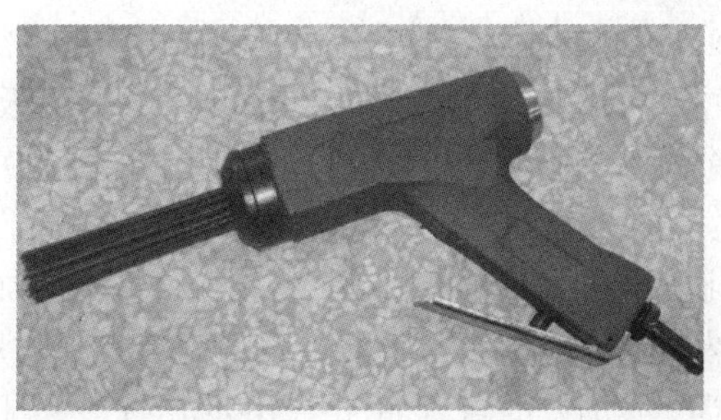

图 3-1 钢针除锈机

3. 喷射除锈

喷射除锈是用机械离心力、压缩空气或高压水将磨料铁丸或砂石投射到物件表面上，以其冲击和摩擦作用将铁锈和污物除去的除锈方法。其特点在于除锈质量好、工作效率高、劳动强度低，对金属表面有强化作用。经处理的金属表面，有一定的粗糙度，有利于漆膜的附着，在防腐蚀，尤其在新建油罐防腐涂装工程中，喷射除锈在室外施工得到了广泛应用。在工业生产中，户外大型钢结构现场除锈时，以喷砂为主，在非户外的涂装加工中，多数采用喷丸方式。

4. 化学除锈

化学除锈是根据锈蚀可与酸性或碱性溶液发生化学反应而溶解的性质，来去除油罐表面的锈蚀。酸性化学清洗除锈是由耐酸泵打出酸液，经过自动喷酸除锈器(即洗罐器)的喷嘴喷出，利用射流冲刷力冲击钢板表面，使酸液与氧化铁产生化学反应，并对疏松锈层产生冲击作用，高效率地除掉钢板表面的氧化铁。

化学除锈常用于小型或形状复杂的、而其他方法难以处理的工件上。此法除锈比较全面彻底，效率较高，可以连续作业。其缺点是整个系统庞大而又复杂，各个步骤技术要求高，溶液配制要求严格，用化学方法除锈存在酸、碱液回收不到位污染环境风险以及安全问题。酸洗过的工件应立即冲洗干净，干燥后立即涂漆，否则很快重新生锈。

酸是除锈液的主要成分，有硫酸、盐酸、硝酸、磷酸和氢氟酸等无机酸。为防止过度腐蚀和氢脆，应在除锈液中加入少量的缓蚀剂，如乌洛托品、硫脲、沈1-D缓蚀剂、若丁、“KG”缓蚀剂(磺酸化蛋白质)及它们的复配物等。加入平平加、OP乳化剂、601洗涤剂等表面活性剂，有利于除锈液的润湿、渗透、乳化、分散、增溶和去污作用，提高除锈效果并缩短除锈时间。除锈方法有浸泡和擦洗等方法，大部分采用浸泡方法。

油罐表面积大，溶液用量大，试剂价格高，成本高，石油库油罐不适用该方法除锈。

5. 酸洗

酸洗是工业领域应用非常广泛的除锈、除氧化皮的方法。酸洗是应用无机酸或有机酸与钢铁表面的氧化皮、铁锈进行化学反应，生成可溶性铁盐，然后将其从钢铁表面清除。酸洗可以处理小型构件、6mm以下的薄板和管材等。经酸洗后的钢材可以进行涂漆或磷化处理。酸洗也可应用于有色金属的表面处理。

6. 火焰处理

利用钢铁和氧化皮的膨胀系数不同，把钢铁工件以火焰加热，氧化皮被崩裂脱落，同时铁锈受热失水，锈层更易松散，丧失附着性。常用氧乙炔、天然气、液化石油气等燃烧器，火焰温度高达1100~2700℃。主要用于厚型钢结构及铸件的除锈和清除旧漆。应注意如果工件太薄或温度过高，会导致变形和脱碳。常常在火焰处理之后辅以手工除锈，以除去浮锈、炭化了的旧漆膜和有机物。

在用油罐属薄壁型容器，火焰处理会导致变形，另外，在用油罐涂装作业现场对防火防爆要求严格，相关规范明确规定，不允许使用火焰处理方法除锈。

7. 超声波除锈

超声波除锈技术是当代工业中先进除锈方法之一，20世纪90年代表面处理工程迅猛发展，多功能钢铁表面处理引用了超声波技术，这一技术在国内外均先进。随着超声波技术的日趋成熟，已被广泛应用于电气工程、冶金、炼化、机械制造等行业，通过其在介质中传播，与介质相互作用，继而产生多种超声波效应，如机械效应、空化作用、化学效应等，可高效地去除脂类、表面氧化物、表面涂料和锈蚀等杂质。目前，超声波除锈技术尚未在石油库中应用。

二、喷射除锈

1. 喷射除锈分类

机械法喷射除锈实际是指喷丸或喷砂除锈(喷射清理，blast cleaning)，喷射清理以钢丸、钢砂、石英砂等作为磨料，因此又称之为喷丸或喷砂除锈，GB/T 18839.2—2002/ISO 8504-2：2000 对涂覆涂料前钢材表面处理方法中的磨料喷射清理提出了具体要求。喷射除锈可分为抛丸法除锈和喷丸法除锈两种。喷射除锈按喷砂方式，也可分为干法喷丸(砂)除锈、湿法喷砂除锈、无尘喷砂除锈、高压喷水除锈、抛丸除锈 5 个类型。

(1) 干法喷丸(砂)除锈

利用压缩空气将铁丸(砂)推进，从喷嘴喷出，冲击钢铁表面的氧化皮、锈及污物。喷丸(砂)所用压力因磨料不同而不同，喷黄砂时用 1.96×10^5~2.94×10^5Pa(2~3atm)，喷铁丸时需用 5.66×10^5Pa(6atm)。喷嘴口径约为磨料粒径的 7~10 倍，如铁丸直径 0.8~1.0mm，用口径 8~10mm 喷嘴；当铁丸直径 2.0mm 时，用口径 14~16mm 比较合适。喷嘴的使用寿命与其本身材质和磨料有关，当口径被磨损放大至原始口径的 1.5 倍左右、射流扩散不能集中时，应及时更换喷嘴。

砂子作为磨料，来源丰富，价格低廉，基本上不用回收处理，在石油化工行业广泛应用。但其强度低，易粉碎，作业时粉尘引起环境污染严重，危及人体健康。

(2) 湿法喷砂除锈

湿法喷砂是把砂子和水分别进入喷嘴，在出口处汇合，以压缩空气带动，高速喷射到物件表面。由于砂子已被浸湿，并在射流周围有水雾环绕，大大减少了粉尘飞扬，改善了工作条件。盛砂缸压力为 392.27~490.33kPa，盛水缸压力为 98.07~343.23kPa。通常砂与水以 3∶1 的比例喷出，采用高压水时，也有用砂与水为 1∶2 的比例作业的。高压水喷砂主要用于大面积除锈，如船体、油舱、油罐、贮气柜及大型闸门等。

湿法喷砂处理的金属非常容易重新生锈，要在水中加入 1.5%~2.0%的防锈缓蚀剂，如磷酸三钠、碳酸钠、亚硝酸钠及乳化液等，使已除锈的表面有一定的暴露期。因亚硝酸钠对人体有致癌之嫌，虽然其防锈效果明显，不用为好。

(3) 无尘喷砂除锈

所谓无尘喷砂，就是将加砂、喷砂、集砂等作业连续化，在一个密闭的循环系统中进行，从而避免了粉尘的污染。其主要特点是，利用负压将使用过的砂子及其产生的粉尘和杂物收集后，经分离器和过滤装置进行分离，洁净的砂子再流回储槽，循环使用，缺点是适用范围受限，只适用于体积较小的物件。

（4）高压喷水除锈

高压喷水除锈的原理是，使用专用设备，将在喷枪出口压力高达 31.38~34.23MPa、流速 250~260m/s 的水流喷射到金属表面，产生冲击、水楔、气蚀等多种作用，除去表面的锈迹和污物。高压喷水除锈具有效率高、效果好、降低劳动强度、无污染等优点，除锈费用远低于喷砂除锈。适于造船及大型工程除锈。

（5）抛丸除锈

抛丸法除锈是利用转速 2000r/min 以上的抛丸机，将已获得巨大离心力的铁丸，以近于 80m/s 的实际速度，定向抛向被处理的表面，冲击、摩擦、振动锈层，达到除锈的目的。通常以钢丸或铁丸为磨料，直径在 0.5~2.5mm，粗细搭配使用。除锈质量与抛丸有效抛距及被处理件的移动速度有关。直径 500mm 的抛丸机，射程在 5m 之内，能得到良好的除锈效果。射距每增加 1m，动能损失 10%。被处理件的移动速度，应当与锈蚀程度、抛丸量及离抛头的距离等配合。若是遇到锈蚀严重、抛丸量不足、距抛头远的情况，移动速度应放慢，反之，则可以快些。

其特点是：抛丸的打击力强，除锈效果显著，处理效果好，效率高，特别是机器人研究应用后，能够改善抛丸设备笨重的问题。缺点是灵活性差，受工件形状限制，易产生死角，有盲目性；设备复杂，零件损耗快，维护费用高；容易导致钢板产生变形；在抛丸过程中容易产生粉尘和火花，环境污染大，存在火灾安全隐患大。

2. 喷丸机（喷砂机）

喷射除锈设备，即喷丸机（喷砂机），主要由喷砂罐（砂缸）、空气软管、接头、喷砂软管、喷嘴、阀件和控制器等组成，如图 3-2 所示。

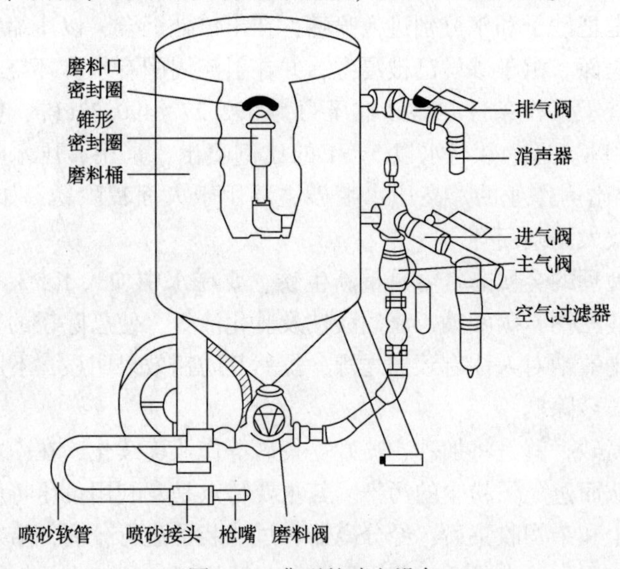

图 3-2　典型的喷丸设备

（1）喷砂机的种类

按磨料在喷砂软管内的流动方式，喷丸机可分为吸送式和压送式两大类。工作时喷砂软管内压力低于大气压的喷丸清理方法称为吸送式喷砂，而喷砂软管内压力高于大气压的喷砂清理方法称为压送式喷砂。压送式喷丸的磨料运动速度要比吸送式喷丸的高出数倍，工作效率是吸送式喷砂作业远远不能比及的。因此，对于大型工件或较大规模的施工工程、难以清理的表面以及要求达到一定粗糙度的表面，压送式喷砂机是最为常用的清理机械。

最初的压送式喷丸机都是由人工控制的，即喷丸机的工作状态(停机或关机)必须由喷丸人员以外的人员控制。接通气源前，进气阀必须关闭。

喷丸人员做好作业准备后，向辅助人员发出可以开机的信号。辅助人员先关闭排气阀，然后打开进气阀。一股压缩空气进入磨料桶，另一股压缩空气流向磨料阀。封闭阀在压缩空气的推动下封闭加料口，磨料桶内压力升高。磨料在磨料阀内与压缩空气混合后经喷砂软管到达喷嘴。喷丸人员需要停止工作时，也要向辅助人员发出停机信号，辅助人员先关闭进气阀，然后打开排气阀，磨料桶卸压，封闭阀下落，加料口打开，停止喷丸作业。

遥控式喷砂机能使喷砂人员对喷丸机实现远距离控制，使喷砂人员的人身安全有了保证，保证了作业安全。一台喷砂机只需一名喷砂人员就可以正常作业，节省人工费用。喷砂人员可以根据作业的进展情况，随时控制喷砂机的工作状态，基本消除压缩空气和磨料的不必要浪费。据统计，使用遥控型喷砂机可以节省25%的压缩空气和磨料。

（2）喷砂罐

喷砂罐的有效使用可在人工和磨料方面都节约费用。喷砂罐应每日倒空，如条件允许应保持干燥以避免磨料污染。当出现滴漏和压力损失现象时应及时进行维修。容器应进行年度检查并用水测试压力为设计压力的1/2~1倍，以保证其有效功能。

喷丸清理是一种具有潜在危险的操作。处于压力下的磨料安全问题是非常重要的。必须记住磨料和空气以极大的速度离开喷嘴，速率接近450mile/h(1mile=1609.344m)、660ft/s(1ft=0.3048m)，或大约机关枪发射速度的一半，并可从操作处冲击至很远的表面上或其他人员身上。

整个系统，包括软管，操作者和工件都必须接地以避免因触电而造成伤害；特别是操作者在高空工作时(触电会导致摔下)或在有毒环境中喷丸时，接地则尤为重要。

在砂罐装满砂后，打开供气阀门，砂罐封闭阀自动封闭。此时，压缩空气迅速充满砂罐，并达到额定压力，通过专业喷砂工人启动遥控键，此时砂阀与气阀同时打开，喷丸机所装的磨料即时经过砂管和砂枪高速射出，对准表面目标，起到高速喷射清理的作用。

(3) 喷砂用软管

喷砂软管输送的是高速运动的压缩空气和磨料，由于磨料的不规则运动以及摩擦力的作用，压力的下降是不可避免的。如果喷砂软管通径过小或出现弯折盘绕，压力就会明显下降。因此，喷砂软管的通径应该是选用喷嘴直径的 3~4 倍；喷砂软管要尽可能短，保持平直，避免弯折盘绕。

喷砂用软管由内胶层、增强层和外胶层组成。内胶层直接与磨料接触，要求有很高的耐磨性。增强层是耐压层，它的材料和结构决定喷砂软管的耐压等级。

喷砂软管的选用直接与喷嘴有关，如前所述，其规格应该是喷嘴直径的 3~4 倍。软管长于 100ft，则内径应为喷嘴孔径的 4 倍，见表 3-6。

表 3-6　喷嘴直径与喷砂软管的选用

喷嘴直径/mm	喷砂软管规格							
	20mm	0. 75in	25mm	1in	32mm	1. 25in	38mm	1. 5in
6	●		●					
8			●			●		
9. 5						●		●
11						●		●
12. 7								●

从表 3-6 可以看出，除了大口径喷嘴(12. 7mm)，其他喷嘴都有两种规格的喷砂软管可供选用，但是建议选用大规格软管。因为喷嘴在使用过程中会因磨损而增大。

在重防腐涂料涂装喷砂作业中，32mm(1. 25in)的软管用得较为普遍，因此也可以看出 8mm 和 9. 5mm 的喷嘴用的是较多的。

(4) 喷嘴

喷嘴的材料主要是指喷嘴的内衬材料，它是决定喷嘴使用寿命的主要因素。

20 世纪初的喷嘴是铸铁管，耐磨性差，工作时间很短，只有几个小时；而且口径很快会增大，压缩空气的消耗上升很快。

到了 20 世纪 30 年代后期，碳化钨内衬喷嘴开始应用，使用寿命可达 300h，比起早期的铸铁管喷嘴，在使用矿物磨料或煤渣等磨料时，显得经济多了。

1958 年，耐磨性非常突出的碳化硼内衬喷嘴面世，在高温高压下生产，硬度高，密度低，耐腐蚀，耐高温，使用寿命是所有喷嘴中最长的，可达 750h，对以氧化铝或碳化硅作为磨料的喷砂作业最为适合，它比碳化钨内衬喷嘴经久耐用，使用寿命是其 5~10 倍，是碳化硅内衬喷嘴的 3 倍。

到了 20 世纪 80 年代，使用寿命长达 500h 的碳化硅内衬喷嘴开发出来得到应用。碳化硅内衬喷嘴质量轻，约只有碳化钨内衬喷嘴的1/3，非常适用于长时间的喷砂工作。

表3-7为不同内衬的喷嘴的使用寿命比较，这只是参考数据，不同压力、不同磨料及其大小，会有不同的差异。

表3-7　不同内衬喷嘴的使用寿命　　h

喷嘴内衬	钢砂/钢丸	石英砂	氧化铝
碳化钨	500~800	300~400	20~40
碳化硅	500~800	300~400	50~100
碳化硼	1500~2500	750~1500	200~1000

喷嘴的结构形式主要有两种，直筒型和文丘里(Venturi)型两种，见图3-3。直筒型喷嘴内部结构较为简单，只有收缩段和平直段。出口处磨料的速度大约为349km/h。直线喷嘴进口端存在着涡流现象，会导致压力损失，而且出口处磨料喷束图形大，呈中央密旁边稀的形状。到1954年，出现了文丘里喷嘴。其内部结构分为入口处较大的收缩段，逐渐在中间变成短直线段的平直段，和出口处张开的扩散段三部分。文丘里喷嘴的气体动力学性能远优于直筒型喷嘴，涡流现象得以改善，压力损失大幅度下降。在相同的压力条件下，磨料的出口速度可以增加1倍以上。文丘里喷嘴的磨料速度可达724km/h，并且从喷嘴喷出的磨料在发散区分布均匀，对整个表面的冲击几乎完全相同，而直筒型喷嘴喷出的磨料大部分集中在发散区域的中心部位。文丘里双孔喷嘴，前后有两个喷嘴，二者之间有间隔，在间隔处的四周有几个开孔。由于高速气流的作用，产生一个足够大的负压，将周围的空气吸入喷嘴内，使喷出的空气量大于进入喷嘴的压缩空气，大大提高了磨料出口处的速度。它的出口端要比一般的文丘里喷嘴大，因此磨料流的发散面也比文丘里喷嘴的发散面大了约35%，清理效率更高。

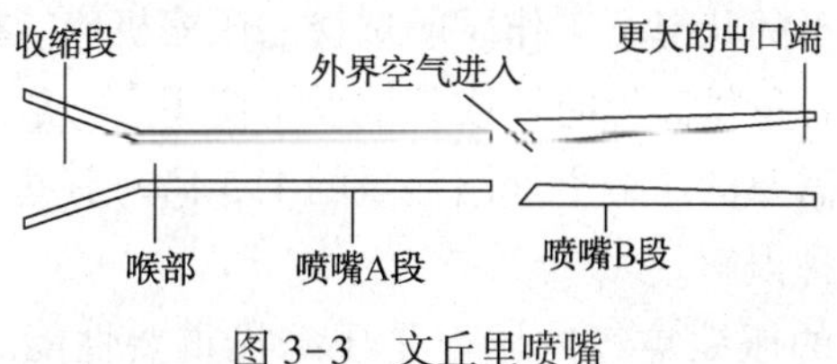

图3-3　文丘里喷嘴

喷嘴的规格主要指其通径，我国用mm表示，国外用in表示，相邻规格间差1/16in。为方便起见，国外还把喷嘴规格用3#、4#、5#等表示，#前面的数字就表示有几个1/16in。

空气消耗量也是如此，喷嘴越大，压缩空气的消耗量也越大。因此，所能用的喷嘴的最大尺寸必须取决于压缩机送入量的多少。

（5）空气处理装置

空气处理装置又称为油水分离器、气水分离调节器或空气净化器。它可以清除压缩空气中的水分、油雾和各种碎屑，过滤和调节空气及压力。

在压缩气中如果水分太多，会影响清理的质量及磨料的流动性，金属磨料还会生锈结块。

喷砂除锈时，多采用后冷却器来排除压缩空气中的水分。风冷式后冷却器可以使压缩空气温度下降11~14℃。水冷式后冷却器除可以使压缩空气比环境温度低8.3℃，除水率还可以达90%。冷冻式和吸附式干燥器，其除湿效率更高，可以与风冷式或水冷式后冷却器配套使用。

加装在喷砂机上的油水分离器可以清除压缩空气软管中的水汽。油水分离器的排水方式分人工和自动排水两种。自动排水型的油水分离器要优于人工排水型。使用油水分离器时，压力损失很小，大约在0.05MPa。

检查压缩空气的清洁度，可以按ASTMD4285-05(2012)《覆层用表面清洁混凝土的标准规程》进行。方法很简单，手持白色吸收试纸放入压缩机排出的气流中，如在坚硬衬垫物上的白色吸收剂试纸或布，或非吸收剂收集器(例如6cm^2的透明塑料纸)。收集器放在排放点50cm内的排出气流的中心，时间为一分钟。试验应在尽可能接近使用点的排出空气处及管道中的油水分离器的后面进行。根据ASTMD4285-05(2012)，收集器上如有任何因油变色的迹象，该压缩空气将不得用于磨料喷砂清理和涂料施工。

（6）喷射清理的压力

喷射清理使用的动力来自压缩空气。空气压缩机的排气量与相关设备的匹配相当重要。对喷砂这种空气消耗量大的作业来说，需要配备较大的空气压缩。压缩机的容量决定其在工作压力下能够输送空气的量。对于喷砂清理，采用大容量的压缩机在低于其最高水平的状况下工作较好，而不是采用较小的压缩机在其最高水平或接近最高水平的状况下工作。所选择的压缩机应能提供比所需要的更多的空气，以允许保守容量供高峰时期或其他设备使用。一般来说，压缩空气的额定排气量应该是喷嘴需要的压缩空气消耗量的1.5倍。有些人以为喷嘴大，喷砂效率就会高，这是一种误解。

空气压缩机输送的压缩空气的压力是压缩机重要性能之一。其压力单位为Pa，$1Pa=1N/m^2$，$1MPa=10^6Pa$。压力单位有时也有$1kgf/cm^2$(近似于1个大气压)，$1kgf/cm^2=0.1MPa$。

空气压缩机的排气压力是重要的参数，一般在0.8MPa左右，因为喷砂机的工作压力不宜超过0.7MPa。但是，如果空气压缩机与喷砂机的距离隔得很远，就应该选用排气压力高的空气压缩机，因为压缩空气中软管流动时会有压力损失。

在喷砂过程中，工作压力始终要保持在0.65~0.7MPa之间，低的压力只能导致低的工作效率。为了保持工作压力，空压机的排气压力应该调定在0.8MPa左右。不同的工作压力下喷砂的相对清理效率见表3-8。

表3-8 不同工作压力下的喷砂相对清理效率

工作压力/MPa	相对清理效率/%	工作压力/MPa	相对清理效率/%
0.7	100	0.56	70
0.67	93	0.53	63
0.63	85	0.49	55
0.60	78		

3. 抛丸清理工作原理

抛丸清理(图3-4)是利用抛丸机的抛头上的叶轮(图3-5)在高速旋转时所产生的离心力，把磨料以很高的线速度射向被处理的钢材表面，产生打击和磨削作用，除去钢材表面的氧化皮和锈蚀，并产生一定的粗糙度。抛丸处理效率很高，可以在密闭环境下进行。目前广泛应用于车间钢材预处理流水线，以及大型钢结构项目的高效除锈工作。

图3-4 抛丸清理装置

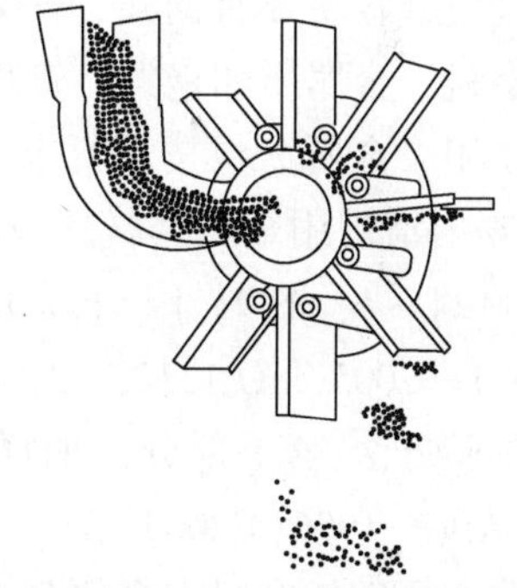
图3-5 抛丸及抛头示意图

抛丸用于车间内对型钢、钢板和其他拼装好的结构进行喷射清理。移动式抛丸机可以用于储罐、混凝土地坪等大平面进行表面处理。

抛丸处理在密封条件下进行，有吸尘装置，自动化涂漆，是效率最高的自动化流水线作业。它的优点是：

① 按钢材用途可清理至标准要求，并可获得均匀的完工表面；

② 封闭式作业，无粉尘飞扬；

③ 适用于5mm以上钢板、宽扁钢和型钢；

④ 速度快，工作效率高，质量稳定。

钢材预处理流水线的技术参数参考表3-9，按不同要求设计的钢材预处理流水线其参数会有所不同。预处理流水线不仅要能处理平面的钢板，还要能处理各种型钢以及构件等。

表 3-9　钢材预处理流水线的技术参数

钢板	厚度	6~40mm
	长度	5000~8000mm
	宽度	1500~30000mm
型钢 (角钢、槽钢、工字钢)	最大槽钢断面	400mm×104mm
	最大工字钢断面	400mm×146mm
	长度	5000~12000mm
抛丸除锈质量	钢材表面清洁度	Sa2. 5
	表面粗糙度	40~100μm
漆膜厚度(干膜)	(25±10)μm	

4. 喷丸(砂)磨料选用

(1) 磨料及分类

钢材表面处理喷射用磨料，主要包括金属磨料和非金属磨料两部分。

金属磨料主要有钢丸、铁丸、钢丝段等，其中最常用磨料主要是钢砂和钢丸金属磨料，金属质如钢丸、钢砂及钢丝段等，它们可以多次使用，且可供不同的场合使用。金属磨料技术要求应依据 GB/T 18838. 1—2002《涂覆涂料前钢材表面处理 喷射清理用金属磨料的技术要求 导则和分类》等系列标准(其是按国际标准 ISO 11124 - 1：1993 修改采用制定)，金属磨料的测试方法应依据 GB/T 19816. 1—2005/ISO 11125-1：1993《涂覆涂料前钢材表面处理 喷射清理用金属磨料的试验方法 第 1 部分：抽样》相关标准。可重复使用金属磨料也可参照美国 SSPC AB 2-1996(E2004)《2 号磨料规范 再生铁基金属磨料的清洁度》。

非金属质的磨料有金刚砂、石英砂、黄砂及石榴石、橄榄石、十字石(一种硅酸铝铁矿)、铜矿渣、铁矿渣、镍矿渣、煤渣、熔化氧化铝渣等，它们多为一次性使用的磨料。黄砂不耐磨，粉尘大，粉尘污染严重，但由于价格低廉、来源广泛，仍在应用。石英砂粉尘对人体有矽肺病的威胁，有的国家已限制使用。非金属磨料技术要求应依据 GB/T 17850. 1—2017《涂覆涂料前钢材表面处理 喷射清理用非金属磨料的技术要求 导则和分类》等系列标准(其是按国际标准 ISO 11126-1：1993 修改采用制定)，非金属磨料的测试方法应依据 GB/T 17849—1999/ISO 11127：1993《涂覆涂料前钢材表面处理 喷射清理用非金属磨料的试验方法》。矿物和渣磨料的标准也可参照美国 SSPCAB 1-2013《1 号磨料规范 矿物和矿渣磨料》。

在抛丸、喷丸(砂)清理中，表面清理速率和粗糙度主要取决于所用磨料的性质。选用的磨料使用范围很广，从碎胡桃木壳、玻璃和矿渣，到各种金属丸和金属砂，甚至还有陶瓷砂等，见表 3-10。

在其他磨料所产生的灰尘可能对敏感设备有害时，常采用农作物磨料。当喷砂处理不锈钢或其他高纯度合金时，磨料不能将金属粒子嵌入表面。碎胡桃木壳已用于喷砂清理航天飞机器件，以保护特殊合金材料的完整。

表 3-10　表面清理用主要磨料

金属磨料	非金属磨料（氧化物）	硅质磨料	农作物磨料	矿渣或砾岩	其他磨料
冷铸铁	碳化硅	石英	椰子壳	耐火渣	干冰
铸钢	氧化铝	燧石	黑胡桃木	矿渣	冰
韧性铁	石榴石	砂	山核桃壳		塑料珠
碎钢	玻璃珠	硅石	桃核壳		碳酸钠
钢丝段			榛子壳		海绵

（2）金属磨料

金属磨料主要包括淬火铸铁砂、高碳铸铁砂、低碳铸钢丸和钢丝段。抛丸或喷射清理常用的磨料有铁丸、钢丸、棱角砂和钢丝段等，较为理想的磨料是混用磨料，直径在 0.8~1.5mm 为宜。按规定添加比例加入磨料，喷砂密度由喷射量(kg/min)与钢材输送速度(m/min)来决定。除锈效果又受钢材生锈程度的影响。所以必须按钢材状态来决定输送速度和喷射量。在通常情况下，规定的表面处理级别要达到 ISO 8501-1：2007 标准中的 Sa2.5 级或美国 SSPC 标准中的 SP10 级。

钢砂是从高碳铸钢丸钢砂通过破碎成砂粒状，回火成三重硬度(GH、GL 和 GP)以适应不同的需要。在抛丸设备上应用，应该选用 GP 和 GL 钢砂，因为 GH 钢砂的硬度太大，会磨损设备。处理后的钢砂被筛网分选成符合 SAE 标准的 10 个等级以适应不同的喷射处理要求。钢砂主要应用于带有回收装置的喷砂房。砂粒的棱角状和相关的硬度使其有较快的清理速度并且能有效地回收利用。

（3）非金属磨料

喷射清理常用非金属磨料主要有石英砂、铜精炼渣、煤炉渣、镍精炼渣、炼铁炉渣、熔融炉渣、橄榄石砂、十字石和铁铝石榴石。

尖锐的石英砂是一种廉价而有效的磨料，是最早也是最常用的喷射用磨料，所以“喷砂”成了通用的术语。砂是不再进行回收的，但还是被认为是用于工业施工方面最经济的磨料，暴露于喷砂清理过程所产生的有害游离硅灰尘中，工人会引起硅沉着病，这是一种有着严重危害性的肺部疾病。

铜精炼渣，俗称铜矿砂，是铜冶炼过程中的副产品，在冶炼和淬火过程中，矿渣转化为硅酸铁，这样再生出铜矿砂的原料。铜矿砂是开放式喷砂中最常用的磨料，价格较低，不像石英砂那样含有游离硅，不会对人体产生“硅沉着病”的健康危害。

(4) 喷丸(砂)磨料粒径选择

磨料的直径取决于被处理钢板的厚度和涂层的厚度。金属表面经喷丸(砂)处理后，具有一定的粗糙度，虽然可提高漆膜的附着力，但是，如果粗糙度太大，金属厚度损失过多，强度降低，漆膜厚度也不足以完全遮盖粗糙表面的“峰尖”。一般认为，6mm以上的钢板适宜采用机械除锈和喷丸(砂)除锈，粗糙度以不超过干膜厚度的三分之一为好。钢板厚度与适宜的磨料直径参考数据见表3-11，磨料直径对粗糙度的影响见表3-12。

表3-11　钢板厚度与适宜的磨料直径参考数据

结构件、钢板厚度/mm	铁丸直径/mm	结构件、钢板厚度/mm	铁丸直径/mm
2~2.5	0.5	4~6	1.0
3~4	0.8	7~12	1.5

表3-12　磨料直径对粗糙度的影响

磨料种类	最大粒度/目	最大粗糙度 Ra_{max}/μm
钢砂 G-50	25	80
钢砂 G-40	18	90
钢砂 G-25	16	100
钢丸 S-230	18	70
钢丸 S-330	16	80
钢丸 S-390	14	90
石英砂小	40	50
石英砂中	18	60
石英砂大	12	70

三、水喷射清理

水喷射清理是利用高压水的压力，对底材表面进行处理，对底材表面附着物产生冲击、疲劳和气蚀等作用，使其脱落而除去。

一般的高压水压力应达到200~250MPa。此种处理方法可以有效地去除氧化皮、铁锈和旧涂层。这种方法对环境没有污染，可以有效地去除可溶性盐分，不会由于冲击而使涂膜产生开裂，但是这种方法不能在底材的表面产生粗糙度。

美国防腐涂料协会SSPC和美国腐蚀工程师国际协会NACE联合制定了一个高压水清理表面的标准，对高压水清理表面统一规范了较完整的技术要求。

低压水清理(LPWC)：小于34MPa(5000psi)，通常用于表面清洗，除去疏松的氧化皮或沉积物的表面水清洗；可以有效除去旧涂层的表面粉化，留下完整的涂层表面。

高压水清理(HPWC)：34~70MPa(5000~10000psi)的压力，用于在维护项目中除去旧的锈皮和疏松漆膜；适用于混凝土表面的涂装。

高压水喷射(HPWJ)：70~210MPa(10000~30000psi)的压力，这个区间段应用较少，因为其效率较低，效果并不比高压水清理要更好。

超高压水喷射(UHPJC)：大于210MPa(30000psi)的压力，用于完全除去所有锈蚀和氧化皮，最好压力在240MPa以上，并且如果需要的话，可除去所有的残存旧漆膜，这种技术需要的设备——多用喷射旋转喷枪每分钟喷水流量为12L，喷嘴与表面保持在50cm可以取得最有效的表面处理效果。

不同于常规的喷砂处理，高压水表面处理要求直接冲击表面达到清洁的目的。因此在结构复杂的区域(如加强板背面)不易施工。这些部位需要采用手工除锈。

高压喷射甚至是超高压喷射都不能在钢结构表面打出粗糙度，但能在发生锈蚀的部位和被涂表面使原始表面暴露出来，并能清洁后达到ISO 8501-1：2007标准中的Sa2级标准。高压喷射无法实现和常规的打砂一样或更高的表面处理等级或更高的生产效率，但是它提供了一种方法，可以在封闭的空间内分部分地处理原有漆膜受损伤的部位，而不造成更多损坏或“污染”。

第四节　油罐除锈方法的选择

根据石油库安全管理要求，在用油罐位于爆炸危险场所情况和油罐结构特点，结合各种除锈方法的特点，按照相关专业规范要求，选择适合油罐的除锈方法。对比达到同设计寿命来讲，表面除锈方法中人工除锈与机械除锈相比，各有利弊。

一、手动工具除锈和动力工具除锈

手动工具除锈和动力工具除锈：手动工具除锈和动力工具除锈属机械力学方法除锈，手动工具除锈和动力工具除锈相结合的方法是传统的除锈方法。目前，国内特别是军队油库仍然采用传统的除锈方法。多数是利用吊篮或搭脚手架，由人工持手动工具和动力工具除锈。这种除锈工艺缺点是效率低，速度慢，人工费大，施工周期长；劳动强度大、除锈质量不易控制；施工环境较差、对人体健康有一定危害。优点是投资少，设备简单，易操作，灵活方便，不受空间和场所限制，适用于一般除锈、局部修补和机械除锈不容易达到的边、角处部位，尤其用于二次表面处理，清理焊缝、焊渣及边角等，对于容量较小的在用油罐，特别是洞库、覆土式石油库比较适用。对机械除锈来讲，人工费少，效率高，速度快，稳定性好，质量容易控制，但受空间和场所限制如罐内部、洞库罐、覆土罐等场所，手动工具除锈和动力工具除锈发挥了得天独厚的优势。

二、在用油罐除锈特点

新建油罐通常钢板在安装前进行表面预处理，优先选用喷砂等机械方式除锈。在用油罐常常选择手动工具除锈、动力工具除锈，一般不选用喷砂等机械方式除锈。对于在用油罐内壁除锈，包括洞库、覆土式油罐内外壁除锈来说，只能在洞库、覆土式罐间的有限空间内或罐内实施作业，一般以传统的表面电动工具加手工除锈方法为主，主要原因：一是作业空间受限，不便展开作业，喷砂等机械设备无法工作；二是局部有限空间固定颗粒密布，局部空间通风条件差，无法及时扩散，设备大分贝噪声等对人身安全和健康构成严重威胁；三是局部空间照明条件差，质量不能得到保证。对于在用地面油罐外壁除锈，由于吊篮人工操作不需搭设脚手架，常常选择表面电动工具加手工除锈方法。尽管选用喷砂等机械方式除锈，效率高，作业速度快，但由于实施吊篮人工操作，人员、设备和罐壁之间距离不能满足操作要求，无法实施作业，采用搭设脚手架方式，存在人员、设备和罐壁之间距离有限，脚手架影响操作，支护困难，经费开支大等原因，一般不建议选用。

三、石油库常用除锈方法对照分析

石油库常用除锈方法有“手动工具方法、动力工具方法、抛丸除锈法、干喷砂处理法、湿喷砂处理法、真空喷射处理法、水喷射处理法、磨料水射流处理法、化学处理法”等 9 种，9 种除锈方法的对比分析见表 3-13。

表 3-13 石油库常用除锈方法对照分析表

除锈方法		主要设备及工具	原理及技术数据	优缺点	适用范围
手动和动力工具除锈	手动工具方法	刮刀、铲、锤、锉、钢丝刷、铜刷、钢丝束、砂布	靠人工操作，每人每天约除锈 1~3m^2	方法简单，操作灵活，造价较低，边、角处除锈方便。缺点是劳动强度大，功效低、控制质量较差	适用于在用油罐除锈，作为补充，用于油罐边角死角部位除锈，也适用于一般零星、小型设备材料除锈
	动力工具方法	风动刷、除锈枪、电动刷、电动砂轮、针束除锈器等	利用机动冲击与摩擦的作用去除锈蚀及污物	效率较高，控制质量较好，造价较低。缺点是不易去除边、角、凹处锈蚀	适用于洞库油罐除锈，在用油罐除锈，一般零星、小型设备材料除锈

续表

除锈方法		主要设备及工具	原理及技术数据	优缺点	适用范围
机械法喷射除锈	抛丸法除锈	抛丸除锈，也叫封闭式循环抛射除锈	采用封闭循环磨料喷射系统，用离心式叶轮抛射金属磨料。利用转速2000r/min以上的抛丸机，将已获得巨大离心力的铁丸，以近于80m/s的实际速度，定向抛向被处理的表面，冲击、摩擦、振动锈层，达到除锈的目的	除锈质量好、效率高、强度低。灵活性差，受工件形状限制，易产生死角，有盲目性；设备复杂，零件损耗快，维护费用高	由于在用油罐体积大，该方法不适于在用油罐钢板表面除锈
	干喷砂处理	喷砂器，分单室和双室两种；空压机、眼罩、呼吸面具、特殊盔罩	利用0.35~0.65MPa的压缩空气将砂由喷嘴喷射到金属表面，可去除金属表面氧化皮、锈层和旧漆膜	效率高、质量好、造价低。缺点是砂尘大	适用于在用地面油罐外壁除锈、新建罐钢板表面预处理
	湿喷砂处理	湿喷砂装置，包括砂罐、水罐和空压机等	原理同上，砂罐压力0.5MPa，水罐压力0.1MPa。需加入1%~1.5%防腐剂。除锈速度3.5~4m^2/h	效率高，质量好，无砂尘。缺点是工作温度及环境场地受限，对干燥速度要求高，造价高。	洞库油罐可采用此方法除锈，地面油罐除锈不宜采用
	真空喷射处理	真空喷射装置，空压机(封闭式循环喷射除锈与这类似，也叫无尘喷砂除锈)	利用压缩空气喷砂除锈，靠真空吸收砂粒，实现循环喷射	效率高，质量好，无砂尘，造价较低。缺点是不适用形状不规则、曲率大的零件或型材、制件，工作场地受限	油罐除锈不宜采用
高压水射流除锈	水喷射处理法	高压柱塞泵、喷管、喷枪、水罐等	利用水强大动能去除锈蚀	效率高、质量好，无砂尘，适用形状不规则零件或制件。缺点水压太高，安全措施、设备可靠性要求严格	油罐除锈不宜采用

续表

除锈方法		主要设备及工具	原理及技术数据	优缺点	适用范围
高压水射流除锈	磨料水射流处理	高压柱塞泵、磨料罐、气罐、水罐、喷管、喷枪等	以水为载体，使磨料获得很大能力，利用磨料的锋利棱角撞击锈层，使锈层脱落。压力为12MPa时，除锈速度可达$22m^2/h$	效率高、质量好，无砂尘，适用各种场所。缺点水压太高，安全措施、设备可靠性要求严格	油罐除锈不宜采用
化学处理		或叫酸洗法，其方式有浸渍洗、喷射酸洗（油罐清洗法中已介绍）、酸洗膏等。	利用酸和金属氧化物起化学反应达到除锈目的；利用碱中和来保护金属；再经水冲去除洗液、烘干等工序。为防止钢板再生锈，有时加钝化处理	除锈彻底，效率高。缺点是操作要求高，溶液配制要求严，操作不当，容易腐蚀金属	油罐除锈不宜采用

第五节　油罐表面除锈应把握的几个问题

一、油罐表面除锈质量把控标准

涂装前表面处理的质量，要求除锈等级达标、表面质量（观感）、表面粗糙度、水溶性盐含量、表面灰尘含量符合设计规定要求。

1. 表面除锈标准

表面清洁度是指钢铁表面氧化皮、锈及污物清除的程度，是油罐防腐涂装时金属基体应达到的质量控制指标。目前，世界各主要工业国家—般都有各自的除锈等级标准，国际上采用最多的标准是瑞典 SIS 55900。国内以 GB/T 8923. 1—2011/ISO 8501—1：2007《涂覆涂料前钢材表面处理 表面清洁度的目视评定 第1部分：未涂覆过的钢材表面的锈蚀等级和处理等级》GB/T 8923. 2—2008/ISO 8501-2：1994《涂覆涂料前钢材表面处理 表面清洁度的目视评定 第2部分：已涂覆过的钢材表面局部清除原有涂层后的处理等级》为依据，并考虑到在用油罐除锈的难度、安全性，专业规范规定的钢材表面除锈等级，主要有三项控制性指标：

采用磨料喷射处理后的钢表面除锈等级应达到 Sa2 级或 Sa2. 5 级。

采用手工或动力工具处理的局部钢表面除锈等级应达到 St2 级或 St3 级。

对于施工留下的毛刺、焊瘤等应打磨平整，表面不允许有焊渣、药皮、电弧烟尘，边角不允许有毛刺及未除去的锈斑。

(1) 手工工具或机具处理金属表面 St2 级，是彻底的手工和动力工具除锈标准，具体要求：

① 清除金属表面的灰尘和附着物。

② 清除金属表面疏松的氧化皮、铁锈和污染物。

③ 基本除掉旧漆膜和衬里层粘着物。

④ 基本获得较清洁、干燥的金属表面。

⑤ 使金属表面呈现暗淡的金属光泽。

⑥ 允许有金属清理工具的划痕。

(2) 手工工具或机具处理金属表面 St3 级，是非常彻底的手工和动力工具除锈标准，具体要求：

① 金属表面清理要求同前级的①、②项内容。

② 使金属表面呈现比较明显的金属光泽。

③ 较彻底除掉旧漆膜和衬里层粘着物。

④ 获得较清洁、干燥的金属表面。

⑤ 允许有轻微的金属清理工具划痕。

(3) 喷丸或抛丸清理金属表面 Sa2 级，是较彻底清理级，具体要求：

① 较彻底清除金属表面黏附的油污、软锈和其他附着物。

② 大致清除硬锈与密实氧化皮，较彻底清除旧漆膜和衬里层黏着物。

③ 金属表面大致呈现银灰色金属本色。

④ 金属表面大致有一定的粗糙度。

⑤ 获得较清洁、干燥的金属表面。

⑥ 允许硬锈、氧化皮、旧漆膜及衬里层黏着物微量存在于金属表面，使金属表面出现阴影和色差。

⑦ 金属表面出现点蚀时，允许清理后的点蚀孔深处有少量锈迹和旧斑点。

(4) 喷丸或抛丸清理金属表面 Sa2.5 级，是彻底清理级，具体要求：

① 彻底清除金属表面的油污、软锈和其他附着物。

② 较彻底清除硬锈、密实氧化皮，彻底清除旧漆膜和衬里层附着物。

③ 金属表面呈现比较均匀的银灰色金属光泽。

④ 金属表面有比较均匀的一定粗糙度。

⑤ 获得清洁、干燥的金属表面。

⑥ 允许硬锈、氧化皮、旧漆膜及衬里层附着物很微量存在。

2. *表面粗糙度*

表面粗糙度是为保证漆膜的附着，对表面状态的控制指标，常用锚纹深度来衡量。每种涂料都有特定的锚纹深度要求。不同的防腐涂装对锚纹深度要求也不相同，不同的底漆对锚纹深度的要求也不相同。锚纹深度的检查不能仅凭肉眼，应使用专门的粗糙度检测仪。

专业规程对成品油罐一般提出“油罐钢表面粗糙度应符合设计文件要求”的宏观要求，主要考虑到在用油罐为成品油罐，尽管底板腐蚀也比较严重，相对原油罐来讲要轻多了，在实际施工中，用手工方式将坑蚀、麻点的底层锈渣和灰尘清除干净，对锚纹深度一般不作具体检测要求。

对于在用油罐喷砂方式除锈的，当表面喷砂达到等级标准或涂料厂家的涂装要求后，就不要过分喷砂，否则会造成钢板局部喷砂过度变薄，缩短钢板使用寿命。对于罐内顶板焊缝、拐角处，且这些地方由于是上仰喷砂，还需经常变换脚手架位置，因此喷砂难度大，质量不易达标，需要爬上脚手架到顶部进行细致检查，具体技术要求可参照 GB/T 8923.1—2011/ISO 8501-1：2007《涂覆涂料前钢材表面处理 表面清洁度的目视评定 第 1 部分：未涂覆过的钢材表面的锈蚀等级和处理等级》GB/T 8923.2—2008/ISO 8501-2：1994《涂覆涂料前钢材表面处理 表面清洁度的目视评定 第 2 部分：已涂覆过的钢材表面局部清除原有涂层后的处理等级》SY/T 6784—2010《钢质储罐腐蚀控制标准》。

3. 表面清洁度

考虑到在用油罐为成品油罐，尽管底板腐蚀也比较严重，相对原油罐来讲要轻多了，在实际施工中，一般标准是除锈等级强制性达标，用手工方式将坑蚀、麻点的底层锈渣和灰尘清除干净，对水溶性盐含量、表面灰尘含量只做观感检查，一般不作检测要求，设计中有特殊说明的按设计要求做。

涂装场所应避免在大风天气、灰尘较多时涂装，更要注意不要在下雨、有雾或被涂覆物表面蒙有水汽及霜雪时在露天场所作业。否则涂膜表面会沾污前道工序产生的灰尘与磨屑，造成颗粒使得涂膜表面粗糙不平。

二、表面油污和旧涂层的处理

钢材在储存过程或运输途中一般涂刷防锈油，易被油脂污染，在用罐壁存在油污，除锈前应进行除油污处理。表面油污处理宜用氢氧化钠、磷酸三钠、硅酸钠配制的热碱(90℃左右)清洗。清洗液应在作业场所外调配，清洗液清洗后必须用清水冲洗，除去罐壁上的残液。

旧涂层同样可以用喷砂法，对于有些旧涂层难以除去的，可以利用手动或电动工具作补充，罐壁表面不允许有焊渣、药皮、电弧烟尘、边角不允许有毛刺及未除去的锈斑。清除旧涂层，对于在用油罐来讲，施工中禁止使用甲苯、二甲苯、汽油等有机溶剂或火焰法清除。

在用油罐旧涂层清除是一个难题，从有利于保证施工质量、有利于保证作业安全、有利于保证工作效率考虑，一般规范中只提出旧涂层清除原则，原则上要求油罐需涂刷的部位，旧涂层黏附不牢的一律铲除。对于附着牢固的旧涂层，确认在不影响新涂层性能的前提下，旧涂层清除可适当放宽要求，但需专家技术鉴定后方可实施(一般试验方法是用拟涂刷涂料在旧涂层上进行局部涂刷试验，若不出现咬底现象，可适当放宽除锈要求)。

三、手工工具或动力工具除锈操作要点

1. 手工工具方法除锈

手工工具除锈一般是采用敲锈榔头、钢丝刷、铲刀等工具，按照先局部清除基材表面附着物，后大面积除锈的程序进行。

首先应局部清除基材表面附着物；再用敲锈榔头等冲击手动工具清除基材表面的分层锈、焊接飞溅物、焊疤、焊瘤、毛刺、锐角；最后用钢丝刷、粗砂纸、铲刀或类似手动工具，采取刷、磨、铲、刮等方法清除基材表面松动的氧化皮、疏松的铁锈和旧涂层。

2. 动力工具方法除锈

动力工具除锈一般用动力旋转式或冲击式除锈工具，按照先局部清除基材表面附着物，后大面积除锈的程序进行。首先局部清除基材表面附着物；再用旋转式或冲击动力工具清除基材表面的分层锈，焊接飞溅物、焊疤、焊瘤、毛刺、锐角，以及松动的氧化皮、疏松的铁锈和旧涂层；最后使用动力工具达不到的基材表面，应用手工方法补充清除。在利用冲击式工具除锈时，要注意不应造成金属表面损伤。在利用旋转式工具除锈时，不宜将表面磨得过光。

四、机械法喷射除锈七个控制程序

喷射除锈一般按照表面预处理、磨料除锈、局部手工处理、表面清洁、检测除锈质量的程序进行，为保证机械法喷射除锈质量和操作安全，必须按程序组织实施。

1. 前期控制

喷砂前，依据 GB/T 8923.1—2011/ISO 8501-1：2007《涂覆涂料前钢材表面处理 表面清洁度的目视评定 第1部分：未涂覆过的钢材表面的锈蚀等级和处理等级》规定，对待涂钢质油罐基体表面锈蚀等级进行评定，仔细检查，清除焊渣、飞溅等附着物，并清洗表面油脂及可溶污物，采用动力工具或手工工具对焊缝、焊渣、毛刺和喷射处理无法到达的区域进行处理。

2. 磨料控制

不同的磨料产生不同的效果，不同的基体需要不同的磨料，不同的防腐涂层也需要不同的磨料。喷砂除锈用的砂，要求颗粒坚硬、有棱角、洁净、无油污、

泥土及其他杂质，含水量不大于1%，同时，应考虑砂料运输条件，单价高低，回收能力等因素；砂料粒径以1～3mm为宜，筛选前须晒干，存储于棚内、室内。除锈方案确定后，磨料可选河砂。海砂含有氯离子等无机盐，容易产生腐蚀，而且不易清理，因此，磨料中海砂是要禁止使用的。

循环使用的磨料应有专门回收装置。磨料的堆放场地及施工现场应平整、坚实，防止磨料受潮、雨淋或混入杂质。

3. 工具控制

喷射枪气流的出口压力宜为0.5～0.8MPa。喷嘴到基体钢表面距离以100～300mm为宜，喷砂前对非喷砂部位应遮蔽保护。喷射方向与基体钢材表面法线夹角以15°～30°为宜。除锈使用的软管应耐磨、导静电。当喷嘴出口端的直径磨损量超过起始内径的20%时，喷嘴不得继续使用。

喷砂前应检查压力容器的生产厂家是否持有有关部门颁发的生产许可证、喷砂工佩戴的防护工具、安全带(绳)和供氧装置是否安全可靠。

4. 环境控制

使用温、湿度测试仪测定空气温度和相对湿度，对照露点温度表查出该温度、湿度下的露点温度；再与当时的钢材表面温度(可用钢材表面温度仪测定)比较，决定是否可以施工，因为钢材表面结露则影响需要防腐的钢材底漆的附着力。

鉴于储罐喷砂除锈多为露天作业，施工时除应注意防尘和环境保护，还必须每日检测施工现场环境温度、湿度和金属表面的温度，计算当日露点，做好施工记录；要及时掌握天气预报，合理安排施工时间。

表面处理质量直接影响漆膜的附着力和寿命，是涂装工程的关键工序。施工环境空气湿度过大，影响防腐的钢板底漆的附着力。所以，环境控制的核心是控制相对湿度。

表面除锈后到涂装底漆前，油罐环境(内壁指罐内，外壁指罐周围)空气相对湿度不宜高于80%。为确保钢材表面干燥，表面除锈后到涂装底漆前，表面温度至少比露点温度高出3℃，则能够保证表面不结露。

经过处理的金属表面如不及时进行防腐涂装施工，则会重新锈蚀。为防止经过表面处理的金属表面重新锈蚀，要求：表面处理结束至涂敷底漆之间的时间间隔，所处环境相对湿度大于60%小于85%时，应在油罐表面除锈完成4h内必须完成第一道底漆涂装工程；在海滨潮湿地区一般不应超过2h；当所处环境的相对湿度大于40%小于60%时，准备涂装的时间不应超过8h；当所处环境的相对湿度小于40%时，准备涂装的时间不应超过12h。

5. 工艺控制

压缩空气必须经冷却装置及油水分离器处理，以保证干燥、无油，并经检查合格后方可使用(将白布置于压缩空气流中1min，其表面用肉眼观察应无油、水等污迹)。油水分离器必须定期清理。空气过滤器的填料应定期更换，空气缓冲罐内积液应及时排放。

喷砂除锈后、涂装前，如遇下雨或其他造成基体钢材表面潮湿的情况时，要待环境达到施工条件后，用干燥的压缩空气吹干表面水分后施工，如需重新喷砂，不可降低磨料要求，以免降低粗糙度。

喷砂时喷嘴不要长时间停留在某处，喷砂作业应避免零星作业，但也不能一次喷射面积过大，要考虑涂装或热喷涂工序与表面预处理工序间的时间间隔要求。对喷枪无法喷射的部位要采取手工或动力工具除锈。

6. 表面保护控制

要注意保护油罐钢板。除锈过程中不得造成基材表面损伤，不得将其磨光。使用动力工具除锈时，要特别注意避免钢表面过分粗糙，否则会由于锚纹深度过大而使锚纹的波峰不能被规定的涂层厚度加以保护。此外，应注意不要用钢丝刷将钢表面刷得过于光滑而降低漆膜的附着力。表面不做喷砂处理的螺纹、密封面及光洁面应妥善保护，不得受损。

喷射或抛射除锈后局部表面仍有残留物时，应采用手工工具或动力工具清除。除锈完成后，应用干燥、无油的空气吹扫。

为防止经过表面处理的金属表面重新锈蚀，要根据所处环境相对湿度，在油罐表面除锈完成后要及时完成第一道底漆涂装。

7. 质量控制

喷砂完成后首先应对喷砂除锈部位进行全面检查，其次要对基体钢材表面进行清洁度和粗糙度检查。重点应检查不易喷射的部位，不可留下漏喷面。往往罐内顶板易被忽视，而这些地方由于上仰喷砂，难度大，质量不易达标。对基体钢材表面进行清洁度和粗糙度检查时，一是严禁用手触摸；二是应在良好的散射日光下或照度相当的人工照明条件下进行，以免漏检。

第六节　安全措施

一、通风换气

通风换气对保证表面除锈作业安全顺利进行至关重要，机械、手工方法除锈时，宜在工作部位设局部通风。机械喷射处理法除锈和清除旧涂层时，在大中城市排放至空气中含尘浓度不大于150mg/m^3。输送可燃性气体、粉尘的通风，应符合GB 6514—2008《涂装作业安全规程 涂漆工艺安全及其通风净化》的有关规定。对于罐内、洞库内、覆土罐间内作业，机械除锈作业停止后，通风系统应继续运转 3~5min。

二、预防事故

（1）禁止在油罐内同时进行机械喷射处理法和手工、动力工具方法除锈。

（2）离地面 2m 以上进行手工或动力工具除锈，在升降式装置或脚手架上进行机械除锈作业时，应执行相关高处作业安全要求。

（3）作业人员应有防尘保护。

（4）进行手工工具或动力工具除锈，作业面布置应合理，相邻作业点宜间隔 lm 以上，严禁多个作业点立体垂直布置。

（5）动力工具方法除锈。手持式电动打磨工具除锈作业前应空载运转 2min，作业过程中应适时检查磨具材质损耗情况，超过限度时不准使用，并执行 GB 2494—2014《固结磨具安全要求》的相关要求；砂轮、磨片、钢丝盘的回转试验应按 GB/T 2493—2013《砂轮的回转试验方法》执行；使用管理应按 GB/T 3787—2017《手持式电动工具的管理、使用、检查和维修安全技术规程》进行。

（6）机械喷射处理法除锈。机械喷射处理法除锈时，罐内应设置带防护结构的照明装置，照度不宜小于 240lx（勒克斯）。机械喷射处理法除锈使用的软管应耐磨、导静电。操作人员应佩戴护目镜和防尘口罩，喷枪应有限位装置。

三、油罐除锈总体安全要求

（1）严禁在油罐内同时进行机械和人工除锈，除新建油罐外，机械除锈禁止使用干喷砂。

（2）作业面布置要合理，相邻作业点间距离在 1m 以上，严禁多个作业点立体垂直布置。

（3）作业人员要佩戴护目镜和防尘口罩，喷枪应有限位装置。

（4）在罐内作业时，要设置带防护结构的照明装置，使用的软管等应耐磨，导静电。

（5）在离地 2m 以上进行除锈时，要做好安全防护工作。

（6）用手持式电动打磨工具除锈或整修焊瘤时，视为用火作业，必须严格执行《石油库动火安全管理办法》，作业前空载运转 2min，作业过程中必须实时检查磨具材质损耗情况，超过限度时不准使用。

（7）作业中，罐内杂物应及时清除，不允许长时间堆积。作业后，可不拆除脚手架，留待涂装作业时使用。

第七节　检查验收

一、除锈等级目视评定主要影响因素

涂装前表面处理质量的好坏直接影响着防腐涂层施工的质量，影响除锈等级目视评定结果的因素很多，其中主要有：

① 喷射除锈所用磨料，手工和动力工具除锈所用的工具；

② 钢材本身的颜色；

③ 不属于标准锈蚀等级的表面锈蚀状态；

④ 表面不平整、工具划痕；

⑤ 照明不均匀；

⑥ 因磨料冲击表面的角度不同而造成的阴影等。

二、除锈等级目视评定方法步骤

（1）将需除锈的钢表面与表示锈蚀等级的照片（见 GB/T 8923.1—2011/ISO 8501—1：2007《涂覆涂料前钢材表面 处理表面清洁度的目视评定 第 1 部分：未涂覆过的钢材表面的锈蚀等级和处理等级》做对照，按最接近钢表面锈蚀程度的照片确定钢表面的锈蚀等级；

在评定时应在良好的光照环境下进行，样板或照片应靠近钢材表面。评定时拍照存档也是必要的。除锈等级评定时也可以在现场制作样板。

（2）按设计选用涂料种类确定除锈方法和应达到的除锈等级。

（3）从 GB/T 8923.1—2011/ISO 8501-1：2007 中查出代表该表面除锈等级的照片名称。例如：某设备钢表面的锈蚀等级为 C 级，又选用了 Sa2 级除锈，就可以在该国标中查找出代表该钢材除锈质量的 CSa2 照片，CSa2 就代表了该钢表面除锈后应具有的外观。

（4）将除锈后的钢表面与查找出来的照片进行比较，评价除锈质量；

（5）允许用合格的标准样板代替标准照片评价钢表面的除锈质量；

（6）钢表面在颜色、色调、明暗、孔蚀和氧化皮等方面各不相同，在与照片对照时必然存在一定的差异。对此，施工人员和检验人员应进行必要的协商。

石油库油罐除锈主要性能指标检测技术要求详见表 3-14。

表 3-14　石油库油罐除锈主要性能指标检测技术要求

序号	项　目	检测方法	检测设备	主要依据	备　注
1	表面除锈等级	借着放大镜，对照典型样板照片排列顺序，通过正常视力直接观察进行比较	典型样板照片排列顺序	GB/T 8923.1—2011/ISO 8501-1：2007《涂覆涂料前钢材表面处理 表面清洁度的目视评定 第1部分：未涂覆过的钢材表面的锈蚀等级和处理等级》	来源 CNCIA-HG/T 0001—2006《石油贮罐导静电防腐蚀涂料涂装与验收规范》
2	表面粗糙度(对成品油罐按设计要求，可无)	对照表面粗糙度比较样块，通过视觉和触觉进行比较，或用粗糙度检测仪、锚纹深度纸(锚纹拓印膜)测定，也可用标准样板对比。	"表面粗糙度比较样块"	GB/T 6060.3—2008《表面粗糙度比较样块 第三部分：电火花、抛(喷)丸、喷砂、研磨、锉、抛光加工表面》	来源 CNCIA-HG/T 0001—2006《石油贮罐导静电防腐蚀涂料涂装与验收规范》
3	表面灰尘清洁度：氯化物含量(对成品油罐按设计要求，可无)	通过成套设备或使用现场快速测试包、数字式氯含量测试仪进行现场检测(对照样板或图像样本)	电导仪、玻璃烧杯、标准胶贴袋、注射器(使用现场快速测试包、数字式氯含量测试仪)	GB/T 18570.9—2005《涂覆涂料前钢材表面处理 表面清洁度的评定试验 第9部分：水溶性盐的现场电导率测定法》	来源 GB/T 50393—2017《钢质石油储罐防腐蚀工程技术标准》、CNCIA-HG/T 0001—2006《石油贮罐导静电防腐蚀涂料涂装与验收规范》
4	表面灰尘清洁度：灰尘含量(对成品油罐按设计要求，可无)	通过成套设备进行现场检测(对照样板或图像样本)	压敏胶带，显示板，弹簧加载滚筒，10倍放大镜	GB/T 18570.3—2005《涂覆涂料前钢材表面处理 表面清洁度的评定试验 第3部分：涂覆涂料前钢材表面的灰尘评定(压敏胶带法)》	来源 CNCIA-HG/T 0001—2006《石油贮罐导静电防腐蚀涂料涂装与验收规范》

第四章 涂装种类与涂装操作

第一节　概　述

将涂料涂布在被涂物件的表面，形成均匀的漆膜，称此操作为涂漆或涂装。涂装是涂料施工的核心工序，它对涂料性能的发挥有非常重要的作用。涂装按操作方法可分10余种，例如，刷涂、辊涂、空气喷涂、高压无气喷涂浸涂、淋涂、双组分喷涂、混气喷涂、静电喷涂、电泳涂装、自泳涂装以及粉末流化床涂装等。按使用工具设备可分为三大类，即手工工具涂装、机械工具涂装和器械设备涂装，其中，手工工具涂装，是传统的涂漆方法，包括刷涂和辊筒刷涂。机械工具涂装，应用较广，主要是喷枪喷涂，包括空气喷涂、高压无气喷涂、双组分喷涂和混气喷涂等方式。器械设备涂装包括浸涂、淋涂、静电喷涂和自动喷涂等。工业上防腐蚀涂装常见方式是刷涂、辊涂、空气喷涂、高压无气喷涂、静电喷涂和电泳涂装等。

油罐涂装主要采用高压无气喷涂、空气喷涂、涂刷、辊涂和刮涂方法。

选用先进的涂装方法和设备可以提高涂层质量、涂料利用率和涂料施工效率，并改善施工的劳动条件和强度。涂装方法一般依据被涂物的条件、对涂层的质量要求和所采用涂料的特性来选择。每种方法各有其特点和一定的适用范围，应根据涂漆对象、技术要求、涂装设备条件和工艺环境等情况，正确地选用合适涂装方法，才能达到涂装质量好、效率高、成本低的效果。

第二节　手工工具涂装

一、刷涂

刷涂是人工利用漆刷蘸取涂料对物件表面进行涂敷。刷涂是最简单的手工涂装方式，工具简单，适用范围广泛，不受涂装场所、环境条件的限制，适用于刷涂各种材质、各种形状的被涂物。同时对涂料品种的适应性也很强，油性涂料、合成树脂涂料、水性涂料都可以采用刷涂的方法施工。

刷涂的主要工具是漆刷，硬毛刷多为猪鬃制作，软毛刷由羊毛制作。除了动物毛之外，也有使用化学纤维制作的毛刷，这些毛刷多不耐溶剂，只适用于水性类涂料的施工。常用的规格有 1/2in、1in、2in、2. 5in 直至 4in(1in = 2. 54mm)。形状有扁刷、圆柱刷、弯头刷等。可根据工件的面积和形状选择刷子的尺寸和形状。

刷涂法特点：适应各种形状的被涂物，边角坑洼能够面面俱到，节省涂料、施工简便、工具简单、易于掌握、灵活性强，施工基本不受场地和涂装设备的限制，可在工程现场进行；涂漆作业时，作用力较大，有利于漆对底材的浸润和渗透，漆膜附着力好；漆的利用率高。缺点：劳动强度大，涂装效率低，对于快干性、流平性较差的涂料不大适合，易留下明显的刷痕、流挂和膜厚不均等现象，影响涂膜的平整和美观等。

适用范围：刷涂适宜涂装初期干燥较慢的非挥发性涂料，因为有充分的时间进行手工修饰和自流平，减少刷痕，如油性漆、醇酸漆、环氧酯漆等。

对于硝基等快干类漆，则难以得到平整的涂层。快干性涂料只能采用一次完成的方法，不能反复刷涂。漆刷运行宜采用平行轨迹，并重叠漆刷约 1/3 的宽度。刷涂漆的黏度高于喷涂漆，根据漆的性质和施工习惯，可调节在 30~70s(涂-4 杯，25℃)左右。黏度太低，每道漆的层厚不够，立面不上膜；黏度太高，流平性不好，拉刷子困难，容易流淌和流挂。

操作要领：刷涂系手工作业，操作者的熟练程度影响刷涂质量。刷涂时要紧握刷柄，始终与被涂面处于垂直状态，运行时用力与速度要均衡。刷涂前先将漆刷的 1/2 浸满涂料，然后在涂料桶内沿理顺刷毛，去掉过多的涂料。

刷涂通常分为涂布、抹平、修整三个步骤，应该纵横交替进行刷涂，最后一个步骤应用垂直方法进行竖刷。木质被涂物的最后一个步骤要与木纹同向。

刷涂较大面积的被涂物时，通常应从左上角开始，每沾一次涂料后按涂布、抹平和修整三个步骤完成一块刷涂面积后，再沾涂料刷涂下一块面积。仰面刷涂时，漆刷要少沾一些涂料，刷涂时用力也不要太重，漆刷运行也不要太快。

二、辊涂

辊涂是利用辊筒蘸取涂料在工件表面滚动的涂敷，是指圆柱形辊筒黏附涂料后，借助辊筒在被涂物的表面滚动进行涂装。

辊筒按照形状可以分为通用型和特殊型，还有自动向辊筒供给涂料的压送式辊筒。通用辊筒指刷滚呈圆形的辊筒，一般对平面适用。按辊筒的内径，可以分为标准型、小型和大型辊筒。标准型辊筒的内径为 38mm，辊幅 100~220mm，适用于平面和曲面；小型辊筒内径为16~25mm，适用于内角和拐角部位；大型辊筒内径为50~58mm，含漆层含漆料较多，适用于大面积的涂漆。

辊筒的含漆层由天然纤维和合成纤维制成，天然纤维主要是羊毛，合成纤维有尼龙、聚酯、聚丙烯等。

刷涂法特点：滚涂施工适用于较大平面的涂敷，效率高于刷涂施工2 ~3倍，滚涂的涂料浪费也较少，不形成涂料粉尘，对环境的污染较小，辊筒涂装广泛用于船舶、桥梁、各种大型机械和建筑涂装。滚涂施工的一个突出优点是可在辊筒后部连接一根较长的支撑杆，在施工时可进行较长距离的作业，减少了一部分搭建脚手架的麻烦。缺点：不适于弧度较大的储罐(涂层厚度不易均匀)，施工效率低于喷涂，但对窄小的被涂物，以及棱角、圆孔等形状复杂的部位涂装比较困难。在辊动时，由于刷毛散开和压紧压力大小不一，很容易产生不均匀现象，容易截留空气。所以辊涂不推荐用于第一道漆的施工。对固体分含量高的涂料，辊涂易使漆膜不平整，美观性较差。

操作要领：采用辊涂法施工，在每道漆层涂装作业时，对焊道附近、钢结构拐角处、罐内零部件等滚筒不易刷到的部位先用漆刷局部涂敷加工，再用滚筒进行大面积滚涂，保证涂装中无遗漏，且漆膜均匀，以获得高质量涂层。新辊筒使用前要用油漆泡透，防止辊筒绒毛粘进涂层中，凹凸不平、焊缝波纹及边角处，应先作预涂。

辊筒蘸漆要均匀，涂漆时应使辊筒上下左右缓缓滚动，勿使油漆溢出辊筒两边。滚涂时，用力应均匀、且不宜过大，并应保持匀速。滚筒应沿同一方向滚压，每遍方向可不同。

压送式构造的辊芯为涂料输送通道，涂料经压送泵增压后由输送管道输出，再经辊芯内腔输送给含漆层。它可以连续作业，适用于流水线作业，大型胶辊上粘上涂料，再转印到被涂物上形成漆膜，作业效率较高，但只适用于平面钢板或卷材。

三、刮涂

刮涂是采用金属或非金属刮刀，对黏稠涂料进行厚膜涂敷。一般用来涂敷腻子和填孔剂。

第三节　空气喷涂

一、空气喷涂原理

空气喷涂最初是为了适应硝基漆之类的快干涂料而开发的涂装工艺，在20

世纪 20 年代问世，之后对喷枪的整体构造与质量、涂料供给与雾化方式、喷雾图形与涂料喷出量的调节、构件材质的选用，以及配套设备等不断进行改进与更新，从而在高效、低耗、节能、减少污染、改善劳动条件等方面都取得了很大的进步。

空气喷涂的基本原理是，利用压缩空气在喷枪嘴产生负压将漆料带出、或者利用漆料的重力、压力供漆，再借助喷枪的压缩气流，把漆液分散、雾化，喷射到物体表面上，雾滴溶合、重叠而成膜。

相比较手工作业而言，空气喷涂效率高，每小时可喷涂 50~100m²，比刷涂快 8~10 倍。适应性强，几乎不受涂料品种和被涂物状况的限制，可适应于各种涂装作业场所，尤其适用于大面积涂敷。涂膜美观、光滑平整、厚薄均匀，可达到最好的装饰性。但是空气喷涂时漆雾飞散，会污染环境，涂料损耗较大，涂料利用率一般为 50%左右。

二、喷涂装置组成

喷涂装置包括喷枪、空气压缩机及其附带的净化系统、漆料输送系统等。如果在工厂涂装，喷涂作业在喷漆室或喷漆柜中进行，同时备有排风及漆雾收集处理装置。

喷枪是最主要的设备。涂料供给设备包括储漆罐、涂料增压罐或增压泵。压缩空气供给设备包括空气压缩机、油水分离器、储气罐、输气管道。被涂物输送设备包括输送带、传送小车、挂具。

涂装作业净化设备包括排风机、空气滤清器、温度与湿度调节控制装置、具有除漆雾功能的喷漆室、废气废漆处理装置等。

空气喷涂设备种类很多，应当根据被涂物的状况与材质、预定的涂层体系、对漆膜的质量要求、生产规模等因素正确地选择，组成合理的涂装生产设备体系。

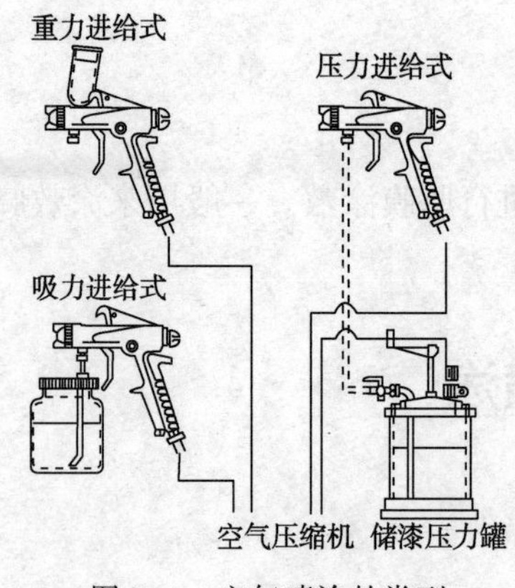

图 4-1　空气喷涂的类型

三、空气喷枪的种类

喷枪的种类依据雾化涂料的方式分为外混式和内混式两大类，两者都是借助压缩空气的急骤膨胀和扩散作用，使涂料雾化，形成喷雾图形，但由于雾化方式不同，其用途也不相同，使用最广的是外混式。空气喷枪见图 4-1，按照涂料供给方式可以分为吸力进给式、重力进给式和压力进给式。由于涂料供给方式不同，各有优缺点，应用范围也不一样，其性能比较详见表 4-1。

表 4-1　空气喷枪的类型比较

喷枪类型	涂料进给方式	优　点	缺　点
吸上式	涂料罐安装在喷嘴下面，利用虹吸作用供给涂料	喷枪工作稳定，便于加涂料或换颜色	喷涂水平面较为困难，黏度变动会导致出漆量变化
重力式	涂料罐安装在喷嘴上面，利用涂料的自重和喷嘴尖空气压力差供给涂料	涂料黏度不变，出漆量不会变，涂料罐的位置可按喷漆件形状调节，节省涂料	喷枪稳定性差，涂料罐容量小，多用于修补，不宜仰面喷涂
压送式	用压缩空气罐或泵给涂料加压	适用于喷涂大型表面和高黏度涂料	不适合于小面积喷涂，清洗喷枪较费时间

吸上式喷枪的涂料罐位于喷枪的下部，涂料喷嘴一般较空气帽的中心孔稍向前凸出，压缩空气从空气帽中心孔，即涂料喷嘴的周围喷出，在喷嘴的前端形成负压，将涂料从涂料罐内吸出并雾化，一般适用于非连续性喷涂作业。

重力式喷枪的涂料罐位于喷枪的上部，涂料靠自身的重力与涂料喷嘴前端形成的负压作用从涂料喷嘴喷出，并与空气混合雾化。适用于涂料用量少与换色频繁的喷涂作业场合。

压送式喷枪是从另设的涂料增压罐(或涂料泵)供给涂料，提高增压罐的压力可同时向几只喷枪供给涂料。这种喷枪的涂料喷嘴与空气帽中心孔位于同一平面，或较空气帽中心孔向内稍凹，在涂料喷嘴前不必形成负压，适用于涂料用量多且连续喷涂的作业场合。

四、空气喷枪的构造

外混式空气喷枪使用最广，典型的喷枪由枪头、调节机构、枪体三部分组成。枪头由空气帽、喷涂喷嘴组成，其作用是将涂料雾化，并以圆形或椭圆形的喷雾图形喷涂至被涂物表面。调节机构是指调节涂料的喷出量、压缩空气流量和喷雾图形的装置。枪体上装有扳机和各种防止涂料和空气泄漏的密封件，并制成便于手握的形状。以吸力式空气喷枪为例，其结构见图 4-2。

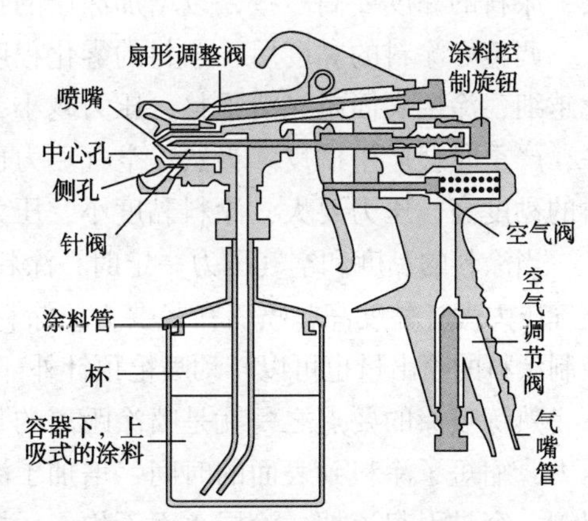

图 4-2　吸力式空气喷枪结构图

涂料控制旋钮可以控制涂料喷出量。拧松，增加涂料喷出量；拧紧，减少涂料喷出量。扇形调整阀的作用是调节喷雾图形。拧松螺钉喷雾形成椭圆形；拧紧形成较圆形。椭圆形比较适合于喷涂大的面积，圆形比较适合喷涂小的工作表面。

空气调节阀的作用是调节空气压力，拧松增加空气压力，拧紧降低空气压力。空气压力不足会影响涂料雾化，过大则会使更多的涂料溅散，增加涂料消耗。

气帽，把压缩空气导入漆流，使涂料雾化，形成喷雾图形。气帽上有中心气孔、雾化气孔、扇面控制气孔。

涂料喷嘴的作用是控制喷漆量，并把漆流从喷枪中导入气流。涂料通道和空气通道在枪体上是完全隔开的。涂料喷嘴易被涂料磨损，一般均采用合金钢制作，并需进行热处理。喷嘴的口径多种多样，并形成系列。

喷嘴大小与涂料性质和施工要求有着一定的关系。进行低黏度涂料或者小面积喷涂时，喷嘴大小 1~1.5mm；进行高黏度涂料或者大面积喷涂时，喷嘴大小 2~4mm。喷涂时，枪嘴距离被涂物表面一般为 200~300mm。低黏度涂料的喷涂压力为 0.1~0.2MPa，高黏度涂料为 0.2~0.4MPa。空气压力过高、过度雾化会使涂料飞散过多；压力过小，喷雾变粗，会产生橘皮。

五、空气喷涂操作

对空气喷涂来说，涂料的黏度是影响涂膜质量的重要因素。黏度过高，雾化不良，喷出的射流成液滴状，涂层表面粗糙；黏度过低，涂层较薄，过度雾化的涂料飞散较大。装饰性面漆可以采用低黏度，较小的喷嘴口径，较高的空气压力，涂料雾化要好，涂层光滑细腻，不产生橘皮皱纹等缺陷。以保护性为主的涂层，涂料的黏度要高一些，以增加涂层的喷涂厚度，减少喷涂层次。

调整好涂料的黏度后，漆料的雾化程度就取决于空气压力了。压力越大，雾化越细，涂层表面越光滑平整；压力越小，涂料雾化越粗，涂层表面就越粗糙不平，严重时会产生橘皮。当然，空气压力也不是越大越好，它有一定的范围。涂料的黏度高，压力要大，涂料黏度小，压力可以相应调小。

当涂料的黏度和空气压力一定时，涂料的喷出量和喷幅由喷嘴口径进行控制。空气压力大，黏度高，喷嘴孔径要大；涂料黏度低，空气压力小，喷嘴口径要小。控制涂料的喷出量也可以转动喷枪顶针外部的调节螺栓，调整顶针的伸出长度。

熟练喷涂的要点之一就是喷涂距离的掌握。喷涂距离过近，等于增大了空气压力，缩短了涂料到表面的时间，增加了涂料的喷涂量，喷枪的移动范围会受到限制，容易引起流挂、涂层表面不均匀、搭接不良等弊病。喷涂距离过远，等于降低了空气压力，延长涂料到达被涂面的时间，溶剂挥发量多，涂料黏度增大，雾化不细，涂层表面会形成干尘，并且漆膜表面无光。

喷涂作业时，喷枪的运行速度要适当，并且保持恒定。一般控制在 30~60cm/s 的范围内。当运行速度低于 30cm/s 时，形成的漆膜厚，易产生流挂；当运行速度大于60cm/s时，形成的漆膜薄，易产生漏底缺陷。

喷涂幅面的重叠，是指喷雾图形之间的部分重叠。由于喷雾图形中心漆膜较厚，边沿较薄，喷涂时必须使前后喷雾图形相互搭接，才能使漆膜均匀一致。

喷涂之前，调节好压力、喷射直径和流量，进行反复试喷，确认喷涂效果后才能进行正式的喷涂。

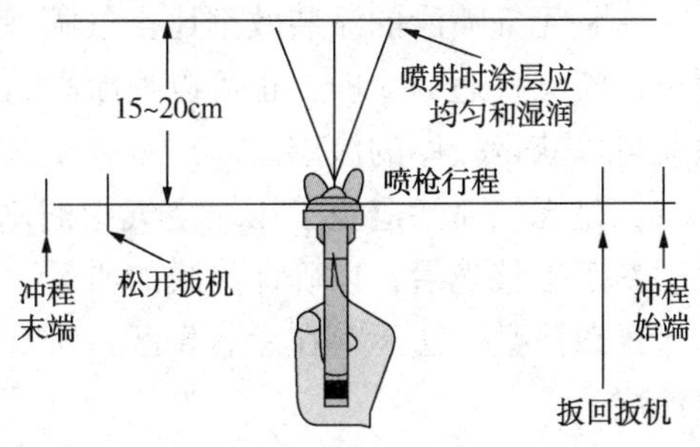

图4-3　喷涂距离和行枪控制

试喷距离可以找一块报纸或废木板等进行。喷涂清漆类涂料，喷枪与被涂面距离为15~20mm，喷涂底漆时，相距20~30cm，喷涂磁漆时相距20~25cm。试喷时如果颗粒粗大，可以旋进流量控制钮约1/2圈减少流量；如果喷得过细或过干，则旋出1/2圈来调节涂料的喷出量。喷涂时，喷涂距离保持恒定是确保漆膜厚度均匀一致的重要因素之一。见图4-3。

第四节　高压无气喷涂

高压无气喷涂是不需要借助压缩空气喷出使涂料雾化，而是给涂料施加高压使涂料喷出时雾化的涂装工艺。涂料加压用的高压动力源有压缩空气、发动机和电动三种。一般多采用压缩空气作为动力源，用压缩空气作为动力源具有操作方便、安全的特点。高压无气喷涂装置见图4-4。

图4-4　高压无气喷涂装置

一、高压无气喷涂的原理和特点

高压无气喷涂原理：利用压缩空气驱动高压泵（或电动高压涂料泵）将涂料增压至10~15MPa（约100~150kgf/cm^2），通过特殊的喷嘴喷出。高压漆液离开喷嘴达到大气中后，以高达100m/s的速度与空气发生激烈的高速冲撞，立即剧烈膨胀，形成极细的漆流线，因表面张力的作用变成极细的漆粒而雾化，在表面上形成均匀的涂膜。

高压无气喷涂优点：

一是无气喷涂的涂装效率比空气喷涂高 3 倍以上。对涂料黏度适应范围广，既可以喷涂普通的涂料，也可以喷涂高黏度涂料，不必添加额外的稀释剂，一次涂装可以获得较厚的涂层。

二是无气喷涂避免了压缩空气中的水分、油滴、灰尘对涂膜所造成的弊病，涂层易于平整光滑，以确保涂膜的质量。大型储罐内防腐施工宜采用高压无空气喷涂，该涂敷方法不存在涂装盲区，所有部位均能涂到，有利于形成高质量的防腐涂层。

三是由于不使用空气雾化，漆雾飞散少，没有一般空气喷涂时发生的涂料回弹和大量漆雾飞扬的现象，且涂料的喷涂黏度高，稀释剂用量减少，节省了涂料，而且减少了污染，改善了劳动条件。

四是调节涂料喷出量和喷雾图形幅宽需要更换枪嘴。由于无气喷枪没有涂料喷出量和喷雾幅宽调节机构，只有更换喷嘴才能达到目的，所以在涂装作业过程中不能调节涂料喷出量和喷雾图形幅宽。

二、高压无气喷涂装置分类

高压无气喷涂装置有三种类型：

固定式：适用于大批量生产定型产品的流水作业线上；

移动式：常用于工作场所经常变动的情况或现场施工；

轻便式：用于涂装小型件，工作场所不固定的地方。

GPQ9C、GPQ9CA 型无气喷涂机是无机锌和环氧富锌涂料专用喷涂设备。无机锌涂料具有许多卓越的性能，但其涂装施工难度较大。特别是厚膜型无机锌涂料，涂装过程中极易产生沉淀和结块，对喷涂设备具有许多特殊、苛刻的要求。通用型的无气喷涂设备根本难以胜任，极易因涂料的快速沉淀、结块而阻塞。并且由于无机锌涂料的含锌量高，喷涂设备的许多高压阀口、活塞杆、涂料缸等重要零件极易损坏。喷涂时须拆除稳压过滤器中的滤网。

除了采用压缩空气作为驱动能源外，还有电动型和柴油机型两种方便灵活的无气喷涂机。

三、高压无气喷涂设备的组成

高压无气喷涂设备由动力源、高压泵、蓄压过滤器、输漆管、涂料容器和喷枪等组成，图 4-5 以 QPT6528K 为例介绍无气喷涂设备的组成。

无气喷枪由枪体、涂料喷嘴、过滤网、顶针、扳机、密封垫、连接部件等构

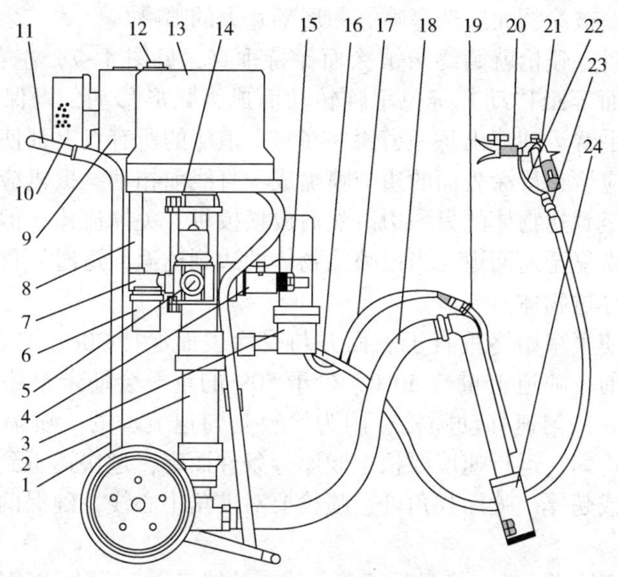

图 4-5　高压无气喷涂设备的组成

1—车架；2—涂料液压泵；3—涂料过滤器；4—进气球阀；5—调压阀；6—油杯；7—油雾器；8—进气软管；9—配气换向装置；10—消声器；11—把手；12—上先导阀体；13—气动泵；14—拉杆；15—进气接头；16—高压软管；17—放泄软管；18—吸入软管；19—吸入/放泄管总成；20—柱式回转喷嘴；21—无气喷枪；22—喷枪保险；23—回转接头；24—吸入滤网

成。主要种类有手持喷枪(图 4-6)、长杆式喷枪和自动喷枪。

涂料喷嘴是无气喷枪中最关键的零部件，涂料的雾化效果和喷出量、喷雾图形的形状与幅宽，都是由涂料喷嘴的几何形状、孔径大小与加工精度决定的。涂料喷嘴可分为标准型喷嘴、圆形喷嘴、自清洁型喷嘴和可调喷嘴。自清洁喷嘴是无气喷涂中最常用的喷嘴，它有一个换向机构，当喷嘴被堵塞时，旋转 180°可将堵塞物冲掉。

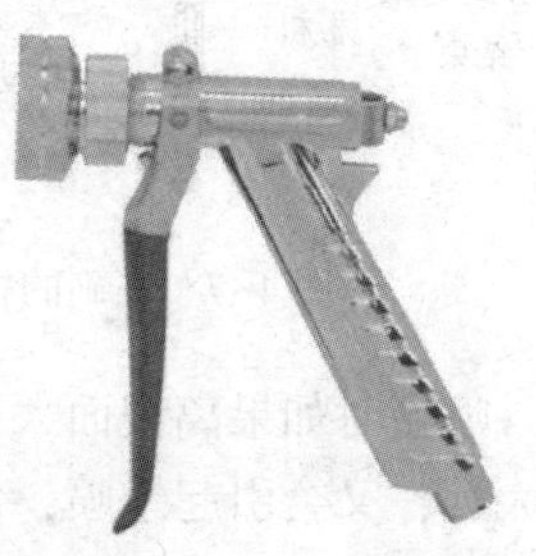

图 4-6　手持式喷枪

每一个喷嘴的涂料喷出量和喷雾图形幅宽都有一个固定的范围，如果改变就必须更换枪嘴，因此枪嘴的型号规格很多，以适应不同的需要，常用品牌枪嘴技术参数可在相关手册中查到。

四、高压无气喷涂操作

高压无气喷涂适合于各种涂料的喷涂，但在喷涂之前根据各涂料生产厂的涂料特性和涂装要求，除选择合适的无气喷涂设备外，最关键的是合理选择涂料喷嘴口径、涂料压力等喷涂的工艺条件。通常喷涂涂膜较薄的涂料，应选用口径小的喷嘴；喷涂涂膜较厚的涂料，应选择口径大的喷嘴。被涂物小应选择喷雾图形幅宽小的喷嘴，被涂物大应选择喷雾图形幅宽大的喷嘴。

无气喷涂时，喷枪就始终与被涂面保持垂直，见图 4-7，左右上下移动时，要注意与被涂面等距移动，避免手腕转动而成为弧形移动，以保持膜的厚度均匀。以自由的手臂运动喷出每一道漆并在每一道漆的所有点上都使喷枪与表面保持直角。扳机应恰在待涂表面的边与喷嘴成一直线前扣动。扳机应完全扣下并不断移动喷枪直至到达物体的另一边。然后放松扳机，关掉流体，但喷枪继续移动一段距离直至恢复至返回道。当已喷涂物体的边到达返回道时，再次完全扣下扳机并继续移动穿过物体。

手持喷枪使喷束始终垂直于表面并与受涂表面保持 30cm 左右的均匀距离。每一喷道应在前一喷道上重叠 50%，少于 50%的重叠会使末道漆表面上出现条痕。扣下扳机后，匀速移动喷枪，因为涂料是匀速流动的。喷幅在 50%的重叠时，漆膜覆盖均匀。运行速度要根据膜厚等条件而定，过快达不到规定膜厚，过慢易引起流挂或超厚。喷涂拐角处，喷枪要对准角中心线，确保两侧都能得到均匀的膜厚。

弧状移动喷枪(图 4-8)会导致不均匀施工并使每一喷道的中间漆膜过厚，而两端则漆膜较薄，甚至干喷。当喷枪离表面呈 45°弧状时，约有 65%的涂料损失。

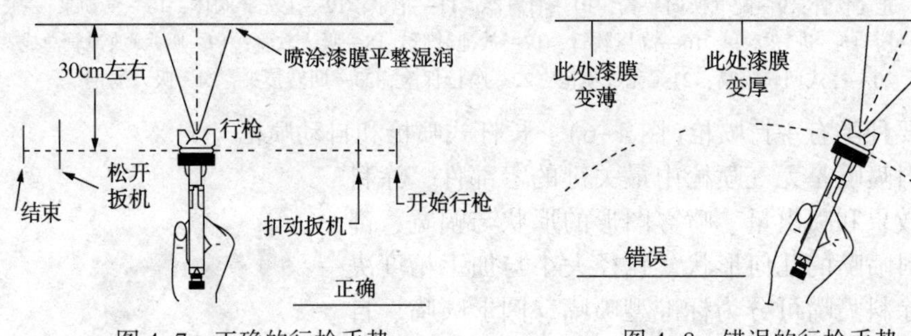

图 4-7　正确的行枪手势　　　　图 4-8　错误的行枪手势

喷涂时如果离表面太近，会引起涂料堆积，漆膜过厚及导致流挂的产生；如果太远，又会引起干喷，涂料不能有效地呈湿态附着，见图 4-9。

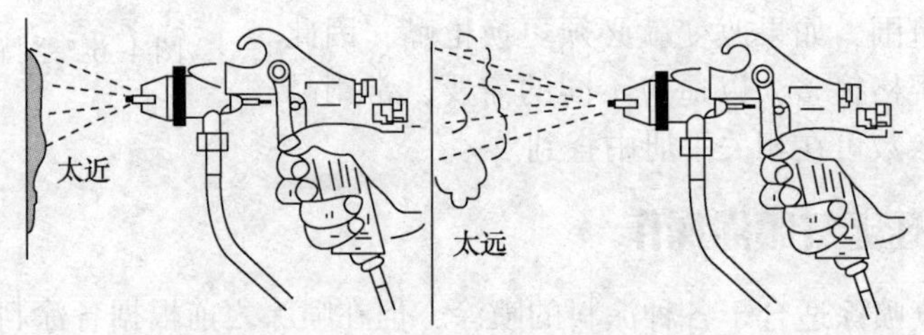

图 4-9　喷涂时距表面太近或太远

第五节　其他喷涂形式

一、双组分喷涂

双组分涂料，特别是高黏度和无溶剂涂料，适用于双组分无气喷涂。不同于普通的高压无气喷涂，双组分是混合好之后才进入喷漆泵，双组分喷涂的涂料混合是在泵外的混合器之内进行的。

被增压的双组分涂料，A 组分涂料(基料)由主料泵吸入并增压，主机动力经比例杠杆传递至 B 泵，B 组分涂料(固化剂)由副料泵吸入并增压，A、B 组分的相对流量，由调(定)比机构确定，然后同时送入混合器。经高压软管输送至混合器。经充分搅拌均匀后，输送至无气喷枪，最后在无气喷嘴处释放液压，瞬时雾化后喷向被涂物表面，形成涂膜层。清洗泵能够对涂料混合段进行冲洗。

双组分喷涂，根据混合配比的方式，可以分为机械和电子计量配比两类，如图 4-10 所示。

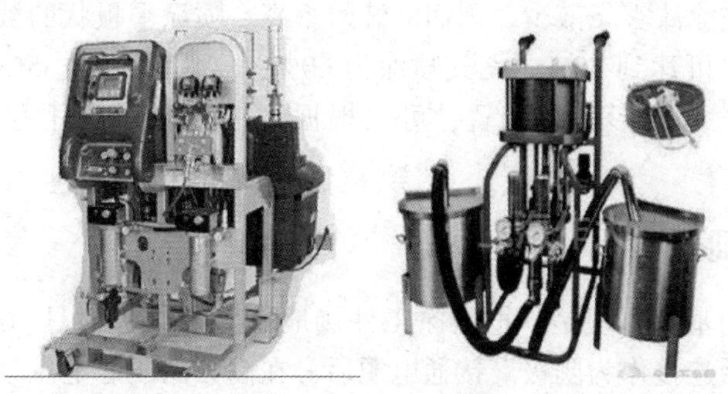

图 4-10　GRACO 机械混合和电子计量配比的双组分喷涂机

先进的双组分喷涂机，采用全新的交互式用户控制界面，操作直观、简单。可以进行精确控制设定，也可以控制设备的日常使用。用户控制界面可提供多种信息的反馈和监控。包括压力、温度、流量等。不仅可以对工作任务提供实时监控，历史数据也能为制定设备的定期维护保养计划提供参照。还能通过设备自带的 USB 接口，获得喷涂情况的历史资料下载。

定量配比系统，可以控制设备对原料配比的精确程度。少量 B 组分原料被高压注入 A 组分原料。先进的自感应装置能自动控制给料泵的输送压力，确保精确的原料用量及配比并减少原料浪费。除了标准的混合歧管外，还可以选择远程混合歧管，附带的压力检测表提供即时原料输出压力。

图 4-10 是 GRACO 机械混合和电子计量配比的双组分喷涂机图形。

二、混气喷涂

混气喷涂，又称为空气辅助无气喷涂，集中了无气喷涂和空气喷涂的优点，一方面与无气喷涂一样，可以喷涂黏度较高的涂料，喷涂效率高，能获得较厚的漆膜；另一方面同空气喷涂一样，雾化效果好，漆膜装饰性好；且抑制了漆雾的飞散，节省涂料，改善了喷涂作业环境。

混气喷涂的喷枪，其涂料喷嘴与无气喷枪喷嘴相同，同时也与空气喷枪一样设有空气帽和喷雾图形调节装置。当涂料在低压条件下被压送至涂料喷嘴喷出时，借助从空气帽喷出的雾化空气流，促使漆雾细化，并通过调整喷雾图形调整空气，调节喷雾图形的幅宽。这两股空气流还具有包围漆雾的功能，防止漆雾飞散。

无气喷涂涂料压力通常都在10MPa以上，混气喷涂涂料压力为4~6MPa，能延长高压泵和喷枪的使用寿命。

无气喷涂漆雾粒径为120μm，空气喷涂漆雾粒径为80μm，而混气喷涂的漆雾粒径为70μm，由于漆雾粒子细，可以提高漆膜的装饰性。

由于混气喷涂漆雾飞散少，因而涂装效率高。喷涂平板状的被涂物时，混气喷涂的涂装效率可达到75%，无气喷涂为60%，空气喷涂为35%，混气喷涂所用的喷枪设有喷雾图形调节装置，可以根据被涂物的形状任意调整喷雾图形幅宽。

三、静电喷涂

静电涂装的基本原理是，把被涂工件接地作为阳极，喷具(电喷枪)与高频高压静电发生器连接作为阴极。接通电源后，在高频高压静电发生器供给的高压直流电作用下，两极间形成高压静电场，阴极发生电晕放电，使喷具喷出的涂料微粒带有负电荷，同时进一步雾化，在静电引力作用下，带电的涂料微粒沿磁力线方向被吸引到带异电荷的工件上，进行电性中和，最后形成漆膜牢固附着在表面上。

静电涂装设备主要由高频高压静电发生器、涂料雾化装置及其附件组成。供静电涂装用的高压静电发生装置大多数属于微功率型，其特点是，供给的放电电极电压比较稳定；短路电流小于火花放电的电流，或当发生短路时，线路电流超过额定值后，能使高压迅速下降；即使操作人员不慎触及高压也无生命危险。

涂料雾化装置又称电喷枪，其功能是将漆料转变成漆雾并使雾滴带有电荷喷出。

第六节　涂装打磨材料

在防腐蚀涂料的施工中，打磨工艺在工程机械、机车车辆、风机叶片等中是重要的施工程序。不同于除锈的打磨，其有着特殊的要求和特定的打磨工具，最主要是打磨机和砂纸。

一、打磨机

打磨机有手工打磨和机械打磨两类。

手工打磨是将砂纸用掌心平压在打磨表面上，用掌心沿砂纸的长度方向施加中等均匀压力进行打磨，或者是将砂纸贴附于打磨垫上进行打磨。使用打磨垫效果更好。打磨时不要做圆周运动，这样会产生明显的磨痕。

机械打磨，可以用电力驱动或压缩空气驱动。气动打磨是主要的机械打磨方式，主要有单作用打磨机、往复直线打磨机、双作用打磨机（偏心振动式）和轨道式打磨机。

二、砂纸

在打磨工作中，砂纸起着切割平整的工作。特定的打磨工作，要选择合适的砂纸才能起到最佳的效果。砂纸的形状有片形和卷形两种，前者多用于手工打磨，后者多用于机械打磨。

砂纸上磨料有金刚砂、氧化铝和锆铝三类颗粒。尖锐的金刚砂磨料适合于快速磨削。氧化铝磨料坚固不易折断，也不会很快磨钝，适于金属表面、旧涂层等。锆铝磨料与传统磨料相比，效率更高，寿命更长，有自动磨锐性能，并且发热量低。

砂纸磨料颗粒大小，用数字排列，粒度编号越小，砂纸越粗。不同粒度的砂纸用途不同，美国磨料粒度的标准由美国国家标准协会 ANSI 和涂料用磨料制造协会 CAMI 制定。欧洲磨料制造协会 FPA 制定欧洲标准。

砂纸的打磨实际起着切割和平整的作用。小面积的手工打磨，可以将一张砂纸叠成三叠，拿起来就有三张砂纸的厚度，很顺手，砂纸面磨平后可以方便地换另一面进行。

砂纸的打磨操作，首先要注意砂纸的握法。有打磨块时无所谓，手握打磨时，可以将砂纸夹在拇指和手掌之间，或是用拇指和小指握住打磨。打磨的姿态以顺手为原则，可以用手指用力打磨，小范围打圈，或交叉打磨。

湿打磨时，要选择好合适的水磨砂纸、一桶干净水、泡沫塑料及橡皮胶板等。浸湿海绵、水磨砂纸以及待打磨表面，用湿海绵擦拭打磨表面及周围区域。

打磨时不断用海绵蘸水湿润表面，并时刻注意表面打磨效果。可以用手电从入射光角度观看和检查打磨效果。

对于修补时涂膜边缘打磨到逐渐变薄的平滑过渡状态，要在 10～20cm 的范围内，从下层开始打磨到面层，为精细平滑无痕的修补创造先决条件。一般从底层开始到面层要有 7.5～10cm 的打磨过渡距离。

第五章
油罐涂装施工

第一节　油罐涂装施工常见问题

油罐涂装施工是由多项作业组成的综合性施工，任何一个环节出现疏漏，都会影响涂层质量。近年来，由于设计不规范、规程不完善、监督管理不到位，导致造成涂层质量差，使用寿命短。特别是洞库、覆土式油罐施工条件恶劣，质量控制难度大，加之管理中存在一些薄弱环节，导致施工质量差，潜在隐患大，投资效益低，甚至影响储存油品质量。

一、基体表面处理不彻底

基体表面处理不彻底主要表现有三个方面：

(1) 基体表面除锈不彻底。对在用油罐而言，特别是洞库、覆土式油罐，固定于相对密闭的有限空间内，由于受多种因素制约，大多采用手工和动力工具除锈，在管理、检测、验收若干环节容易出现问题或把关不严，造成基体表面除锈不彻底，死角部位多。

(2) 基体结构没有优化。基体结构存在缺陷主要表现在：浮顶立柱、量油管支腿等补强垫板周边焊道存在缝隙(一般为花焊，未实施连续焊)；罐顶骨架扁钢与顶板间断焊连接形成缝隙；罐底板上有较深腐蚀坑；没有清除底板和壁板上施工遗留下的焊瘤等。这些缺陷不进行优化处理，就会在涂层上形成缝隙、裂纹，腐蚀介质极易通过这些缝隙、裂纹扩散进入涂层下部，引起防腐层失效。

(3) 基体表面清理不干净。涂刷涂料前，基体表面残存有水分、油污、尘垢、灰尘、杂质等污染物未清除，降低了涂料对基体表面的浸润，影响了界面附着力。

二、防腐涂料选择不合理

原材料质量的优劣直接关系到工程的好坏，因产品质量不合格而导致的质量事故时有发生。主要表现在三个方面：一是防腐涂料性能各异，在选择涂料时，没有充分考虑石油库所处的自然环境、储存油品、施工条件、涂装目的和寿命期限等，随意选择涂料品种；二是由于缺乏涂料应有的常识，涂料与稀释剂、施工机具与涂料不配套；三是目前国内防腐材料的生产单位很多，有的产品质量本身就不稳定，涂料进场检查验收不严格。

三、涂料配比控制不严格

目前，多数防腐涂料一般由双组分或三组分组成，涂装时，需要按照固定比例调和。在实际工作中，有的图省事，赶进度，往往不按配比作业。主要表现：一是仅凭估计(不过秤)对涂料进行调和，没有严格执行调和比例；二是对组分涂料没有充分搅拌，各组分没有均匀混合就开始涂装；三是涂料搅拌完就立即涂刷，没有按要求时间熟化。

四、腻子刮涂质量不过关

腻子刮涂是确保涂装质量的一个重要环节。在防腐施工中，不重视腻子刮涂。主要表现：一是腻子制作程序不对。把填料先加入一种组分中，搅拌后再加入其他组分搅拌、搓揉，这样容易造成各组分调和不均，不能充分接触，不能相互渗透，严重影响腻子与基体、涂层的附着力。二是腻子刮涂不符合要求。未对基体表面缺陷进行刮腻子处理，刮涂不到位，或者没有打磨平整(存在毛刺，不平整)。

五、施工作业时机不恰当

对于洞库、覆土式油罐间在夏季相对湿度较大，南方沿海地区梅雨季节相对湿度较大，油罐上会有一层薄薄的水气，严重时冷凝水沿罐壁流淌，在此环境下施工，必然会削弱涂层与基体的附着力，甚至引发涂层脱落。在这种状况下经过处理的金属表面，往往是还没来得及进行防腐涂装施工，又重新产生了锈蚀。

六、涂层厚度质量不达标

根据介质在涂层内扩散理论，其扩散过程一般都符合 Eick 定律，即液体介质渗透到涂层与油罐基体界面间的时间是：

$$T=L^2/6D$$

式中 L——涂层厚度，m；

D——液体介质在涂层内的扩散系数，为恒定值，m^2/s。

由上式可知，液体介质渗透到涂层与油罐基体界面间的时间与涂层厚度的平方成正比。涂层较薄的局部将过早地损坏失效，从而影响涂层整体质量。存在针孔处，液体介质通过针孔渗入涂层内部，产生缝隙腐蚀，使涂层过早失效。

涂层厚度是保证涂层防腐作用的关键因素之一，“三分涂料七分涂装”，涂装工艺是否正确在整个作业中非常重要。涂装工艺不合理、施工把关不严，容易造成涂层不均匀、漏涂、焊道处有针孔、局部涂层厚度严重不足，普遍存在流挂、气孔、粗糙等问题。

七、检查验收内容不全面

防腐工程有很多的验收环节，如材料验收、中间验收、跟踪验收和竣工验收，存在主要问题是验收组织不及时、程序不严格、内容不系统、签字手续不齐全等，一旦发现问题，出现在什么环节、是什么原因、谁承担责任、如何整改不清楚。

第二节 油罐涂装施工质量要求

涂装是油罐涂装施工的最后一道工序，涂层质量的好坏直接关系到油罐防腐蚀效果，即直接关系到罐体的使用寿命和防腐维修周期的长短，同时罐内壁防腐层施工质量对罐内所存油料的质量变化也有一定的影响。随着防腐工艺、涂料技术已日趋成熟、完善，涂装施工质量的优劣就成了影响涂层性能的关键因素。

为确保涂装防腐效果，针对油罐所处环境条件差异，将油罐表面所处环境分为位于地上的钢表面和隐蔽的钢表面两种类型，应分别达到相应的标准要求。

隐蔽的钢表面涂装针对隐蔽特点，一旦腐蚀无法检修，结合施工中容易出现的影响防腐效果的问题，重点强调防腐可靠性，达到绝缘性要求，有效防止可能出现的漏涂等缺陷，补口必须进行补伤检测，孔隙率、附着力必须得到保证，但表面色泽、观感可适当放松标准。具体说，要求涂层的厚度、涂层孔隙率(电火花检测)、涂层附着力、补口、补伤检测指标必须达到标准规范要求。

地上钢表面涂装重点强调了涂层涂刷遍数、涂层厚度、导静电性(轻质油品内壁)，同时对表面观感也应提出较高要求。具体说，要求涂装遍数及涂层厚度、涂层孔隙率(电火花检测或放大镜检查)、涂层附着力、导静电涂层表面电阻率指标项目必须达到标准规范要求。涂层观感良好，涂层的孔隙率不应大于 2 个/m^2，导静电型防腐蚀涂料涂层表面电阻率为 $10^5 \sim 10^9 \Omega$。

总之，涂装质量从涂料观感、涂装遍数及涂层厚度、导静电涂层表面电阻率、涂层附着力、涂层孔隙率、补口检测、补伤检测等 7 个方面满足要求(参考 SH/T 3606—2011《石油化工涂料防腐蚀工程施工技术规程》)。

规定每道涂层的外观应平整、表面光滑、颜色均匀一致，涂敷均匀，无漏涂、泛锈、气泡、流挂、皱皮、咬底、剥落和开裂等缺陷，涂层应无明显污物和返锈等现象。涂层的厚度现有规范都未做上限要求，在实际施工中，单层涂布是不可能得到均匀无孔涂层的，多道数涂装可能将一道遗留的缩孔、漏涂及其他弊病予以弥补；氧化干燥型涂料，从表面先开始干燥，底层不容易彻底干透，特别是对挥发性较强的涂料，一道过厚，滞留溶剂问题突出，局部过厚而出现龟裂，对涂层防腐产生不利影响。

为确保涂装施工质量达到规范要求，涂装质量的控制从施工技术角度可划分四个部分：

① 结构处理与表面处理检查；

② 涂装施工气候条件控制；

③ 涂装施工过程控制；

④ 涂装施工后的涂膜质量评定。

油罐涂装主要性能指标检测技术要求详见表 5-1。

表 5-1 油罐涂装主要性能指标检测技术要求

序号	项目	检测方法	检测设备	主要依据	备 注
1	涂层厚度	通过成套设备进行现场检测	杠杆千分尺、（磁性）涂层厚度检测仪	GB/T 13452.2—2008/ISO 2808：2007《色漆和清漆漆膜厚度的测定》GB/T 4956—2003/ISO 2178：1982《磁性金属基体上非金属覆盖层 覆盖层厚度测量 磁性法》	来源 CNCIA - HG/T 0001—2006《石油贮罐导静电防腐蚀涂料涂装与验收规范》
2	涂层表面电阻率	通过成套设备进行现场检测	涂层表面电阻检测仪	GB/T 16906—1997《石油罐导静电涂料电阻率测定法》	来源 CNCIA - HG/T 0001—2006《石油贮罐导静电防腐蚀涂料涂装与验收规范》
3	涂层孔隙率	通过成套设备对绝缘型涂层、导静电涂层进行现场检测	绝缘型涂层：电火花检测仪；导静电涂层：6 倍以上放大镜	GB/T 50393—2017《钢质石油储罐防腐蚀工程技术标准》	同上
4	涂层附着力	通过成套设备进行试验室或现场检测	导向和刀刃间隔装置，手把式2~3倍目视放大镜，透明压敏软胶带，马口铁板 150×100×0.2~0.3mm	GB/T 9286—1998（eqv ISO 2409：2013）《色漆和清漆-漆膜的划格试验》GB/T 5210—2006（eqv ISO 4624：2016）《涂料和青漆拉开法附着力试验》	GB 1720—1979（1989）《涂膜附着力测定法》适用于室内；对于厚度大于 250μm 的涂层本规程不适用，需采用划“V”法检测。
5	涂层观感	通过成套设备，借着目视、触觉进行现场评定	通用量具，5~10倍放大镜		

对于在用油罐来讲，钢材结构处理和表面处理在相关章节已做介绍。本章节主要从技术角度讲油罐涂装施工中存在的问题、气候条件的控制手段、涂料施工过程和完工后的涂膜质量检测评定方法。

第三节 涂装准备

普通的涂料产品，施工正确就能产生很好的作用；然而再好的高性能产品，若没有良好的施工就会发生质量问题。正确的涂装工艺是涂料施工质量的保证。正确的涂装工艺，根据整个涂装过程主要分为涂装准备、涂料配制、涂装操作和漆膜养护四个阶段。

涂装准备是保证施工过程安全、施工程序正确、施工质量合格、材料不浪费、施工不返工的关键。具体体现在“六核查，一试涂”上。

一、技术资料核查

依据施工组织设计文件，核查施工方案、安全措施和设备操作规程是否完善，人员是否到位、安全防护与检测是否准备齐全。

二、作业手续核查

依据施工方案，核查进罐作业证、班(组)作业证、用电作业证和动火作业证办理落实情况。

三、现场设备核查

检查确定的涂装方式所用的涂装工具及其附属设备是否齐备、运转正常。

四、涂装施工环境核查

1. 地面油罐涂装施工环境核查

涂装施工环境对涂装质量有直接影响。温度的控制、相对湿度的限定，雨、雪、雾等的禁止条件均是从涂装质量方面考虑的，温度、湿度的量值确定是由实践积累得出的结论。

适宜的温、湿度量值区间为：油罐涂装施工现场环境温度在5~38℃范围内，相对湿度在85%以下。雨、雪、大风天气和相对湿度大于85%的天气，施工时涂层附着力变差，或影响安全施工(如风大，漆膜质量不易保证，飞砂扬尘在漆膜表面容易落下颗粒，迎风面和背风面的光泽、厚度产生差别)，不得进行涂装。

环境温度高于50℃，涂层中溶剂挥发太快会产生过多的针孔，也不得进行涂装。

钢表面的涂装温度低于露点，表面容易产生露水，对涂层附着力有明显影响，金属表面温度低于现场露点温度 3℃时，不得进行涂装工程。在户外作业时，要确认气象条件是否符合施工要求，并有保证能延续到涂装可以阶段性中止的宽限期。表 5-2 为露点温度值查对表，在确定施工时机时可参考。

表 5-2 露点温度值查对表

空气温度/℃	在下列相对湿度下的露点温度/℃						
	30%	40%	50%	60%	70%	80%	90%
10	−6.7	−2.9	0.1	2.6	4.8	6.7	8.4
12	−5.0	−1.1	1.9	4.5	6.7	8.7	10.4
14	−3.3	0.6	3.8	6.4	8.6	10.6	12.4
16	−1.5	2.4	5.6	8.3	10.5	12.6	14.4
18	0.2	4.2	7.4	10.1	12.5	14.5	16.3
20	1.9	6.0	9.3	12.0	14.4	16.4	18.3
22	3.7	7.8	11.1	13.9	16.3	18.4	20.3
24	5.4	9.6	12.9	15.8	18.2	20.3	22.3
26	7.1	11.4	14.8	17.6	20.1	22.3	24.2
28	8.8	13.1	16.6	19.5	22.0	24.2	26.2
30	10.5	14.9	18.4	21.4	23.9	26.2	28.2
32	12.3	16.7	20.3	23.2	25.8	28.1	30.1
34	14.0	18.5	22.1	25.1	27.7	30.0	32.1
36	15.7	20.3	23.9	27.0	29.6	32.0	34.1
38	17.4	22.9	25.7	28.9	31.6	33.9	36.1
40	19.1	23.8	27.6	30.7	33.5	35.9	38.0
42	20.8	25.6	29.1	32.6	35.4	37.3	40.0
44	22.5	27.3	31.2	34.5	37.3	39.7	42.0
46	24.2	29.1	33.0	36.3	39.2	41.7	43.9
48	25.9	30.9	34.8	38.2	41.1	43.6	45.9
50	27.6	32.6	36.7	40.0	43.0	45.6	47.9

注：表中露点温度值查对表给出了空气温度和相对湿度所对应的露点温度，使用该表时应注意以下几点。

① 各行空气温度值找到接近实际测量值的较高值和较低值。

② 各行相对湿度值，找到接近实际测量值的较高值勤和较低值。

③ 找出相对应的四个露点温度，分两步进行线性内插计算，并四舍五入至 0.1℃。

④ 表中的数值是可以通过公式计算得到的：

$$t_d = 243.175 \times \frac{(243.175+t)(\ln 0.01+\ln\phi)+17.08085t}{243.175\times 17.08085-(243.175+t)(\ln 0.01+\ln\phi)}$$

式中　t_d——露点温度，℃；

t——空气温度，℃；

ϕ——空气湿度，%。

2. 洞库油罐涂装施工环境核查

洞库油罐(也包括覆土式油罐间的环境)，特别是南方洞库，由于山体含水丰富，地下水位高，即使选择在干燥季节进行防腐，如不适时采用人为机械通风的措施，也很难满足防腐涂料对施工现场相对湿度在85%以下的要求。如在南方中西部地区某石油库，除了每年的11月初至次年的3月底洞内较为干燥，其他季节都在85%以上的相对湿度，洞内相对湿度达到了饱和程度。曾有人也设想过对罐体进行封闭，采用吸湿机人为降湿的办法，但由于成本较大，关键是一般吸湿机无防爆功能，而防腐用涂料为化工产品，具有易燃性，这势必带来施工安全隐患，无法处理。

洞库油罐防腐必须选择在干燥季节，并适时采用机械通风的办法，进行适时通风降湿，严格将相对湿度控制在85%以下。所谓适时通风是指洞外相对湿度低于85%，且低于洞内湿度时，进行通风作业才能达到降湿的效果。同样的道理，覆土式油罐防腐也需要进行施工环境的类似核查。

五、基材表面核查

1. 基体表面除锈质量

油罐表面特别是内表面处于腐蚀性较强的环境中，用常规涂料涂刷要达到最佳防腐效果，首先是基体表面除锈质量必须达到Sa2.5级或St3级(GB/T 8923.1—2011/ISO 8501—1：2007)。

2. 基体结构优化

涂料防腐对油罐基体结构的要求：焊道应连续无裂缝，尽量减少凹坑和转角；对接部位的焊道应饱满，呈圆弧过渡，无毛刺，无棱角，无大于2mm的凹坑等；罐底补强垫板周边应实施连续焊；较深的腐蚀凹坑采用堆焊，或者用软金属填平再贴补钢板；清除施工遗留的焊瘤；钢材表面应无裂缝、起皮、拉口等缺陷(这类缺陷是在表面预处理后才显现出来，如果出现这种情况，则应进行打磨、焊接处理，甚至更换基材)。

对油罐存在缺陷的处理办法：用腻子将罐顶骨架扁钢与顶板间断焊缝隙修补抹成圆角；较浅的腐蚀凹坑刮涂腻子修补平整；钢材表面如有凹凸不平，可刮涂薄层腻子。

3. 基体表面清理

曾采用试验板就除尘效果对防腐质量的影响进行试验，结果发现，同种涂料，同样喷砂除锈等级，采用丙酮擦洗除尘比仅用毛刷清扫除尘，防腐质量提高

1 倍以上。因此，涂料涂敷前除尘质量的好坏是影响防腐效果的重要因素，也是施工管理的重点。

除锈作业结束涂刷涂料前，用毛刷对基体表面进行拉网式清扫，再用吸尘器吸灰，最后再用丙酮整体擦洗一遍，待表面彻底干净、干爽后开始涂刷。除尘后要求进罐人员必须穿鞋底干净的工作鞋，防止对罐底板造成二次污染。

六、涂料核查

1. 资料核查

原材料质量的优劣直接关系到工程的好坏。为防止不合格材料或不符合设计要求的材料用于工程，涂料必须具有产品质量证明文件，符合国家或行业的现行标准。

(1) 有国家现行标准依据的，材料供货方必须提供材料检测报告和产品合格证书，作为自查自检材料。

(2) 没有标准依据的，材料供货方必须提供材料的质量技术指标和相应的检测方法。

(3) 进入施工现场的材料应有复检报告，对于新材料和新技术必须提供省部级以上的技术鉴定报告，提供质量技术指标和相应的检测方法，以此作为第三方检验的依据。

(4) 原材料的检验遵循原则：自查自检、互查互检、他方检验。原材料不仅应有供货方提供的检验报告，而且应经过业主的检验或第三方的检验，方可进入施工现场。对于新材料和新技术经过科学和合理的鉴定后采用，从而能保证优质材料和先进技术的使用。

2. 施工使用指南核查

每种涂料都应该有切实可行的施工指南才可能保证涂层最终的性能，涂料供应方应提供涂料的施工使用指南。主要原因：

(1) 不同的涂料对基层的处理要求和处理工艺会有所不同，采取的处理方式不当会造成涂装失败；

(2) 由于涂料往往由多种化学组分组成，不能排除在涂装过程中对人体造成伤害，涂料供应方应提供安全施工方面的相关数据，同时还应提供可能出现人体伤害情况下的处理措施；

(3) 对于涂料的特殊指标，如果现行标准没有规定的，涂料供应方应提供相应的检测方法，由第三方进行检验；

(4) 在涂装完成并投入使用后，涂层在使用过程中会遇到各种各样的问题，涂料供应方应提供相应的维护预案。

施工使用指南应包括涂装的基底处理要求；涂料的施工安全措施和涂装的施

工工艺；涂料和涂层的检测手段；涂层的维护预案；涂料技术指标、各组分的配合比例、涂料配制后的使用期、涂敷使用方法、参考用量、运输和储存过程的注意事项，以及由通过质量认证检验机构出具的检验报告。

3. 质量核查

目前国内防腐蚀材料的生产单位很多，有的产品质量不稳定，因为产品质量不合格而导致的质量事故时有发生。涂料质量核查主要包括如下内容：

（1）涂料应具有产品质量证明文件，且质量应符合规范及国家、军队现行有关标准的规定。产品质量证明文件，应包括产品质量合格证及材料检测报告、质量技术指标及检测方法、复查报告或技术鉴定文件。

（2）防腐蚀工程所用涂料应经检验合格后方能使用。重点项目所用防腐涂料经第三方确认合格，建设单位和施工单位共同确认签字后方可施工作业。

（3）涂装施工前，应对涂料名称、型号、颜色、质量进行检验。涂料应包装完好，包装上应注明产品名称、型号、净重、生产单位、生产批号、生产日期和有效日期等，并附有质量合格证。

（4）不得使用与设计不相符的涂料，不得使用变质涂料。

（5）用户应按照生产厂家的产品说明书要求的条件储存并在有效期内使用。超期储存防腐涂料必须经具有检验资质的单位复验合格，并出具合格证明后方可使用。

（6）按设计文件核对涂料、稀料及其他辅助材料的品种和数量。

七、试涂

涂装施工现场试涂非常重要，如果现场试涂不合格，涂料不合格，或者涂装工艺、涂装条件单项或多项不合格，均不能实施涂装作业。

为了解涂料的施工性能，按 GB/T 6753.6—1986《涂料产品的大面积刷涂试验》要求进行试涂。进行试涂的目的主要是在操作上先摸索一下施工技术和工艺性能，同时也可检查一下开桶的涂料性能（如：黏度情况，是否显著增稠等），对新型防腐蚀涂料，试涂是检验其性能的重要手段之一。

第四节　涂料配制

涂料配制是涂装的基础性工作，配制是否合理，操作是否正确，对于涂装质量和施工安全起着重要作用。

涂料配制的依据是设计文件、涂装规格书。涂装规格书、设计文件必须包括涂装过程质量控制和检查的项目要求，它详细说明了应用的产品和使用要求，体现了一个很好的书面质量控制说明，在涂料配制过程中要严格按照设计文件和产品说明书操作。

一、涂料组分配比

涂料配制是涂装作业的重要程序，是保证涂装质量的主要因素。目前，应用于石油、石化企业储罐的防腐涂料，一般由双组分或三组分组成，使用时需按固定比例调和。

(1) 组分比例控制。涂料生产厂家对各组分使用时的调和比例均有要求，涂料应按说明书要求的比例及工艺进行配制试验，配比确定后不得随意变更。

(2) 调和均匀性。成品涂料从包装到使用要经过一定的时间，底漆、磁漆等这些有颜料的涂料，在储存过程中颜料易沉淀于底部，在使用时若不搅拌均匀，会使施工后的漆膜呈现不均匀的缺陷。调漆目的：按规定比例将漆搅拌均匀，并调至施工黏度，确保各种组分按比例添加。调和方法：将各种组分统一按比例倒入较大容器中，用机械或人工方法充分搅拌，以保证其均匀混合，为熟化创造条件。双组分或多组分涂料混合应配置专用搅拌器搅拌均匀。

(3) 熟化时间。双组分或三组分涂料熟化是防止涂层流挂，产生针孔等缺陷的重要措施。多数涂料的熟化时间一般为 30min 左右，可以使各组分相互渗透接触。应避免搅拌完就立即涂刷，尤其在环境温度较低时，容易出现针孔等缺陷。

二、涂料配制注意事项

(1) 涂料配制时，必须使用计量器具称量，严格配比定量，并做好记录。

(2) 配制数量应根据当天涂刷数量，分批配制，并在规定的使用期内使用完毕。一般一次调制量按 3~4h 用量配制。对于无机富锌底漆，调制成的漆应在 8h 内用完。

(3) 如有结皮或碎漆皮及其他杂物时，应用 200 目筛网过滤后使用。对于剩余的涂料，为防止其挥发及结皮，必须密封保存。

(4) 在使用期内，如黏度增大，可用专用稀释剂调节施工黏度。稀释剂用量一般不大于 15%。

三、涂料配制说明

(1) 底、中、面漆配套施工时，涂料应有一定的色差，主要是为了防止漏涂。

(2) 由于底漆在成膜过程中，锌粉和硅酸钠起反应，并与金属底材也形成化学结合，因此除了满足表面处理的要求外，还应特别注意金属表面洁净。

第五节　涂装操作

高质量的防腐蚀涂料产品涂装于油罐、炼油厂、化工厂、桥梁、石油平台以及电站设施上面，取决于三大因素，第一就是涂装设计文件，是涂装施工的指导性文件。第二就是涂装规格书，详细说明了应用的产品和使用要求。涂装规格书必须包括涂装过程质量控制和检查的项目要求。第三就是严格的涂装质量控制，这对于设计文件、规格书的执行是非常必要的。在很多钢结构的新建工程和维修工程中，涂装通常是最后完成的一道工序。往往因为完工的压力，涂装时间得不到保证，导致涂层缺陷的产生。

即使涂装设计文件、规格书体现了一个很好的书面质量控制说明，可是进行涂装质量控制的人员却可能由于知识经验的不足而不能把握住设计文件、规格书要求。在以前，涂装质量控制人员由于技能不足，以及对质量检验指导规范的缺乏，极大地影响了涂装质量的控制。因此，必须是持有专业资质证书的检验员参与质量检查。

涂装施工的基本依据是施工组织计划、设计文件、涂装规格书。涂装操作步骤主要包括涂敷底层涂料、刮腻子打磨、涂刷中间层(过渡)涂料、涂刷面层涂料、修补、复涂及重涂。

一、涂敷底层涂料

涂刷形式选择：在用油罐涂装形式一般不选用喷涂等机械方式，常常选择人工刷涂或人工滚涂，主要原因基于：对于在用油罐内壁防腐，包括洞库、覆土式油罐内外壁防腐来说，由于局部空间通风不良，光线不强，作业空间受限，采取喷涂等机械方式，一是局部空间受限，喷涂等机械设备无法展开；二是局部空间涂料溶剂等挥发的有害气体密布，无法及时散发，设备大分贝噪声等对人身安全和健康构成严重威胁；三是光线亮度不够，质量不能得到保证。对于在用地面油罐外壁防腐，一般不选用喷涂等机械方式，常常选择吊篮人工刷涂或人工滚涂，主要原因是吊篮人工操作时，选用喷涂等机械方式作业时，人员、设备和罐壁之间距离不能满足操作要求，无法实施作业。若采用搭设脚手架方式，存在支护困难，经费开支大，不宜采用。

涂刷第一道底层涂料时，应先对焊缝、边角部位、附件等涂刷一道，然后再大面积涂刷。

二、刮腻子打磨

刮涂腻子是对油罐基体表面结构进行再次优化的重要工序，一般放在第一道底漆涂刷之后进行。其主要目的是填平补齐，打磨平整，消除油罐基体表面缺陷。

对于储罐内防腐而言，腻子制作质量和刮涂是否到位是腻子刮涂质量的主要体现。

(1) 腻子制作质量。制作腻子时，应先将底漆调和好，待熟化后再加入填料(如石英粉、滑石粉等)，充分搅拌、搓揉。

(2) 腻子刮涂。储罐内防腐时，腻子刮涂的重点部位是：拱顶和浮顶下表面未实施连续焊的缝隙、不饱满的焊道及基体表面腐蚀坑。腻子刮涂后应使表面平整，拐角处光滑并呈圆弧过渡。必要时可待腻子固化后用细砂纸打磨、清洁粉尘，以保证涂料在这些部位的有效附着。

(3) 腻子应与涂料匹配，腻子干透后应打磨平整，清理干净后实施底涂。

三、涂刷中间层和面层涂料

(1) 各层涂料施工，必须按照涂料规定的涂装间隔时间进行，层间应纵横交错，每层宜往复进行。每涂完一道漆后，应检查涂层的外观和湿膜厚度，不得漏涂，每层厚度应均匀。

(2) 应对每道涂层的湿膜厚度进行检测。

(3) 一般前一道涂层实(表)干后方可涂下一道涂层。国内外规范对一般漆膜都要求前一道实干后方可涂下一道漆。漆膜、腻子膜干燥情况可依据 GB/T 1728—1979《漆膜、腻子膜干燥时间测定法》进行检测，漆膜硬度可依据 GB/T 6739—2006《色漆和青漆 铅笔测定法漆膜硬度》进行检测。日本某公司《涂漆要领书》中对涂层实(表)干的判断标准做法是漆膜经过一段时间干燥后，指按压判断是否实干，是一种较方便而又实用的方法。

但对于聚氨酯漆在施工中，若在底漆完全干透之后再涂面漆，由于漆膜硬、光滑，而使层间结合不好，一般应在头道漆表干后就涂下道漆，否则需用砂纸打磨后再涂下一道漆。

四、修补、复涂及重涂

在实际施工过程中，涂层难免出现损伤，验收中出现涂层厚度、附着力达不到设计要求的问题，专业规程对可能存在的类似问题的弥补措施一般都有具体要求，比如，进行局部修补，局部复涂，大面积重新涂装一道或整体铲除重新涂装等。

涂层出现损伤时，应及时修补，修补应符合下列规定：

① 修补使用的材料和涂层应与主体防腐层相同。

② 修补时应将漏点或损坏的防腐层清理干净，如已露基材，应处理至 St3 级。

③ 漏点和破损处附近的防腐层应采用砂轮或砂布打毛后进行修补涂刷。修补层和原防腐层的搭接宽度不小于 50mm。

④ 修补处防腐层固化后，应按相关要求进行质量检查，直至符合规定。

当涂层厚度不足时，应进行复涂，复涂时应符合下列规定：

① 应将原有涂层打毛，使涂层表面粗糙。

② 按规定涂刷面漆，直至厚度符合规定。

③ 复涂后应按规定进行质量检查，直至符合规定。

当附着力不能满足要求或其他主要技术指标达不到要求时应进行重涂，重涂应符合下列规定：

① 必须将全部涂层清除干净。

② 按设计要求进行涂刷。

③ 重涂后应按规定进行质量检查，直至符合规定。

五、注意事项

（1）焊道附近、钢结构拐角处、罐内零碎部件的涂装质量对防腐效果影响很大，局部过早失效等于整体涂层失效，应作为施工管理的重点。

（2）喷砂完毕且罐内清理干净时应尽快涂刷第一道底漆，以防罐壁生锈。

（3）按照涂料涂装间隔时间的要求，结合每道漆的涂刷现状，在规定时间内涂敷下一道漆。

第六节　涂膜养护

涂装好的漆膜在未完全干燥成膜固化之前，应采取有效保护措施，避免对涂层进行划伤、碰撞、践踏等，并保证局部空间空气流通，以便促进漆膜尽快固化。

一、漆膜干燥

1. 涂料的成膜过程

生产和使用涂料的目的是为了得到符合需要的涂膜，涂料形成涂膜的过程直接影响着涂料的使用效果以及涂膜的各种性能。涂料的成膜过程包括涂料施工在被涂物表面和形成固态连续漆膜两个过程。液态的涂料涂敷到被涂物表面后形成的液态薄层，称为湿膜；湿膜按照不同的机理，通过不同的方式变成固态连续的漆膜，称为干膜。涂料由湿膜形成干膜的过程就是涂料的干燥和固化成膜过程。

各种涂料由于采用的成膜树脂不同，其成膜机理也不相同。正确了解涂料的成膜机理，可以进一步理解涂料的性能，确保正确地使用涂料。

涂料的成膜方式主要有两大类，物理干燥和化学固化。其中化学固化又可以分为氧气聚合、固化剂固化、水汽固化等。常见涂料的成膜分类如表 5-3 所示。

表 5-3 常见涂料的成膜分类

物理干燥	溶剂型	沥青涂料、氯化橡胶、丙烯酸、乙烯
	分散型(水性)	丙烯酸、乳胶漆
化学固化	氧化聚合固化	油性、醇酸、酚醛、环氧酯
	双组分固化剂固化	环氧、聚氨酯、不饱和聚酯
	湿气固化	聚氨酯、无机硅酸锌
	辐射固化	不饱和聚酯、环氧丙烯酸酯、聚氨酯丙烯酸酯

2. 涂料的物理干燥

物理干燥有两种形式，溶剂的挥发和聚合物粒子凝聚成膜。

溶剂型的涂料，经涂装后，溶剂挥发到大气中，就完成漆膜干燥的过程。常见的涂料产品有沥青涂料、乙烯树脂涂料、氯化橡胶涂料和丙烯酸树脂涂料等。这一类涂料的共性如下：

① 可逆性，涂膜在几个月后甚至几年后，还能被本身或更强的溶剂所溶解。溶剂分子会渗进黏结剂的分子间，迫使它们分离而后分解黏结剂；

② 溶剂敏感性，作为可逆性的结果，这些涂料不耐本身的溶剂或更强的溶剂；

③ 漆膜成型不依赖于温度，这是因为漆膜成型中没有化学反应发生；

④ 热塑性，物理干燥的涂料在高温下会变软。

分散型涂料，如乳胶漆等，在水的挥发过程中，聚合物粒子彼此接触挤压成型，由粒子状聚集变为分子状态的聚集而形成连续的漆膜。

3. 涂料的化学固化

化学固化的涂料，由转化型成膜物质组成，主要依靠化学反应方式成膜，成膜物质在施工时聚合为高聚物涂膜。

以天然油脂为成膜物的涂料，以及含有油脂成分的天然树脂涂料和以油料为原料合成的醇酸树脂涂料、酚醛树脂涂料和环氧酯涂料等都是依靠氧化聚合成膜的。这是一种自由基链式聚合反应。这些涂料中的不饱和脂肪酸通过氧化而使分子量增加，其氧化聚合速率与其所含亚甲基基团数量、位置和氧的传递速率有关。为了加快氧化干燥过程，可以使用催干剂。

需要用固化剂反应成膜的涂料，通常为双组分包装，一组分为基料含树脂、溶剂、颜料和填料等，另一组分为固化剂。使用时，把固化剂倒入基料中搅拌均匀才能使用。常见的有环氧涂料、聚氨酯涂料和不饱和聚酯涂料等。

涂料的固化机理还有其他几种化学反应或聚合过程：

① 湿气固化：基料的分子与水汽相反应，如无机硅酸锌漆和单组分的聚氨酯涂料；

② 二氧化碳固化：基料的分子与空气中的二氧化碳反应，如硅酸钠/钾的无

机富锌漆；

③ 高温触发固化反应：有机硅在 200℃的温度下几个小时后才能达到固化程度。

化学固化的涂料具有以下一些基本性能：

① 不可逆转性，固化后的漆膜是不可溶解的；

② 耐溶剂性，不可逆转性的结果；

③ 成膜速率要依靠温度，比如说有些涂料对最低成膜温度有具体的要求，低于该温度漆膜将不会固化；

④ 非热塑性，黏结剂的分子在高交联状态下不会有移动，即使是在高温状态下也不会有变化，比如漆膜在高温下不会变软等；

⑤ 严格的重涂间隔，涂层间的重涂，必须是在固化完全结束之前进行。已经达到完全固化程度的涂层表面必须经过拉毛处理后才能涂下道漆。

4. 漆膜干燥影响因素

漆膜干燥是制备涂层的终端工序。涂料的干燥方法应该能够满足涂料性质所要求的干燥条件，干燥后漆膜性能得到最大限度的发挥和适应生产作业的要求。涂料的干燥方法一般可归纳为三种类型：自然干燥、加热干燥和高能辐射干燥。自然干燥是最常见的一种干燥方式，这种干燥方式不需要能源和设备，涂装成本低，尤其适合户外大型工程的涂装；其不足之处是大多数品种的干燥速度较慢，且受自然环境条件影响大。

除了涂料本身的性质之外，漆膜的干燥质量与下列 4 个因素有关。

① 环境温度。比较高的气温有利于挥发性涂料溶剂的挥发和提高转化型涂料的化学反应速度和深度，溶剂滞留量减少，漆膜干燥快、质量好，当然太高的温度使挥发性漆刷涂困难，并且漆膜在未充分流平前已干燥，留下刷痕、橘皮等漆膜病态；如果温度偏低则出现相反的结果。在太低温度下，有的涂料干燥速度大幅度降低，有的则根本不干。例如聚酰胺固化环氧漆，常温时 8~10h 实干，10℃左右需 2~3 天，低于 5℃基本不干。漆膜的干燥宜采用自然干燥的方式，一般温度应在 10℃以上。

② 环境湿度。高湿度对大多数漆的干燥是不利的。双组分聚氨酯漆因 NCO 组分与水反应而起泡；胺固化环氧树脂漆因胺的水解使漆膜干燥速度和硬度降低。空气中存在大量的水汽对湿膜中溶剂的挥发有抑制作用，会降低挥发性漆的干燥速度，而且由于其蒸发需要带走热量，使漆膜表面温度降低，水蒸气在漆膜表面凝结，造成漆膜泛白、发乌；油性和醇酸漆等靠氧化干燥的漆，在高湿下常出现回黏现象。

③ 通风条件。空气流通能加速溶剂的挥发，提高漆膜的(尤其是挥发性漆的)干燥速度。在室内作业时，适当的通风不仅改善劳动环境，也能缩短漆膜的

干燥时间。户外涂装受风速影响很大，在同样温度下，风速越大，漆膜干燥越快。如果风速太大，漆膜质量不易保证，除了飞砂扬尘在漆膜表面落下的颗粒外，有时迎风面和背风面的光泽和厚度也有差别。

④ 光照条件。阳光红外线的热能有利于溶剂的挥发，紫外线对氧化干燥型的漆膜干燥有促进作用，所以晴天涂布的漆膜较阴天的干爽。

二、漆膜养护

涂膜需经过规定的养护时间后方可投入使用。漆膜干燥的过程实际上也是养护的过程。油罐涂装完工并经养护干燥后，方可拆卸脚手架。在拆卸脚手架等过程中，进罐人员不得穿钉子鞋，避免机械碰撞和损伤，如有损伤应按原工艺修复。

内浮顶油罐内壁涂装应拆除内浮顶后进行，完工并经养护干燥后，方可装配内浮顶。在装配内浮顶过程中，宜对涂层妥善保护，避免机械碰撞和损伤，如有损伤应按原工艺修复。

第七节　涂装安全

一、选用涂料安全要求

(1) 涂料选用应符合 GB 13348—2009《液体石油产品静电安全规程》中 5. 1. 2 的要求，并尽量选择无毒害或低毒害、刺激性小的涂料和稀料。

(2) 禁止使用含工业苯、石油苯、重质苯、铅白、红丹的涂料、稀料。

(3) 使用新型涂料时，应有毒性鉴定报告。

(4) 清洗用的溶剂应采用毒性小、挥发性低的溶剂。

二、涂料储存调配安全要求

(1) 涂料在装卸及运输过程中严禁剧烈碰撞，防止雨淋、日光曝晒和包装损坏，运输过程中不得与酸、碱等腐蚀性物品及柴草、纸张等易燃品混装，并符合运输部门有关规定。

(2) 涂料应储存于干燥、通风的库房内，严禁曝晒和接近明火，避免阳光直射，防止进入水杂。多组分配套存放，稀释剂与涂料分类存放。库房内应配置消防器材。

(3) 涂料的包装应密封不漏，发现渗漏必须及时处理。

(4) 涂料搬运时应轻拿轻放。存放时不得倒置、重压，堆高不应超过 2m。

(5) 调配涂料应在涂装作业场所受限空间入口 30m 外进行，调配场所应通风良好，避免阳光直射，严禁烟火，配置消防器材。

（6）涂料调配应在试调的基础上进行，调配量应以少量多次，当班用完为原则，涂料调配应按照配方比例和调配要求进行，严禁为涂装方便加入过量的稀料。

三、涂装作业场地通风净化安全要求

（1）涂层干燥固化时，必须进行通风换气。

（2）涂装作业时，应先测定可燃性气体的浓度，符合要求规定后方可进罐，作业期间应连续通风，涂装作业结束待操作人员撤离现场后，方可停机。

（3）在采用有毒性或刺激性的涂料时，操作人员应佩戴呼吸护具。

四、涂装作业过程安全要求

（1）涂装作业人员应着整体防护服，手工涂装作业（涂刷、滚涂、刮腻）时，操作者应戴防护手套，打磨时应戴防尘口罩。

（2）机械涂装作业时，必须符合 GB 7692—2012《涂装作业安全规程 涂漆前处理工艺安全及其通风净化》、GB 6514—2008《涂装作业安全规程 涂漆工艺安全及其通风净化》、GB 12942—2006《涂装作业安全规程 有限空间作业安全技术要求》、GB 7691—2011《涂装作业安全规程 安全管理通则》、YLB 3001A—2006《军队油库爆炸危险场所电气安全规程》、YLB 3002A—2003《军队油库防止静电危害安全规程》的有关要求，操作人员应着整体防护服，定期检测有害气体浓度，并根据规定相应采取强制通风。

（3）每次涂装作业结束时，应将剩余的涂料、稀料、沾有涂料的棉纱、工具等全部清理出罐和罐室，放到指定的地方。作业人员离开涂装作业场地时，应将通入罐内和罐室的电源切断。

（4）需加热固化的涂料，严禁使用火炉、电炉等明火和高温灯光。

（5）油罐附件的法兰结合面、连接螺栓和相关设备铭牌不得涂漆；油罐内部的导静电钢带（柱）除锈后禁止涂漆。

（6）油罐外壁涂装完成后，应及时按《军队石油库业务正规化建设标准》规定涂刷编号及标志。

五、油罐涂装总体安全要求

（1）涂装过程中，注意现场的溶剂浓度不能超过规定范围。储存涂料和溶剂的桶应盖好，避免溶剂挥发。应有通风设备，避免溶剂蒸气积聚，以减少溶剂蒸气的浓度。

（2）在爆炸危险区域内使用的电气设备，必须符合相应危险等级的防爆要求。

(3) 涂装作业中应尽量排除一切火种。涂装现场的火种主要来源于自燃、明火、撞击火花、电气火花和静电等，在进行涂装作业时均应予以排除。

(4) 防自燃。凡是浸过清油、涂料或松节油以及擦洗油罐时沾过油品的棉纱、破布等，若不及时清理而任其自然堆积，将导致放热的发生，如果达到了堆放物的燃点即可自燃。所以，沾有涂料和溶剂的棉纱、破布等，必须放在专用盛水的金属桶内，及时予以清理烧毁。

(5) 防明火。涂装现场内严禁吸烟，禁止携带火柴、打火机，严禁使用明火和非防爆通信设备等，尤其是进入洞库，必须严格遵守《出入洞库规则》。

(6) 防撞击火花。在涂装现场禁止进行可能产生火花的工作，不能任意用铁棒敲打开封的油漆桶及其他金属设备。除锈用的工具必须是有色金属制造，不要穿带铁钉的鞋和使用易产生火花的工具。

(7) 防电气火花。涂装作业现场必须使用符合规定等级防爆要求的电气设备。电气设备不能超负荷运行，并应经常进行检查。不准使用能产生火花的电气用具和仪器。不准在涂装现场带电检修电气设备。电气设备的接地应牢固可靠，在油罐内作业时，使用的照明行灯必须使用安全电压，在干燥的罐内电压≤36V，在潮湿环境内电压≤12V，并要符合防爆要求。悬吊行灯时，不能用导线承受张力，必须用附属的吊具来悬吊，行灯外表必须装有金属防护罩，在使用中严禁摔打，电线中间不得有接头。

(8) 防静电。在涂装作业中，产生静电的因素很多。如在将甲桶涂料倒入乙桶过程中，穿化纤衣服进入工作场所、用化纤布擦洗油罐设备等，常常成为火灾和爆炸事故的根源。因此，在作业中要分析哪些因素可能产生静电，并采取相应的预防措施，对设备、管线、容器等进行可靠接地。

(9) 使可燃气体的浓度降到爆炸极限以下。在涂装作业时，可以利用固定机械通风设备或移动机械通风设备及时对涂装作业场所进行通风，以降低可燃气体的浓度。排出气体必须排放至安全的地方。洞库作业时，要关闭其他油罐间的密闭门，减少收发作业次数，检查设备，防止油品的渗漏，并应对涂装的设备及坑道、罐间等进行通风，使可燃气体的浓度降至爆炸极限以下。地面油罐内壁涂装时，应接临时通风设备对罐内进行通风，排出可燃气体。在管沟内对管线涂装时，应对管沟进行通风。

(10) 加强组织领导，对人员进行安全教育，明确安全注意事项。油库设备(主要是油罐和管路)涂装作业前，应成立组织领导小组，明确安全注意事项，认真分析涂装作业中可能出现的不安全因素，有针对性地制定规避措施，防患于未然。在涂装作业中，及时进行安全检查，发现不安全因素，要及时采取措施予以制止。涂装作业后，要认真总结经验教训，为今后涂装作业积累经验。

(11) 配置足够的灭火器材。在涂装作业现场适当明显位置，必须配置必要的移动消防器材，如在涂装作业中万一发生燃烧时，可以用石棉被等覆盖物罩上以隔绝空气，或用泡沫灭火器、干粉灭火器等予以扑火。若是涂料和有机溶剂着火，千万不能用水灭火。

六、其他安全要求

在油罐涂装施工过程中，严禁施焊、气割、直接敲击等动火作业。

第八节　涂装质量监督控制与检查验收

一、涂装质量监督控制

1. 涂装头道漆的考核

各种防腐蚀涂装都应按涂层设计方案和施工工艺规程进行。

第一道漆是涂层质量的基础，如果存在质量问题又未及时发现，在涂装工程的后期暴露，将要花费很大的代价才能挽回。在涂装头道漆时，要重点观察两个方面的情况，一是涂料施工性能，如对表面的润湿性、流平性、流挂性、有无缩孔缩边等，如发现问题应立即停止作业，待查明原因并设法纠正后方可重新涂装；二是所确定的工艺参数对涂料、工程和环境条件的适应性，如喷涂压力、喷嘴口径、喷枪走速等，可根据情况做适当修正，使工作能顺利进行。

2. 漆膜厚度控制

涂装体系的设计中规定了每种涂料的涂装道数、每道漆膜的厚度和涂层的总厚度。因为每种涂料的作用不同，不能以控制总厚度的方法代替对每层厚度的监督。

现场控制漆膜厚度的方法有两种：一是规定单位面积用漆量；二是测定湿膜厚度。

涂层厚度是保证涂层防腐作用的关键因素之一，相关规程对此作出了具体的检测规定。作为检查涂装质量的控制手段，虽然检测方法对于反映防腐涂层的厚度全貌尚存在一定的随机性，但从概率上讲，应该是比较合理的。

涂层的厚度现有规范都未做上限要求，在实际施工中，由于局部过厚而出现龟裂的现象较多，依据实践经验，涂层厚度不应大于设计厚度的 2 倍。

二、检查验收

油罐防腐涂料在施工过程中容易出现涂层不平整、颜色不一致，漏涂、泛锈、气泡、流挂、皱皮、咬底、剥落、开裂等缺陷，涂层有无明显污物和返锈等现象，每一层是否达到所要求的厚度，涂装的层数是否符合要求、涂层的针孔率等是否达到要求等都应进行检查，否则会留下质量隐患。

1. 涂料品种及感观检查

地上钢表面涂料的品种及其匹配性、隐蔽钢表面涂料的品种及涂层防腐等级应符合规定要求，涂层外观的光泽、色差、平整度等指标是涂层质量的主要检验项目，这些指标主要是通过观感检查的。

2. 涂层厚度的测量分类

涂层厚度检测是一项很重要的控制指标，在施工中，由于涂装的漆膜厚薄不匀或厚度未达到规定要求，均将对涂层性能产生很大的影响。因此，如何正确测定漆膜厚度是质量检验中重要的一环，必须给予应有的重视。虽然在涂装过程中用检测湿膜厚度的方法，对漆膜厚度进行了控制，但是因为涂层厚度是体现涂层防腐蚀性能的重要指标，所以在涂装完成后仍要对涂层厚度予以复查和确认，如发现问题，能够得到弥补。

检测方法有两类，一类是湿膜检测包括轮规法、梳规法、Pfund(芬德)湿膜计法；另一类是干膜厚度检测包括磁性法、机械法。

涂层厚度测量表面测厚仪品种较多，磁性测厚仪应用比较普遍。因磁性测厚法更准确、更实用、操作更简便。待测表面的曲率对磁性测量有影响，因此测量时应对仪器进行专门的校准。磁性测厚法对待测表面形状的陡变比较敏感，因此靠近边缘或内转角处进行测量也是不可靠的，测量时也应对仪器进行专门的校准。防腐涂层表干后、固化前，应检查干膜厚度是否达到设计要求。

3. 涂装质量检验规则及方法

考虑到涂装情况与对象千差万别，抽检点又具有某种偶然性和解释的任意性，作为检查涂装质量的控制手段，科学合理的质量检验方法对于确保检验结果符合实际具有重要意义。GB 50393—2017《钢质石油储罐防腐蚀工程技术标准》中推荐的“90-10”规则、“85-15”规则，用来对涂装质量检验规则及方法检查涂层的厚度、涂层孔隙率、涂层表面电阻是比较科学合理的。虽然本办法对于反映防腐蚀涂层的质量全貌尚存在一定的随机性，但必将对控制涂层质量起到良好的作用。受检重点部位的确定由设计或建设单位根据实际确定。

(1) 一般规定

① 当采取抽检时，应选择具有代表性的受检区域；

② 受检区域的选择应符合：选择若干受检区域，每块区域面积可为 10m^2，每一单独区域不得断开，受检区域面积的总和不应小于总面积的 5%，其中重点部位不得小于 10%；

③ 检验时涂层表面应干燥、无附着物；

④ 检验仪器应具有良好的重复性和再现性；

⑤ 检验过程中如发现质量不合格时，应采取适当方式处理，然后重复整个

检验过程。

(2)“90-10”规则

① 仪器测量的结果，允许有10%的读数可低于规定值，但每一单独读数不得低于规定值的90%；

② “90-10”规则的具体要求：按“1(2)”的要求选择合适的检测区域。在每块区域任意确定5个面积为100cm²的正方形，并在正方形里选择三点进行测量，结果取平均值。

举例说明，以涂装面积为4000m²，规定涂层厚度为200μm为例：

a. 任意20个区域，每块面积为10m²，符合总面积的5%；

b. 在每块区域任意确定5个面积为100cm²的正方形，并在正方形里选择三点进行测量，结果取平均值，本例可获得100个数据；

c. 本例获得的100个数据，可允许10个数据低于200μm，但每一单独点的测量值不得低于180μm，如表5-4所示。

表5-4 测量数据对照表

测得数据/μm	平均值/μm	合格与否
179 200 221	200	不合格
200 180 181	187	不合格
190 200 210	200	合格

(3)“85-15”规则

① 仪器测量的结果，允许有15%的读数可低于规定值，但每一单独读数又不得低于规定值的85%。

② “85-15”规则的具体要求，应符合“1(2)”“2(2)”的要求。

(4) 涂层厚度的测量

应采用磁性测厚仪对涂层厚度进行测量。

测量时，应按照GB/T 13452.2—2008/ISO 2808：2007《色漆和清漆 漆膜厚度的测定》GB/T 4956—2003/ISO 2178：1982《磁性金属基体上非金属覆盖层 覆盖层厚度测量 磁性法》的规定执行。测量过程应符合“2(2)”的要求。测量弯曲表面(如加热盘管等)时，仪器应进行专门的核准。

(5) 涂层孔隙率的测量

应采用电火花检漏仪或5~10倍放大镜对涂层孔隙率进行测量。当采用电火花检漏仪测量时，应符合下列要求：按“1(2)”的要求选择检测区域位置。探测电极沿涂层表面移动时应始终保持与涂层表面紧密接触，并通过观察电火花的出现来确定孔隙的位置。确定检测区域孔隙的个数。

电火花检漏仪检测电压应符合下列规定：

$$V = 3294\sqrt{T_c}$$

式中　V——检测电压，V；

T_c——涂层厚度，mm。

当涂层厚度分别为 350μm、300μm、250μm、200μm、150μm 和 60μm 时，对应的检测电压分别为 2000V、1800V、1700V、1500V、1300V 和 800V。

(6) 涂层表面电阻的测量

当采用涂料表面电阻测定仪对涂层表面电阻进行测量时，应符合下列要求：

按"1(2)"的要求选择检测区域位置。在检测区域内选择 5 个检测点，每个检测点面积可为 $400cm^2$。在检测点内任意取 3 个点进行测量，测量结果取平均值。

4. 涂层厚度的检测

一般规程规定：每道涂料施工时，用磁性测厚仪测定湿膜厚度。涂层实干后，依据 GB/T 13452.2—2008/ISO 2808：2007、GB/T 4956—2003/ISO 2178：1982，用磁性测厚仪测定干膜厚度。根据 GB 50393—2017 中的"85-15"规则要求，涂层实干后的最终质量检验，涂层厚度检测应符合下列要求：

① 在有代表性的涂装部位(如罐底、罐壁、罐顶)选择若干受检区域，每块受检区域面积可为 $10m^2$；每一单独受检区域形状不限，但不得断开；受检区域面积总和不应小于总涂装面积的 5%，受检区域数量不得少于 3 块。

② 在每块区域任意确定 5 个面积为 $100cm^2$ 的正方形。

③ 在每个正方形里选择三点进行单独读数，每个正方形的有效数据取三点单独读数的平均值。

④ 测量结果，允许有 15%的有效数据低于规定值，但每一单独读数不得低于规定厚度的 85%。

比如，涂层厚度设计要求达到 200μm，即：每个检测正方形中的检测点检测数据，最小值不应低于设计厚度的 85%，即 170μm(绝对)，这是绝对的硬性规定的最小要求。

根据"85-15"检验规则举例如下：

X 号油罐普通区域选择检测区域 8 个；每个检测区域 5 个检查正方形，每个正方形 3 个检测点，3 个检测点取 1 个有效数据(平均值)，因此，每个检测区域共 15 个检测点，5 个有效数据；8 个检测区域共有 40 个检测正方形，120 个检测点，40 个有效数据。

在 120 个检测点中，Y 个检测点小于设计厚度 15%(达不到最小的绝对数据要求)，即 Y 个检测数据不合格，不论 Y 大小，结论：不合格；若 Y 为零，结论：合格。

在 40 个有效数据中，Z 个数据不合格，但总体比例超过 15%，即：超过 40×

15%=6，结论：不合格；若比例未超过 15%，结论：合格。

总之，涂层质量厚度合格的必要且充分条件是：

一是每个有效数据(指每个检测正方形获取的 1 个检测涂层厚度的有效数据，即该检测正方形内的 3 个检测点数据平均值)，必须大于设计厚度的 85%；

二是达不到设计厚度要求的有效数据(指小于设计厚度)数量，占有效数据总量的比例必须小于 15%。

5. 涂层表面电阻的测量

涂层表面电阻的测定应在现场进行，测定时可采用涂料表面电阻测定仪。涂层表面的电阻是正方形涂层两对边间测得的电阻值，与涂层厚度和正方形大小无关。

目前，国际上常用的涂层表面电阻测定仪的电极主要为平行刀电极，可直接读数。

相关规程规定：有防静电要求的内壁涂层，待涂层实干后，采用 GB/T 16906—1997《石油罐导静电涂料电阻率测定法》方法，用涂层表面电阻测定仪测定涂层表面电阻。涂层实干后的最终质量检验从罐底、罐顶、罐壁各选取有代表性的 2~4 个点抽查。

6. 涂层附着力的检测

涂层附着力检测，SH/T 3606—2011《石油化工涂料防腐蚀工程施工技术规程》规定，(表面隐蔽型)绝缘性涂层涂装完成漆膜实干后，按要求检测涂层附着力，涂层实干后的最终质量检验从罐底、罐顶、罐壁各选取有代表性的 2~4 个试验样板，其他类型涂层无要求。GB 50393—2008 对涂层附着力未提要求。

涂层附着力检测方法，在现场按 GB 1720—1979(1989)《涂膜附着力测定法》GB/T 9286—1998(eqv ISO 2409：2013)《色漆和清漆-漆膜的划格试验》GB/T 5210—2006(eqv ISO 4624：2016)《涂料和青漆-拉开法附着力试验》检测涂层与底材及漆膜层间附着力。其中 GB 1720—1979(1989)、GB/T 9286—1998(eqv ISO 2409：2013)适用于室内检测，不适用对于厚度大于 250μm 的涂层检测。厚度大于 250μm 的涂层检测，执行 GB/T 5210—2006(eqv ISO 4624：2016)，采用划“V”法检测。

涂层附着力质量检验从罐底、罐顶、罐壁各选取有代表性的 2~4 个试验样板进行，尽量减少涂层破坏性检测。

7. 孔隙率的检测

针眼、缩孔、裂纹及人为损伤，对于接触油料的油罐有时是致命的，所以必须认真检查与处理。每发现一处都做上记号，最后统一修补。

相关规程规定：绝缘型涂层应用电火花检漏仪检测。

导静电涂层用 6 倍以上放大镜检测，孔隙率不应大于 2 个/m^2。

涂层实干后的最终质量检验从罐底、罐顶、罐壁各选取有代表性的 2~4 个点抽查。

8. 其他检测

隐蔽的钢表面涂装涉及补口检测、补伤检测，对表面色泽无特别要求。

常见涂层厚度检测检验表(举例说明)见表 5-5、油罐涂装质量检验汇总表见表 5-6。

表 5-5　涂层厚度检测检验表(举例说明)　　μm

编号	检测正方形编号	1 号检测点	2 号检测点	3 号检测点	3 个检测点平均值	检测正方形数据结论	备注
	1 号检测正方形	180	210	230	207	合格	
	2 号检测正方形	169	230	231	210	(绝对)，1 个点不合格，不允许有	1 号点小于 170μm，不合格
1 号检测区域	3 号检测正方形	200	190	210	200	合格	
	4 号检测正方形	170	230	209	203	合格	
	5 号检测正方形	180	190	200	190	(相对)，不合格，平均值不合格的总量不得大于平均值总量的 15%	5 号正方形平均值小于 200μm，不合格
2 号检测区域							
3 号检测区域							

续表

编号	检测正方形编号	1号检测点	2号检测点	3号检测点	3个检测点平均值	检测正方形数据结论	备注

"85-15"规则示例：

某油罐防腐面积2000m^2，抽查面积5%，共100m^2，每个区域选10m^2，需选10区域。

每个区域选5个检查正方形，共5×10=50个检测正方形(50个有效数据，由三个检测点数据平均值决定)；每个正方形3个检测点，共50×3=150个检测点。

在150个检测点中，1个检测点不合格(绝对)(低于设计厚度15%或大于设计厚度150%)，结论：不合格，反之合格。

在50个有效数据(三个检测点平均值)中，8个数据不合格(低于设计厚度)，比例大于15%，结论：不合格，若比例小于15%，结论：合格

上述二个结论全部合格，总体结论为合格；若之一不合格，总体结论为不合格

说明：

每个检测区域划定10m^2，设定5个检测正方形，每个检测正方形划定100cm^2，进行3次检测。每个检测区域检测点次为15个。每个检测区域获取有效数据5个(3个测点平均值)。

示例数据涂层厚度设计要求达到200μm，每个检测点最小厚度不应低于170μm(绝对)

检测人： 监督人： 检测日期：

表5-6 油罐涂装质量检验汇总表

油罐编号			油罐类型	
油罐容量		m^3	储油品种	
涂敷时间		年 月 日至 年 月 日	涂料名称及用量	kg
设计要求				
涂敷部位及面积				
检查项目		检验情况	检查结果	
一般项目：涂层观感	脱皮、漏涂、返锈、气泡、透底			
	流坠、皱皮			
	光亮与光滑			
	分色分界			
	颜色、刷纹			
主控项目：涂装道数、涂层厚度				
主控项目：导静电涂层表面电阻率				
主控项目：涂层孔隙率				
主控项目：涂层附着力				
主控项目：补口、补伤检测				
检验总体结论				
检测评定意见		年 月 日	评定等级	年月日
建设单位代表			施工单位代表	
上级主管部门代表			监理单位代表	

注：1. 用于涂层分层和竣工质量检验使用；

2. 油罐内壁和外壁涂层应分别检验填写。

第六章 涂装质量控制技术

为确保涂装工程施工质量合格，在技术上做好涂装工程质量控制是非常必要的，从技术手段控制上讲，要重点把握好温度、相对湿度、露点的控制，以及涂装施工过程控制、完工后的涂膜质量的检测评定。

第一节　温度、相对湿度和露点

空气温度、相对湿度和底材温度可以影响最终的涂装结果。大风、雨雪天气当然无法进行室外涂装，即使在室内施工，气候条件的检查控制也要包括天气条件、周围的空气温度、相对湿度、钢板表面温度和露点温度。因此，涂装作业过程中，在进行表面处理、涂装施工及其干燥、固化操作过程中，必须严格控制气候环境。

一、温度

周围环境的温度对涂装过程影响很大。溶剂挥发速率和更换速率直接受到环境温度的影响。温度太低时，涂料不能干燥和固化。而温度太高时，涂料则不能与表面很好地接触而流动，从而给涂膜的形成带来困难。在涂料生产商的产品说明书中通常会规定进行涂料施工的有效温度范围。在涂装时注意要密切关注三个温度的概念：底材温度、空气温度和涂料温度。

1. 底材温度

在涂装施工时，最要强调的是底材温度，因为涂料是涂在底材上的，涂料的干燥和固化受底材的影响最大。底材温度并不仅限于钢材表面的温度，所有要涂覆涂料的表面，如金属涂层等表面，都要测量其底材温度。过高或过低的底材温度，都会影响到涂层的干燥固化性能、涂层质量和表面状态等。

底材温度如果低于冰点，在晴天夜里低温环境下，表面细孔常有冰霜，对涂层会产生不利影响。冰是无色无味的，很难用肉眼看出来，如果这时进行涂料的施工，是相当危险的。所以，即使涂料可以在零下的温度环境中使用，也要小心，最好在阳光良好充足的情况下进行施工，这样比较安全。

底材温度过高或溶剂挥发过快，会产生气泡、针孔和橘皮等现象。底材温度可以用钢板温度计来测量，比较常用的有机械式钢板温度计、电子式钢板温度计、红外线温度计、磁性温度计、数字式温度计等，可以直接读出底材温度。

典型的磁性温度计，如 Elcometer113，采用双金属条，无须电池，测量时要更多的时间。有多种规格可供选择，温度测量范围：-35～+55℃，0～+200℃，-20～+250℃等。

典型的数字式温度计，如 Elcometer213，使用 K 型热电偶，不同的规格其测量范围可从-50℃到+400℃、+600℃，甚至+800℃。

红外数字测温仪，可以精确地非接触式地测量表面温度。典型的如 Elcometer214L，使用光纤技术进行非接触测量温度，激光瞄准，发射出狭小的光束，可以在 0.3s 内扫描冷点和热点。测量范围在-32～+420℃。

2. 空气温度

底材温度和空气温度有一定的规律可循，在阳光下空气温度通常是低于底材温度的，在晴天夜里环境下，空气温度通常是高于底材温度的。

3. 涂料温度

涂料温度对涂料的施工有着显著的影响，合适的涂料温度能得到合适的施工黏度，并且影响涂层的干燥固化。如环氧涂料，低温时，涂料黏度增大，难以正常施工，涂料生产厂家一般推荐在 15℃以上使用，否则就必须加入额外的稀释剂。但是加入稀释剂后，又会影响涂料的固体分含量，有可能导致达不到规定膜厚或引起流挂。

温度过高，会减少化学固化涂料的混合使用时间，通常升高 10℃，混合使用时间会缩短一半。施工前要计划好施工时间，以免来不及用完涂料而造成浪费。

二、相对湿度

空气的湿度可通俗地理解为空气的潮湿程度，它有绝对湿度和相对湿度两种。

空气的湿度可以用空气中所含水蒸气的密度，即单位体积的空气中所含水蒸气的质量来表示。由于直接测量空气中水蒸气的密度比较困难，而水蒸气的压强随水蒸气密度的增大而增大，所以通常用空气中水蒸气的压强来表示空气湿度，这就是空气的绝对湿度。

大家对相对湿度都比较熟悉，可以从天气预报中了解它。一个原因是相对湿度是人们的舒适度指标，比如人们出汗，是因为身体在调节体温。人体出汗时，水分挥发，这是一个冷却过程。相对湿度越高，挥发量越小，身体降温就不快。

当温度很高时，如32℃，人们在90%的相对湿度下会比40%的相对湿度下感觉到更多的不舒服。

为了表示空气中水蒸气离饱和状态的远近而引入相对湿度的概念。

相对湿度的含义是：在一定的大气温度条件下，定量空气中所含水蒸气的量与该温度时同量空气所能容纳的最大水蒸气的量之比值。相对湿度通常以百分数来表达。

当非饱和空气冷却时，它的相对湿度就提高，因为空气温度越低，它能容纳的水蒸气量越小。反之，气温越高，能容纳的最大水蒸气量越大。

在涂料涂装行业中，对相对湿度有着明确的限定，许多规范标准都规定不能超过85%。相对湿度低于85%时，钢材表面一般不会产生水汽凝露，涂装质量就可以得到保证。当相对湿度超过85%时，如果气温有所下降，或者被涂物表面温度因某种原因比气温稍低，表面就可能结露，因此涂装时的相对湿度一般规定不能超过85%。空气在一定温度下最大水分含量见表6-1。

表6-1　空气含水量

温度/℃	最大含水量/(g/m^3)	温度/℃	最大含水量/(g/m^3)
0	4.8	25	23.0
5	6.8	30	30.4
10	9.5	35	39.6
15	12.8	40	51.1
20	19.3	45	65.0

一般涂装时，被涂物表面与环境温度差别不大，相对湿度在85%以下时，表面不会产生结露。相对湿度可用专用检测仪器检测。

旋转式干湿球湿度计，也称之为链式湿度计，是涂装检查工作中最常用的一种湿度计。湿度计用于测试环境空气的温度(干球温度)，湿球温度因靠近工作现场温度而更为实用。然后使用该数据计算露点温度和相对湿度。

干湿计由两支相同的管状温度计组成，见图6-1，其中一支以吸附蒸馏水护套覆盖。覆盖护套的温度计称作湿球，另一支则称作干球。干球表明空气温度。水从湿护套挥发，造成潜在热量损失，产生湿球读数。水的挥发速率越快，湿度和露点温度就越低。

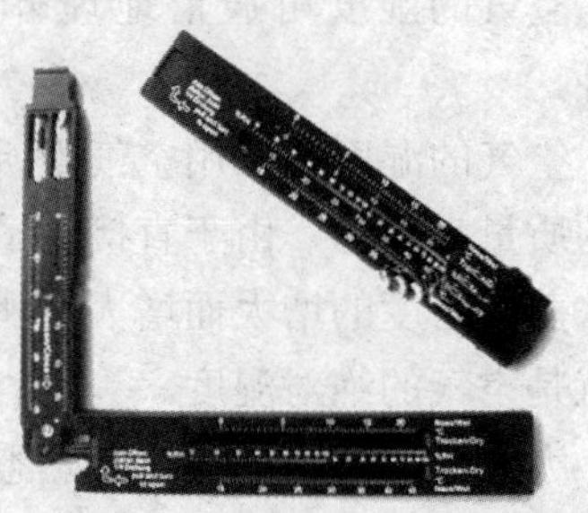

图6-1　旋转式干湿球湿度计

旋转式干湿球湿度计采用蒸馏水饱和浸润护套并迅速将干湿计摇动约40s进行使用，然后读取湿球温度数值。重复该过程(旋转并读数，不补充浸润），直至温度稳定。当湿球读数保持恒定时，进行记录。湿球读数稳定后，同时读取干球数值，记录干球数值。

如果经常在靠近喷砂或涂装工作现场使用，护套变脏，应进行更换，否则，会产生不精确读数。

温度低于0℃时应多加小心。由于水的冻结，手摇干湿计和风扇操作的干湿计皆不可靠。如果温度如此低，则应采用直接读数的仪器进行测试。

三、露点

露点是指在该环境温度和相对湿度的条件下，环境温度如果降低到物体表面刚刚开始发生结露时的温度，即为该环境条件下的露点，温度、相对湿度和露点三者的关系见表6-2。

表6-2　温度、相对湿度和露点之间的关系

项目	最初的温度/℃	最初的相对湿度RH/%	最终的温度/℃	最终的相对湿度RH/%	露点温度/℃
第一种情况	25	70	18	100	18
第二种情况	25	50	13	100	13

如果被涂物表面湿度比露点高3℃以上，可以认为表面干燥能够进行涂装。如果接近露点或低于露点，必须去湿降温，或者提高被涂物表面温度，来创造合适的涂装条件。

在一定的温度条件下，具有一定相对湿度的空气，在逐渐冷却时相对湿度就会不断地提高，当冷却到水蒸气饱和时，相对湿度达到100%，水汽开始凝聚，此时的温度就是该空气的露点。水汽凝结成露的温度就叫露点温度。接近于露点温度的钢板表面空气的相对湿度是100%，这种情况下水汽是不会从表面挥发掉的，实际上，水汽在钢板表面凝结成露了。

在25℃时。相对湿度为70%的空气，要降到18℃相对湿度才会达到100%，这就是露点。在25℃时，如果相对湿度为50%，空气要降到13℃才会达到100%的相对湿度。这就是说，在同一温度下，当相对湿度较低时，露点温度更低。

在整个涂装过程中，露点是一个要重点考虑的因素。钢材表面喷砂作业时，露点会导致喷砂钢材表面返锈，涂层之间的潮气膜会引起涂料早期损坏。为了防止这种情况发生，已确定露点/表面温度安全系数。最终的喷砂清理和涂料施工应在表面温度至少高于露点3℃时进行。

尽管在涂装时规定了相对湿度不能大于85%，但是并不能保证被涂物底材上不会有水汽的存在。比如船舶的压载水舱，舱壁外面处于水下，钢板温度比舱内的大气温度要低，舱壁就会结露，所以仅仅控制相对湿度小于85%还不能保证涂装的安全。

GB 50205—2001《钢结构工程施工质量验收规范》14. 1. 4 中规定，“涂装时的环境温度和相对湿度应符合涂料产品说明书的要求，当产品说明书无要求时，环境温度宜在 5~38℃之间，相对湿度不应大于 85%。涂装时构件表面不应有结露；涂装后 4h 内应保护免受雨淋。”该规范中没有对结露作出具体的量化说明和测量要求，只有“不应有结露”的说明，难以实际控制，因此具体执行时，钢材表面温度须高于露点温度 3℃以上。

图 6-2　Elcometer319 露点仪

GB/T 18570. 4—2001/ISO 8502-4：1993《涂敷涂料前钢材表面处理 表面清洁度的评定试验 涂敷涂料前凝露可能性的评定导则》、ISO 8502-4：2017《试验表面清洁度的评定-第 4 部分：冷凝可能性的评定》对涂装过程中气候环境的控制制定了相应的要求。其中包括温度和相对湿度的测量，以及露点温度的计算。测得的空气温度和相对湿度，可以从露点温度值查对表中查得露点，详见表 5-2。露点计算表的温度范围为-5. 5~+38℃，干湿温度差值为 0~+7℃，基本适用于我国各地的大部分气候情况，有很好的实用价值。

有些先进的电子仪器可以直接测量出空气温度、相对湿度和底材温度，并能马上计算出相应的露点温度。

Elcometer319 露点仪见图 6-2，可以快速测量空气温度、相对湿度和底材表面温度，并且可很快地计算出露点温度。露点仪上面的两个探头可以分别测量空气温度和底材表面温度，还可以外接探头。表面温度测量精度为±0. 5℃，空气温度测量精度为±0. 5℃，相对湿度测量精度为 3%。

第二节　涂装施工期间的检查

防腐蚀涂料的涂装施工质量控制包括施工前和施工中，其主要内容包括：①设计文件及涂装规格书；②混合和稀释；③湿膜厚度；④规格书要求涂层道数；⑤涂层间的清洁度(盐分、灰尘和油脂等)；⑥涂层间的干燥时间，最小和最大涂装间隔；⑦施工设备和方法；⑧脚手架；⑨灯光照明；⑩通风状况及气候条件等。

一、设计文件及涂装规格书和产品说明书

设计文件及涂装规格书和产品说明书，是整个防腐蚀涂装施工最重要的技术文件，是业主、监理、施工单位和涂料供应商统一执行涂装质量控制的文件。要

确保工人手中的涂装规格书是最新版本的。

设计文件及涂料产品说明书是对施工的主要指导文件。产品技术说明书可以确保使用的是正确的涂料产品，进行了正确的混合比率。如果要求使用稀释剂，说明书中会给出正确的稀释剂牌号和用量，同时对施工设备的清洗剂也会在说明书中说明。对该产品所要求的表面处理级别、干燥时间、固化时间和重涂间隔，以及适用的施工设备等也会有说明。同时，说明书中还包含涂料的储藏要求以及保质期等。

涂装规格书注重的是给用户进行产品性能和使用方面的介绍，尤其是施工参数。因为最好的涂料，如果不能进行高质量的施工，也同样不会产生良好的防腐蚀保护效果。

在施工前还要对准备施工的涂料进行进一步的检查，以确保使用了正确的涂料产品和数量。当使用双组分产品时，还要检查固化剂是否正确。检查涂料的数量也显得很重要。如果施工时涂料产品的数量不够，就会使漆膜变薄，或者经过很好喷砂处理的钢材表面没有涂料来进行施工。对涂料的批号也应做检查并记录。有时不同批号的涂料可能会有一定的色差，如果是面漆的话，漆膜干燥固化后观感比较差。

二、混合、稀释和搅拌

双组分甚至是三组分涂料要按规定比例混合。现在的涂料生产商在包装时已经配好了一桶对一桶的现成比例。国际上通常用的包装都是以体积为单位进行配比的，比如基料：固化剂=4：1，这大大方便了施工。

注意使用时间不要超过规定时间，以免胶化报废。涂料中有些颜料密度大、易沉淀，如富锌底漆、防污漆和厚浆型高固体分涂料等。面漆中的颜色容易浮色，这些现象均需使用机械搅拌使涂料均匀如一。木棍类搅拌效果很差，对现代高固体分涂料来说，严禁使用棍棒进行手工搅拌。

双组分涂料较规范的搅拌程序如下：

① 漆料搅拌均匀；

② 边倒入固化剂边搅拌；

③ 持续搅拌直到混合均匀；

④ 必要时加入稀释剂再搅拌均匀。

有时候，涂料要加入适量稀释剂，降低黏度，以利于施工。产品说明书中会规定加入的稀释剂类型和最大可加入的数量。通常不必要加入最大量的稀释剂，只要适量利于施工就可以了。不要用一些替代品来作为稀释剂使用，除非咨询了涂料生产商。错误的稀释剂会产生很多涂料问题，如胶凝、流平性差、附着力不良等。现代的涂料通常开罐就可使用，无须稀释，必须避免习惯性的稀释行为。

稀释剂更多的是用来清洗工具。由于环境温度、涂装方法、或其他特定需要必须使用稀释剂时，注意厂商说明，并确认使用了正确的稀释剂。过度地稀释会导致涂料固体分含量降低，达不到规定膜厚，减缓干燥固化时间，引起流挂等问题。通常需要对涂料进行稀释的情况有：

① 冬季在温度低时可加入适量稀释剂以降低涂料黏度；

② 手工或空气喷涂需加入稀释剂以便于施工；

③ 特意降低膜厚可以加入适量稀释剂，如封闭漆、雾化层等。

三、混合使用时间和熟化期

1. 混合使用时间

混合使用时间，在英文中叫 potlife，有的产品说明书上翻译成罐藏寿命，即双组分产品混合后的可使用期限。溶剂型双组分产品的混合使用时间与涂料温度有密切的关系。一般地说，温度增加 10℃使混合使用时间减半，温度减少 10℃则混合使用时间加倍。加入稀释剂对混合使用时间延长的作用并不明显。

水性环氧涂料的混合使用时间与溶剂类环氧涂料的不同，温度降低时混合使用时间也会相应减少，比如在 20℃时为 1h，而 15℃时减少为 30min。在使用水性环氧涂料时，一定要注意这一点。在超过混合时间后，水性环氧涂料的黏度看上去不会有很大变化，但是这时的涂料已经不能使用。

常用涂料产品的混合使用时间见表 6-3。不同厂商的涂料混合使用时间会有所不同，施工时一定要仔细看产品说明书，以免超过其规定的使用时间，造成涂料胶凝而浪费。

表 6-3 常用涂料的混合使用时间

涂料类别	混合使用时间，23℃	涂料类别	混合使用时间，23℃
纯环氧	8h	无机富锌底漆	8~12h
无溶剂环氧	30min	酚醛环氧涂料	3h
改性环氧	2h	聚氨酯涂料	2~4h
水性环氧	2~3h		

2. 熟化时间

熟化时间，又称之为诱导期(induction time)，本概念主要应用在双组分环氧树脂涂料的施工方面。

纯环氧涂料多用聚酰胺作为固化剂，聚酰胺树脂的黏度较大，与环氧树脂混溶性不太好。因此采用聚酰胺固化剂的环氧涂料，需要在两组分充分搅拌混合后，放置 15~30min 进行熟化。

脂肪胺固化剂与环氧树脂的混溶性好，但是胺容易挥发，与大气中的潮气和空气中的二氧化碳生成氨基甲脂酸盐，使涂层严重发白，在低温高湿下这种情况更为严重，并对后道涂层的附着力产生严重影响。为了克服这一缺点，需要在基料与固化剂混合后，进行 15min 的熟化，使胺先与部分环氧树脂反应，以防止和降低分子胺的挥发。

四、涂装间隔

涂装间隔的控制涉及最小涂装间隔和最大涂装间隔，以及涂层长时间暴露后的情况。

最小涂装间隔是指涂料达到可以进行重涂的干燥和硬度状态。它取决于：

① 漆膜达到了规定厚度；

② 施工时以及干燥时的环境条件，特别是温度、相对湿度和通风符合特定涂料的要求；

③ 重涂的涂料产品符合使用要求；

④ 此外还要注意施工方法的影响。

涂装间隔跟温度、漆膜厚度、涂层道数以及以后的使用环境有关。对最大涂装间隔来说，跟其表面温度有很大关系。有些产品的涂装间隔对涂层间的附着力是很重要的。如果最大涂装间隔超过了，漆面光滑坚硬，必须要拉毛涂层表面，以确保两道漆之间的附着力。另外，有的产品涂装间隔对附着力并非十分重要，但是对底漆来说不能没有保护地暴露太长时间。如果没有特别说明，通常所说的涂装间隔是指同一产品的涂装间隔。不同产品间的涂装间隔是不一样的。有些涂料产品如环氧云母氧化铁防锈漆，就没有最大重涂间隔的限制，但是某些标称云铁涂料的产品，其实云铁含量很低，起不到应有的粗糙表面作用，要特别注意。

对环氧涂料和聚氨酯产品来说，湿气和二氧化碳是不受欢迎的，特别是在低温和高湿情况下。这将会使表面产生黏物而影响后道漆的附着力。

涂层经过长时间的暴露，可能会受到环境的污染。在重涂前要求使用高压淡水进行冲洗或者使用其他合适的方法进行处理。

五、湿膜厚度的测量和计算

湿膜厚度的测量，是指涂层表干情况下的测量，主要有机械法、质量分析法和光热法三种。其中机械法更适用于施工现场涂膜厚度的质量控制，质量分析法和光热法适用于实验室分析。在测量前，要按说明书先计算出规定的干膜厚度相对应的湿膜厚度。

1. 湿膜厚度计算

涂装规格书中会规定漆膜厚度的最小值和最大允许值。因此必须对漆膜厚度进行有效的控制。湿膜厚度(WFT)可以在施工后立即进行检查。通常这一点应该由施工者自己在施工中定期间隔进行检查。所使用的湿膜测厚仪有梳齿状和滚轮状两种。

湿膜测厚仪几乎可以用于所有的涂料产品，但是不能用于无机硅酸锌涂料，因为它的溶剂挥发太快。同时对物理干燥型涂料来说，如氯化橡胶涂料，对第二道漆的测量也不太适合，因为它会重新溶解前道漆。

正确的漆膜厚度是设计资料中必须要求的硬性指标，在产品说明书中也会有说明。只要知道干膜厚度(DFT)和体积固体分含量(%VS)，就可以计算出其湿膜厚度(WFT)。同时还要考虑加入了多少稀释剂(%Thinning)，才能计算出正确的湿膜厚度。

$$WFT = DFT \times 100 \div \%VS$$

$$WFT = DFT \times (1 + \%Thinning) \div \%VS$$

2. 滚轮状轮规湿膜测厚仪

轮规是由一个轮子构成的，该轮子由耐腐蚀的淬火钢制成，轮子上有三个凸起的轮缘。两个轮缘具有相同的直径，且与轮子的轴呈同轴心安装。第三个轮缘直径较小且是偏心安装的，外面的一个轮缘上有刻芽，从该刻度上能读出相对于偏心轮缘同心轮缘凸起的各个距离。

测量时，用拇指和食指夹住导向滚轮来握住轮规，将刻度表上大读数与表面接触，而将同心轮缘按在表面上。如果是在曲面上测量，轮规的轴应与该曲面的轴平行。沿一个方向滚动轮规，然后将轮规从表面上拿起，读取偏心轮缘仍能被涂料润湿的最大刻芽读数。清洗该轮规，从另一个方向重复这一步骤。用这些读数的算术平均值计算湿膜厚度。

Elcometer 120 滚轮湿膜测厚仪见图 6-3，测量误差在±5%，适用于平面和曲面的湿膜测厚。

3. 梳规法

梳规测量是一种由耐腐蚀材料制成的平板，有一系列的齿状物排列在边缘，见图 6-4。平板两端的基准齿形成一条基线，沿着该基线排列的内齿与基准齿之间形成了一个累进的间隙系列。每一个内齿标示了给定的深度值。

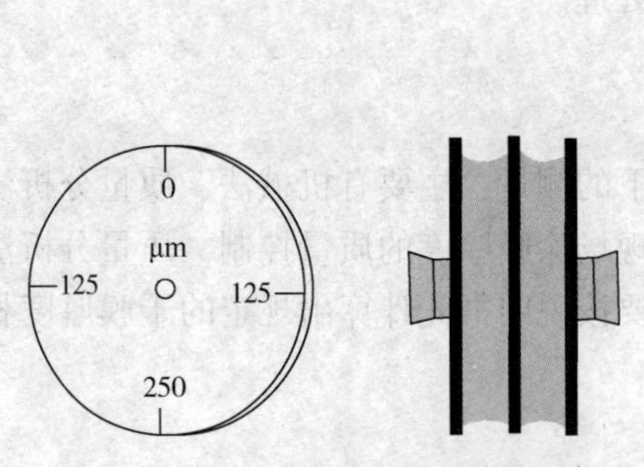

图 6-3 Elcometer120 滚轮湿膜测厚仪

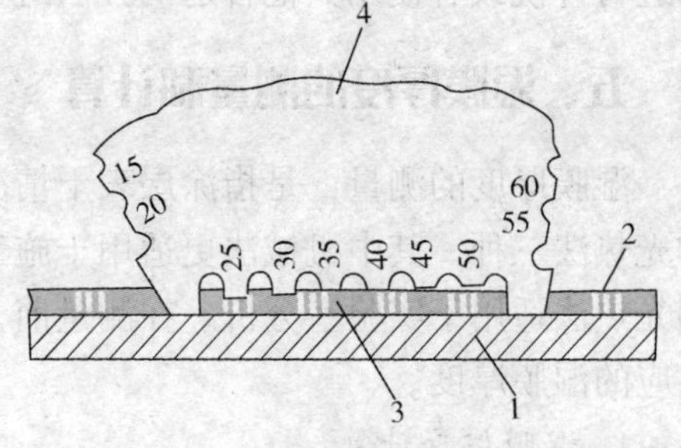

图 6-4 梳规法湿膜厚度测量

1—底材；2—涂层；3—湿接触点；4—梳规

这种湿膜测厚仪通常由不锈钢或铝合金制成，也会有塑料材料制作的，但是其使用寿命不长。测量时，把梳规放在平整的试样表面，使齿状物与试样表面垂直。应用足够的时间使涂料润湿齿状物，然后取走齿规。如果试样为曲面，梳规的放置要与该曲面的轴平行。湿膜厚度的测量与测量时间有关，因此应在涂料涂敷后尽快测量厚度。检查哪一个最短的梳齿接触到了湿膜。湿膜厚度就处于最后一个触到和没触到湿膜的梳齿间，取那个接触到湿膜的梳齿所标示的厚度。至少要进行两到三次测量，以取得最具代表性的读数。使用后的湿膜测厚仪要马上进行很好的清洁。

Elcometer112 六边形湿膜测厚仪由不锈钢制成，可以测出 25～3000μm 范围的湿膜值；Elcometer154 四边形湿膜测厚仪由塑料制成，可以测出 50～800μm 范围的湿膜值。

六、灯光照明

如果照明条件不好，就难以保证涂装质量。因为工作人员看不清表面，更看不到工作的结果。同样质量检查员也不能看清，这样就不能有效地控制质量。

表面处理的质量达不到要求，漆膜厚度要么不足要么太厚，氧化皮的锈蚀残留，局部的喷砂粗糙度不良，产生针孔，溶剂挥发不佳而截留，漆膜流挂等，各种问题都会产生。最终的后果就是漆膜过早发生缺陷、生锈等。

适当的照明条件要求能够阅读印刷报刊，并且避免产生局部的阴影现象。

照明灯具要采用防爆型的，并且用适当的透明材料包扎防止喷砂的破坏和漆雾的污染等。

七、脚手架

脚手架在高空作业时，或者仅是高于一个人的高度进行施工时是十分重要的。它最基本的要求是稳固和安全。然而这不是它的唯一要求。因为脚手架是在涂装工作中使用的，所以它必须符合一些涂装的基本要求。

除了支架底部，其他部位不能接触被涂物表面，保持 30cm 左右的距离；有利于清除喷砂带来的砂粒灰尘等；对空心管支架的端口，要用塞子塞住，防止砂粒和灰尘进入对以后的涂装带来污染；脚手架的设计规划不能影响通风；每一层脚手架的高度要有利于施工，不能太高或太低。

八、通风

涂料在施工后溶剂需要挥发。无论是溶剂型还是水溶性涂料，通风是十分必要的，唯一的例外是无溶剂涂料。通风(包括自然风)不良包括不足和太过两方面。不良通风会导致干燥缓慢、溶剂截留等问题。这样的话，重涂时间就得延长，并且溶剂的截留会降低耐化学性能、耐水性能。通风不足对施工人员的健康也不利。太过的通风容易导致干喷，增加涂料消耗量，并同样会有其他的不利影响。

通风除了对施工质量有影响外，更重要的是基于安全考虑，如封闭空间内的着火爆炸。溶剂挥发时，因为比空气重，所以会留存在底部，如果是在封闭结构中施工，如储罐、舱室、房间等，要注意通风系统的安排，有利于溶剂蒸气的排放。

涂料施工过程中和涂料施工过后，通风系统和通风管的布置必须不存在“通风死角”。由于溶剂蒸气密度高于空气，它会在较低区域处堆积起来，因而必须将这些区域的溶剂蒸汽予以抽除，并换以新鲜空气。

在施工过程中，必须持续通风，并在漆膜干燥过程中保持通风，从而使溶剂从漆膜表面挥发。否则，会导致溶剂滞留在涂料系统内，影响涂料的长期性能。

除保障涂料施工质量性能外，通风作业最关键的功能是保障作业安全，防止着火爆炸和人员中毒事故发生。为保障操作安全，国家相关规范如 GB 6514—2008《涂装作业安全规程 涂漆工艺安全及其通风净化》、GB 12942—2006《涂装作业安全规程有限空间作业安全技术要求》、GB 7691—2011《涂装作业安全规程 安全管理通则》、GBZ 2. 1—2007《工作场所化学有害因素职业接触限值》、GB 8958—2006《缺氧危险作业安全规程》、GB/T 29304—2012《爆炸危险场所防爆安全导则》，行业标准如 SY/T 6696—2014《储罐机械清洗作业规范等都对涂装操作》特别是在有限空间内的涂装作业安全进行了严格而详细的要求。从安全角度讲，最核心的要求是通风必须达到安全标准，安全标准的要求是在施工环境中，保证所施工产品的最低爆炸极限(LEL)必须在安全值以下。LEL 是指引发爆炸的空气中最小溶剂蒸气浓度，通常用百分数来表示。为保障施工安全，国际通用工业标准、英国健康和安全执行委员会相关要求及美国职业安全和健康管理局(OSHA 标准-职业安全与健康标准)明确提出实际工作中蒸气浓度不要超过 LEL 的 10%，我国相关行业标准也是提出必须达到这个指标。

通风要求可从所需的空气数量和相应的材料安全说明书(化学品安全技术说明书)中所述的 LEL 的 10%以及产品施工率计算而得。通常，采用无气喷涂的每个喷涂工的油漆施工率为每小时 75～100L(19. 7～26. 3Us gal)。由于石油库施工现场复杂，故要求保持通风，以使浓度低于 LEL 的 10%，从而为可能出现局部较高浓度的区域提供比较合理的安全余量。

在涂料施工过程中，如果通风水平减低了，为尽量减少干喷，油漆施工率也应进行相应的减少。以确保溶剂蒸气水平保持在 LEL 的 10%以下。

涂装施工开始以后，所使用的所有设备必须注意用电安全。承包商必须采取措施对通风设备进行持续的 24h 监测。

通风至 LEL(最低爆炸极限)的 10%的每分钟空气流量为：要求空气量乘以每分钟施工率。要求空气量是通风至所要求水平每升油漆所需的空气数量。

RAQ=要求空气量

LEL=最低爆炸极限

有关 RAQ 和 LEL 的值，请查询相关资料，也可在相关产品的材料安全说明书中找到。

所需通风(m^3/min)= RAQ×施工率(L/min)。近似施工率可从施工设备供应商所提供的数据计算而得，同时施工率也取决于无气喷涂泵的压力以及所使用的喷嘴尺寸。

不同的工程项目，其封闭的几何结构和尺寸都是不同的，因而在涂装开始之前，必须检查通风设备的布置、风扇类型等是否合适。

第三节　干膜厚度测量

干膜厚度的测量见图 6-5，可以分为破坏性测试和非破坏性测试。破坏性测试方法要对漆膜进行划刻等损伤性行为，非破坏性测试方法不会对漆膜造成损害。世界各国各行业组织，编订了很多相关于干膜厚度检测的标准和规范。在重防腐涂料涂装行业主要采用的有：

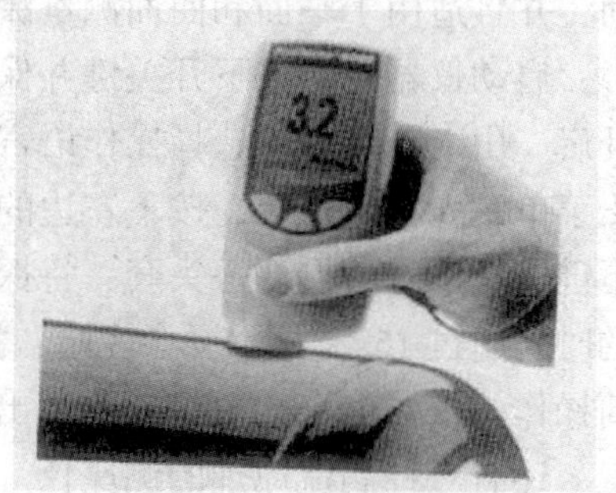

图 6-5　干膜厚度的测量

ISO 2808：2007《色漆和清漆-漆膜厚度的测定》；

ISO 19840：2004《色漆和清漆-粗糙面上干膜厚度的测量和验收准则》；

ISO 2178：2016《非磁性基体金属上非磁性涂层 覆盖层 厚度测量 涡流法》；

ISO 2360：2017《非磁性导电贱金属的非导电涂层 镀锌厚度测量 振幅灵敏性涡流法》；

SSPC PA2：2016《磁性仪器测量干膜厚度》(日本)；

GB/T 13452. 2—2008/ISO 2808：2007《色漆和清漆漆 膜厚度的测定》。

一、非破坏性测试仪器

非破坏性测试仪器是涂装检查时最常用的仪器，分为磁性测厚仪(香蕉型)和电子测厚仪。

磁性测厚仪是最为简单易用的，因为外形酷似香蕉，通常称之为香蕉型测厚仪。

磁性测厚仪只能用于钢材表面的涂层测厚。在传感器头上，有一个永久性磁铁，测厚仪放在钢板表面的涂层上面，中部的滚轮向操作者方向转动，直到磁头从漆膜上抬起，这时可以从刻度表上读出漆膜厚度。磁性测厚仪的误差允许在±5%以内。

图 6-6　电子测厚仪

电子测厚仪(图 6-6)的应用已有很长时间，有单探头和双探头的，误差在±3%以内，如果对测量范围进行调校，误差可以控制在±1%以内。电子测厚仪通过探头和底材间的磁流量来进行漆膜厚度的测量。它使用电池，需要经常进行调校。测厚仪的读数可以精确到 0. 1μm。

广为使用的电子测厚仪如 Elcometer345 系列，有 2 键、4 键和 9 键，测量范围为 1500μm 以内。Elcometer456 是更为先进的电子测厚仪，采用菜单式控制法，功能强大，从网站上可以免费下载软件，通过数据线在电脑里进行漆膜分析。调换不同的探头，适用于多种金属或非金属底材上面，并且适用于平面和曲面测量涂膜厚度。

启动仪器时，按下开关键并保持到仪器屏幕显示“Elcometer”图标后，仪器即开启。用上下键可以选择操作语言，然后根据屏幕进行操作即可。如果要选用外语菜单，先关闭仪器，按下左边的软按键并持续一段时间，打开仪器，然后用上下键选择语言。握住探头套，将探头垂直轻放在被测表面获取读数。如果不活动的时间超过 15s，显示屏会变暗，按任何键或点击即可唤醒它。如果 5min 没有任何操作，仪器会自动关机。显示出“---”表示读数超过了探头的测量范围。

还有一种涡流原理的测厚仪。可以用于非磁性的金属底材上，如铝材、不锈钢等。探头上小量的涡流通过漆膜传到金属底材上面，然后测量漆膜厚度。

二、破坏性测厚仪

破坏性的干膜厚度测量要用锋利的刀片划破漆膜，然后通过显微镜来观察计算漆膜厚度，见图 6-7。其中最为常用的一种工具是涂层检测仪。

涂层检测仪的英文简称是 PIG (paint inspection gauge)，常用的型号如 Elcometer121。若涂层系统中底漆、中间漆和面漆分别使用了不同的颜色，它可以测量出总的漆膜厚度，还能测量出每一道涂层的漆膜厚度。

图 6-7　破坏性干膜厚度测厚仪

PIG 涂层检测仪可用于混凝土表面涂层的厚度检测。应用示例见图 6-8。

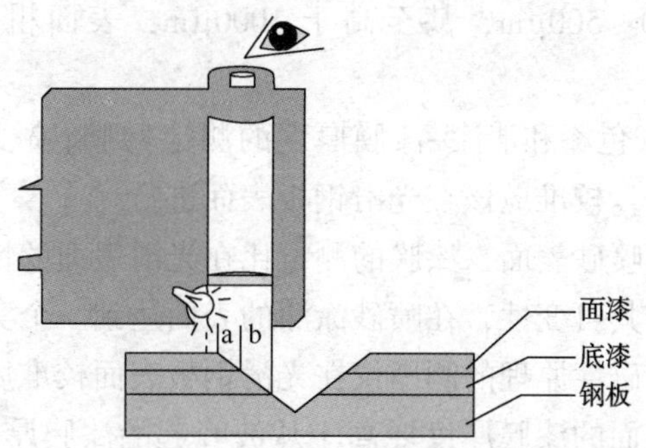

图 6-8 PIG 涂层检测仪应用示例

使用带色记号笔在漆膜表面划一道长约 5cm 的记号，然后握紧这个 PIG 检测仪，用力使其自带的刀锋向你身边方向划去，划过记号线，直至钢板。打开小灯，从带刻度的显微镜上向记号线上的凹槽仔细观察涂层。

使用不同的刀片其计算系数是不一样，不一样 PIG 型号有不一样的规定，Elcometer121 的规格见表 6-4。

表 6-4 E1cometer121 的规格参数

刀具	测量范围	解析度	误差
No. 1	20~2000μm	10μm	±10%
No. 2	10~1000μm	5μm	±10%
No. 3	2~200μm	2μm	±10%

例如，使用 No. 2 刀片，第一道漆的刻度为 8，第二道漆的刻度为 15，第三道漆的刻度 5，那么，每一道漆的漆膜厚度约为

第一道漆：8×10μm＝80μm；

第二道漆：15×10μm＝150μm；

第三道漆：5×10μm＝50μm。

三、干膜测厚仪的校准

测厚仪在使用前必须进行校准。不管哪一种测厚仪都要进行正确的校准，如果在使用前没有校准测厚仪，所有的读数都是没有用的。

不同的测厚仪，无论其是否是同一型号，都要用相同的方法和程序进行校正，以免各自测出的读数不同而造成争执。

进行校准时，在喷砂后的粗糙度表面还是在光滑表面是有区别的。在粗糙表面校准后的测厚仪测试出来的漆膜厚度会有所增加。

在重防腐涂装工程方面，如海洋工程、船舶工业和桥梁等涂装领域，涂膜厚度经常达到干膜 250～500μm，甚至高于 1000μm，表面粗糙度看起来就可以忽略。

ISO 2808：2007《色漆和清漆-漆膜厚度的测定》判断喷砂后钢材表面的干膜厚度(方法 10)"规定：校准应该在光滑钢板表面进行。

如果涂料施工在喷砂表面，漆膜的测量比在光滑表面的情况更为复杂。该方法的目的是尽量减少其可变性，在喷砂涂漆的表面达到一个实际可行的均匀性漆膜测量。该方法用于磁性原理的测厚仪在光滑钢板表面校准后再进行校准。这个方法可以测定磁性表面的漆膜厚度要高于从波峰起的漆膜厚度。高出大约 25μm(相当于表面粗糙度的一半，就是喷砂表面从波谷到波峰的高度)。除了在 ISO 8503-1，"细"一级表面进行的测量，在喷砂表面进行测厚仪的校准除了结果不同外，对于探头和仪器还有其他的问题：

① 可重复性差；

② 标准薄片会有不同的厚度变化(薄片越厚，差异越大)；

③ 涂漆后的钢板粗糙度是未知的；

④ 测出的干膜厚度不能低于 25μm，最好高于 50μm 才是最有意义的测量值；

用于校准的薄片，要为标准所认可，其厚度要接近于所期望的漆膜厚度。没经认可的薄片需要用千分尺来校验。

校准用的光滑钢板表面，要没有氧化皮和锈蚀，近似于涂漆钢板的磁性状态，并且至少要有 1.2mm 的厚度。

在进行干膜厚度的测量时，会有很多因素影响最终的测量结果：

① 软的漆膜；

② 边缘距离(约 15mm)；

③ 表面粗糙度；

④ 曲面；

⑤ 残留的磁力；

⑥ 相对于探头的位置和压力；

⑦ 温度。

调校测厚仪时，需要一片光滑/抛光过的钢板和校准用的标准膜厚薄片：

① 把探头放在光滑钢板上调到读数为"0"；

② 选择接近于所要测量漆膜厚度的标准薄片；

③ 放在钢板上进行测量，并调整测厚仪，读出薄片的厚度；

④ 复进行上述步骤；

⑤ 再次检验。

第四节 涂膜干燥和固化

一、涂膜干燥和固化的影响因素

涂膜在施工后，要注意其干燥和固化时间，以指导进一步的施工。通常在说明书中会列出几个数据，表干、实干(硬干)、完全固化、最小重涂间隔和最大重涂间隔。

涂膜的干燥和固化时间，与漆膜厚度、被涂物底材温度、环境温度和通风状态等有着相当密切的关系。漆膜在干燥过程中，干燥时间与通风量、温度和漆膜厚度有关。对于物理干燥涂料，还与施工的道数及总的漆膜厚度有关。

固化时间是对双组分涂料产品而言的。固化时间以周围环境 20℃的平均温度为准。在整个固化过程中，温度高会促进固化，而温度低则减缓固化。根据经验，温度在 10℃时固化时间比正常温度条件下(20℃)增加 1 倍，温度 30℃时，固化时间减半。固化在施工条件指定的最低温度以下几乎停止。对于某些环氧树脂涂料等双组分涂料，如果漆膜达到了完全固化态，覆涂下道漆时，就会导致层间附着力缺陷。因此，在施工中，必须严格遵循产品说明书中规定的最小和最大重涂间隔。

对涂膜的固化或干燥，需要参考产品的技术说明书和施工记录来进行判断。技术说明书中会有关于该产品的固化或干燥时间。

涂膜的固化和干燥，相应的规范和标准如下：

ASTM D1640/D1640M—2014《有机涂料干燥、固化或成膜的标准试验方法》(美国材料与试验协会)；

ASTM D 5402—2015《用溶剂擦除法评估有机涂层的耐溶剂性的标准实施规程》(美国材料与试验协会)；

ASTM D 4752—2010《用溶剂擦拭法测定硅酸乙酯(无机)富锌底漆耐丁酮的试验方法》(美国材料与试验协会)；

GB/T 1728—1979《漆膜、腻子膜干燥时间法》。

二、涂膜干燥的测定

涂料以一定厚度涂覆在物体表面，经过物理挥发或化学性氧化聚合反应，或采用添加固化剂、烘干或光固化的方法，而形成固体薄膜。这样的过程所需要的时间称为干燥时间，以小时(h)或分钟(min)来表示。

漆膜的固化或干燥受诸如通风、温度、漆膜道数等诸多因素的影响，而且实际施工后的涂层不可能像在试验室中恒定的固化或干燥环境。所以说明书上的时间只能进行基本参考。漆膜的固化和干燥在试验室中所测定的条件是20℃以及60%~70%的相对湿度。

GB/T 1728—1979《漆膜、腻子膜干燥时间法》规定了漆膜、腻子膜干燥时间的测定方法，该方法主要适用实验室内评判涂膜的干燥时间。

测定表干时间的方法主要有小玻璃球法、吹棉球法和指触法。测定实干的方法主要有压滤纸法、压棉球法、刀片法和无印痕法。

小玻璃球法要用到专门的玻璃球，吹棉球法要用到脱脂棉球，相比之下用指触法进行指触干测定较为简单。指触法用手指轻触漆膜表面，如感到有些发黏，但无漆粘在手指上，即认为表面干燥。

由于涂料的干燥和涂膜的形成是一直缓慢进行的过程，为了能观察干燥过程中的整体变化，最准确的方法是采用自动漆膜干燥时间试验仪。利用马达通过减速箱带动齿轮，以30mm/h的缓慢速度在漆膜上直线移动，全过程为24h。随着漆膜的逐渐干燥，涂膜越来越硬，齿轮测试划针的痕迹也逐渐由深至浅，直至完全消失。划针完全消失的时间即为实干时间。

完全固化，双组分涂料的固化时间受温度的影响。不同温度下的固化时间是不同的。通常可以认为，温度升高10℃，固化时间减少一半。

在实际的涂漆过程中，可以用压拇指的方法来估测涂膜的固化程度而判断其干燥固化程度是否达到了涂下道漆的状态。拇指用力向下压涂膜，无变化时可以认为达到了硬干程度；拇指向下压并用力旋转，涂膜无明显变化时可以认为达到了喷涂下道漆的实干程度。

三、涂膜固化程度的铅笔硬度测试

铅笔硬度测试也可以进行固化的判断控制，参照GB/T 6739—2006《色漆和清漆 铅笔法测定漆膜硬度》。采用手动法的操作比较简单，适应性强，可以在实验室和施工现场进行。

标准认可的铅笔为中华牌高级绘图铅笔，另外准备好400#水砂纸、削笔刀和长城牌高级绘图橡皮。

用不同硬度的铅笔从最软的开始，以45°角向下向前划漆膜，行进速度约为1cm/s，划痕长度为1cm，直到发现那根能够擦伤漆膜的铅笔硬度。如果已知在实验室中测出的涂膜固化时的铅笔硬度，便可从现场铅笔硬度的测试得知涂膜固化与否。

四、涂膜固化的溶剂测试

ASTM D 5402：2015《用溶剂擦除法评估有机覆层耐溶性的标准实施规程》用有机涂层的溶剂擦拭法判断耐溶剂法，可以用于有机涂料在固化过程中的化学变化，如环氧漆、聚氨酯漆、醇酸漆、乙烯酯涂料等。与其相对应，对于无机硅酸锌涂料，相应的测试标准为 ASTM D 4752：2010《用溶剂擦拭法测定硅酸乙酯(无机)富锌底漆耐丁酮的试验方法》。有机涂层的溶剂测试法，可以初步判断出涂层达到一定的耐溶剂程度，表明此时涂层可以进行下道漆涂覆。但是并不能说明涂层是否达到完全固化的程度，也不能说明涂层是否达到了完全耐溶剂的程度。

基本的方法是用干净不掉色的棉抹布蘸强溶剂，如丁酮或其他涂料供应商认可的溶剂，在涂层上擦拭。

选定 150mm 长的涂层区域，表面用清水清洗干净。然后用耐溶剂的记号笔，如铅笔，划定一个长 150mm、宽 25mm 的待测试区域，测定其干膜厚度。

用蘸了溶剂的棉抹布以 45°角在测试区域来回擦 25 次，一个来回为一次，用时约为 1s。观察测试区域的中间 130mm，忽略两头的 10mm。观察涂层表面有否指印、色泽的变化、抹布上有否漆膜。如果要得到明确的数据，可以重新测干膜厚度、铅笔硬度、光泽等。

用丁酮或其他强溶剂滴在三种不同的已固化的取样漆膜上面，如环氧、醇酸和氯化橡胶漆这种典型的不同固化机理的漆膜。醇酸漆的漆膜很快就起皱咬底，氯化橡胶漆会直接溶化，环氧漆的漆膜即使用强溶剂进行擦拭，涂层也没有显著变化。该方法可以简单地进行旧涂层基本类别的判定。

第五节　附着力和内聚力

有机涂层的附着力应该包括两个方面，首先是有机涂层与基底金属表面的附着力(adhesion)，其次是有机涂层本身的内聚力(cohesion)。这两者对涂层的防护作用来说缺一不可。有机涂层在金属基底表面的附着力强度越大越好；涂层本身坚韧致密的漆膜才能起到良好的阻挡外界腐蚀因子的作用。涂层若不能牢固地附着于基底表面，再完好的涂层也起不到作用；若涂层本身内聚力差，则漆膜容易开裂而失去保护作用。这两个方面缺一不可，附着力不好，再完好的涂层也起不到作用；而涂层本身凝聚力差，则漆膜容易龟裂。这两者共同决定涂层的附着力，构成决定涂层保护作用的关键因素。

有关涂层附着力的研究有相当多的理论学说，影响涂层附着力的基本因素主要有两个，涂料对底材的湿润性和底材的粗糙度。涂层对金属底材的湿润性越强，附着力越好；一定的表面粗糙度对涂层起到咬合锚固(anchor pattern)的作用。

检测涂层与底材之间的附着力有多种方法，很多机构制订了相应的标准，同时也制备了很多的仪器工具来进行附着力的检测。

适用于现场检测附着力的方法主要有四种方法，一是用刀具划叉法，二是划格法，三是拉开法，四是划圈法。这四种方法除了可以在实验室内使用外，更适合于在施工现场中应用。主要的应用标准如表6-5所示。

表6-5　涂层附着力的检测方法和标准

划×法	美国材料与试验协会：ASTM D3359 Method A×-cut tape test(方法A划×法胶带测试)	适用于干膜厚度高于125μm的情况
划格法	国家标准：GB/T 9286—1998(eqvISO 2409：1998)《色漆和清漆-漆膜的划格试验》 美国材料与试验协会：ASTM D3359 Method B Cross-cut tape test(方法B划格法胶带测试) 国际标准化组织：ISO 2409—2013《色漆和清漆划格试验》	适用于250μm以下的干膜厚度
拉开法	国家标准：GB/T 5210—2006(eqvISO 4624：1978)《涂料和青漆-拉开法》 国际标准化组织：ISO 4624—2016《涂料和清漆 粘附力拉开试验》 美国材料与试验协会：ASTM D4514(附着力拉开法测试)	
划圈法	国家标准：GB 1720—1979《漆膜附着力测定法》	适用于250μm以下的干膜厚度

防腐涂层的附着力测试时，划×法、划格法或划圈法测试结果不理想时，拉开法可以作为主要的参考方法。

一、划叉法

划叉法是美国材料试验协会制订的ASTM D3359标准，适用于干膜厚度高于125μm的情况，对最高漆膜厚度没有作出限制，而相对应的划格法通常适用于250μm以下的干膜厚度。

测试所要用的工具比较简单，锋利的刀片，比如美工刀、解剖刀；25mm的半透明压敏胶带；一头带橡皮擦的铅笔以及照明灯源，比如手电等。

测试程序如下：

① 涂层表面要清洁干燥，高温和高湿会影响胶带的附着力；

② 浸泡过的样板要用溶剂清洗，但不能损害涂层，然后让其干燥；

③ 用刀具沿直线稳定地切割漆膜至底材，夹角为30°~45°，划线长40mm，交叉点在线长的中间；

④ 用灯光照明查看钢质基底的反射，确定划痕是否到底材；如果没有，则在另一位置重新切割；

⑤ 除去压敏胶带上面的两圈，然后以稳定的速率拉开胶带，割下 75mm 长的胶带；

⑥ 把胶带中间处放在切割处的交叉点上，用手指抹平，再用铅笔上的橡皮擦磨平胶带，透明胶带的颜色可以帮助看出与漆膜接触的状态密实程度；

⑦ 在(90±30)s 内，以 180°从漆膜表面撕开胶带，观察涂层拉开后的状态，标准中定义了五种状态供参考，见图 6-9，其中 5A~3A 为附着力可接受状态。

5A：没有脱落或脱皮；

4A：沿刀痕有脱皮或脱落的痕迹；

3A：刀痕两边都有缺口状脱落达 1.6mm；

2A：刀痕两边都有缺口状脱落达 3.2mm；

1A：胶带下×区域内大部分脱落；

0A：脱落面积超过了×区域。

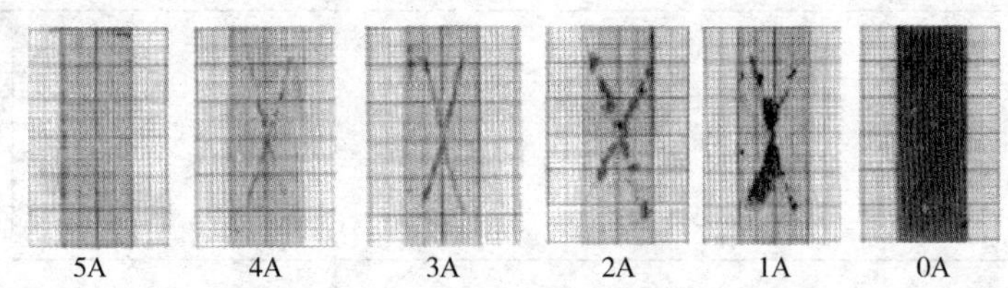

图 6-9 附着力划叉法的涂层状态

二、划格法

附着力的划格法测试标准主要有 ASTM D3359 方法 B 和 GB/T 9286—1998 (eqv ISO 2409：1998)或 ISO 2409—2013 中的测试方法，操作过程描述基本相同，只是对附着力级别的说明次序刚好相反。ASTM D3359 是 5B~0B 为由好到坏，而 GB/T 9286—1998(eqv ISO 2409：1998)或 ISO 2409—2013 是 0~5 为由好到坏。这里主要介绍 GB/T 9286—1998(eqv ISO 2409：1998)的测试方法。

GB/T 9286—1998(eqv ISO 2409：1998)划格法测试中使用的刀具有多刃和单刃两种，由于多刃刀具对大于 120μm 的干膜厚度或较硬的涂层不容易平稳地切割漆膜，因此推荐使用单刃刀具。为了避免人为误差，发展了电动划格法附着力测试仪，可以自动划格，刀具压力可以预先调校。可以进行单行、多行、星形及楔形等多种规格的试验。使用单刃刀具，还需要具有不同间距的仪器。透明压敏胶带以及×2 或×3 的放大镜也是不可缺少的试验用材料。

不同的漆膜决定不同的划格间距，底材的软硬程度也对其有影响，见表 6-6。GB/T 9286—1998(eqv ISO 2409：1998)规定的附着力级别见表 6-7。

表 6-6　不同漆膜厚度与底材相对应的划格间距

0~60μm	lmm 间距	硬质底材
0~60μm	2mm 间距	软质底材
60~120μm	2mm 间距	硬质或软质的底材
121~250μm	3mm 间距	硬质或软质的底材

表 6-7　GB/T 9286—1998(eqv ISO 2409:1998)划格法的附着力级别

级别	描述	备注
0	完全光滑，无任何方格分层	
1	交叉处有小块的剥离，影响面积为 5%	
2	交叉点沿边缘剥落，影响面积为 5%~15%	
3	沿边缘整条剥落，有些格于部分或全部剥落，影响面积 15%~35%	
4	沿边缘整条剥落，有些格于部分或全部剥落，影响面积 35%~65%	
5	任何大于根据 4 来进行分级的剥落级别	

测试程序如下：

① 测量漆膜，以确定适当的切割间距；

② 以稳定的压力，适当的间距，匀速地切割漆膜，刀刀见铁(直透底材表面)；

③ 重复以上操作，以 90°角再次平行等数切割漆膜，形成井字格；

④ 软刷轻扫表面，以稳定状态卷开胶带，切下 75mm 的长度；

⑤ 从胶带中间与划线呈平行放在格子上，至少留有 20mm 长度在格子外以便用手抓住，用手指摩平胶带；

⑥ 抓住胶带一头，在 0.5~1.0s 内，以接近 60°角撕开胶带，保留胶带作为参考，检查切割部位的状态。ISO 12944-6 中规定，达到 0 级或 1 级为合格。

在 ISO 12944 中规定，附着力须达到 1 级才能认定为合格；在 GB/T 9286—1998 中，前三级是令人满意的，要求评定通过/不通过时也采用前 3 级。

三、拉开法

拉开法是评价附着力的最佳测试方法，应用的标准有 GB/T 5210—2006(eqv ISO 4624：1978)、ISO 4624—2016 和 ASTM D4514。

拉开法测试仪器有机械式和液压/气压驱动两种类型。典型的测试仪器有 Elcometer106 型(机械式)、Elcometer108 型(液压型)以及 PAT M01(液压型)。

Elcometer106 型手动机械拉开法测试仪，它由于手工操作的不稳定性而影响测试结果的准确性，因此在挪威石油工业标准 NORSOK M501 规定中不再使用类似于 Elcometer106 的机械式拉开法测试仪。

拉开法附着力测试时，见图 6-10，使用的胶黏剂有两种，环氧树脂胶黏剂和快干型氰基丙烯酸酯胶黏剂。环氧胶黏剂在室温下要 24h 后才能进行测试，而快干型氰基丙烯酸酯胶黏剂室温下 15min 后即能达到测试强度，建议在 2h 后进行测试。

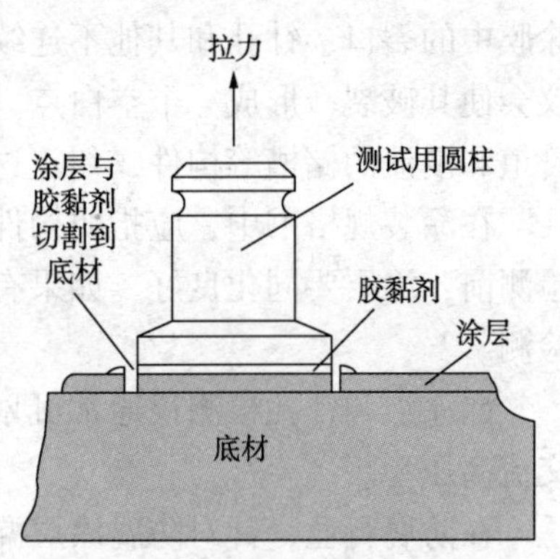

图 6-10　附着力拉开法测试的结构示意网

透明胶带的作用主要是固定刚黏上的铝合金圆柱，以免胶黏剂没有固化到一定牢度而使圆柱偏离原来的黏着位置。

切割刀具用来切割铝合金圆柱周边的涂层与胶黏剂，直至底材，这样可以避免周边涂层影响附着力的准确性。干膜厚度低于 150μm 时，可以不进行切割处理。

干膜厚度大于 250μm 时，对涂层系统的附着力要求，应按照 ISO 4624：2016 拉开法附着力测试，至少要达到 5MPa。

对旧涂层的维修，参考数值至少要达到 2MPa，才能认定为原涂层具有一定的附着力，可以保留。否则旧涂层予以去除。

根据 ISO 4624：2016 的规定，涂层性能测试要在标准大气环境下养护 3 周(21 天)后进行。在现场的测试，尽管涂层固化环境不稳定，但是经过 21 天的风化后，涂层系统进入了更为稳定的状态，此时进行附着力测试其结果更为准确，更具有科学说服力。

拉开法是一种破坏性的涂层检验方法，为了不损坏涂层，在进行附着力拉开法试验时可以规定某一拉开强度为基本要求，只要达到这一强度就可停止试验，以避免涂层上产生新的脆弱点，如果涂层被撕开，则说明不符合要求。这对现场的涂层测试更为合理有利。

四、划圈法

划圈法是我国 1979 年制定的 GB 1720—1979《漆膜附着力测定法》中明确的测试方法，可适用于 250μm 以下的干膜厚度测试，目前，有些单位还使用此方法进行测试。

第六节　针孔和漏涂点检测

在埋地管道、海水管道、储罐内壁、船舶化学品舱、电厂的脱硫装置内壁等部位，涂装完工以后，经常要进行针孔和漏涂点的检测。检测漏涂点是为了发现涂膜中的裂口、针孔和其他不连续处。例如残留溶剂的气泡是一个薄弱点，检测仪会使其破裂，形成一个空白点。对用于直接接触地面的油罐底板、埋于地下的管道和浸渍的储槽等构件，纠正这些弊病尤为重要。

在涂装规格书中，应指明构件中的哪些地方应进行漏涂点检测试验。在进行检测前，涂层要同化良好。如果有多道涂层，每一道涂层均要进行针孔漏涂点的检测。

漏涂点和针孔检测仪通常可划分为三种类型，低压湿海绵型、直流高压型和交流高压型。

在防腐行业，针对防腐涂层漏涂点检测应用的主要标准有：

① NACE SP0188—2006《在导电底材上测试新保护涂料的漆膜不连续处（漏涂）的建议方法》（美国腐蚀工程师协会标准）；

② ASTM D 5162—2008《金属衬底非传导保护涂料的间断性（漏涂）检验标准实施规程》（美国材料与试验协会标准）；

③ NACE RP0490《缺陷尺寸为 250~760μm（10~30mil）的管道外壁熔融粘接环氧涂层的缺陷探测》（美国腐蚀工程师协会标准）；

④ NACE RP0274《管道涂层在安装前的高压试验》（美国腐蚀工程师协会标准）；

⑤ SY/T 0063—1999《管道防腐层检漏试验方法》。

一、低压湿海绵型

低压湿海绵型漏涂点检测仪（图 6-11）是一种高灵敏度、低电压（湿海绵）的非破坏性电器装置，根据设备生产商的电路设计，采用配套的 5~90V 的直流电池驱动。

根据NACE国际标准SP0188—2006，低压湿海绵仪器可用于导电底材上厚度低于500μm(20mil)的非导电涂层上的漏涂点检测。常用的仪器型号有Elcometer270，最大测量范围为500μm；使用9V电压时可连续使用200h，使用90V电压时可连续使用80h；用3节AA(LR1600)1.5V碱性电池；其海绵有棒型和辊筒型两种。

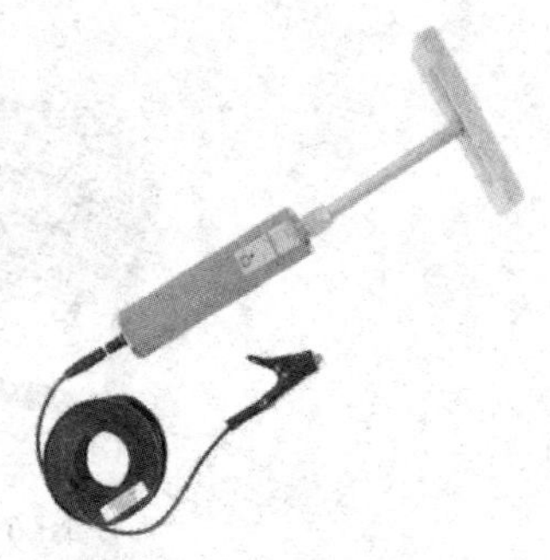

图6-11　低压湿海绵型漏涂点检测仪

采用自来水(而不是蒸馏水)和低泡润湿剂(如用于摄影胶卷的显影剂)组成的溶液使海绵饱和，混合比率为295mL，润湿剂比3.785L水，即1份润湿剂比128份水。但是为了避免润湿剂在涂层间造成不必要的污染，有些行业在实际使用中不使用润湿剂。海绵应充分润湿，但要避免海绵在涂层上方移动时有水滴下。

为了保证仪器合适接地，将湿海绵与导电底材上的裸露点接触。

检测仪由一台便携式电池驱动电子仪器、一个带海绵夹子的非导电手柄、一块开孔海绵(纤维素)和一根接地线组成。仪器装在塑料箱内，带有一个开/关转换器和一个耳机插座。

通过连接由手柄引出的电线至仪器的一端以及接地线的平端至仪器的另一端，对仪器进行装配。采用自来水(而不是蒸馏水)使海绵饱和并装上夹子。测试中将接地线直接连接在裸露构件上。对于涂漆钢材，直接连接在裸露金属上；对于混凝土，则直接连接在混凝土的增强钢筋上。如果没有增强钢筋，则将裸露接地线置于混凝土上进行连接，并用装有湿砂子的麻袋固定接地线。

将接地线置于合适位置，采用湿海绵以每秒1ft，即0.3m/s的最高速率擦拭涂漆表面。避免在海绵中使用过量的水，因为流下来的水会穿过涂层表面到达位于几英尺远的裂缝，从而形成一条电路，这样会出现不正确的读数。每一块地方用海绵擦拭两次，这样可保证较好的检查覆盖率。发现漏涂点时，仪器会发出报警。然后采用非渗透性的记号笔，如白色粉笔，标出所有漏涂点。清洁待修补区域以保证在进行涂装修补前除去润湿剂。

二、高压脉冲型漏涂点检测仪

高压脉冲型漏涂点检测仪(图6-12)通常具有从900V至15000V的输出电压，在某些情况下，电压可高达40000V。这种仪器设计用于定位在导电底材上的非导电涂层中的漏涂点(漆膜不连续处、空白点、夹杂物或低膜厚区域)。通常这种装置用于厚度12~160mil(300~4000μm)的保护涂料漆膜。检测仪由电源(如电池或高压线圈)、探测电极和从检测仪至涂漆底材的接地连接线组成。

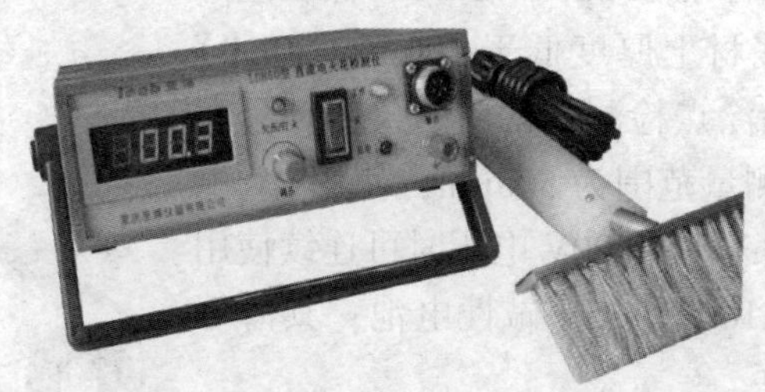

图 6-12　高压脉冲型漏涂点检测仪

将探测电极通过表面，在任何漏涂点、空白点、漆膜不连续处等地方，电极与底材之间的空隙就会出现弧状闪光，检测仪同时发出声音。因此，此类检测仪也称为电火花检漏仪。

常用的型号有 Elcometer236DC 和 266DC 两种。Elcometer236DC 电火花检漏仪有 0.5~15kV 和 0.5~30kV 两种输出电压，间隔为 100V；分别可以检测高达 3.75mm 和 7.5mm 的涂层厚度。

接地线应尽可能直接连接在金属构件上，如果不能直接接触，高压漏涂点检测仪可采用拖线接地线，条件是待测构件也与地面连接。这种连接可通过直接接触（当管子放在湿土上时）或将接地线固定并钉在地面与构件之间的某点上得以实现。

使用仪器时，每次以每秒钟约 1ft（0.3m）的速率移动电极（根据 NACE8P0188）。电极移动太快，可能会遗漏漏涂点，移动太慢则可能会损坏漆膜薄的点或检查了比涂装设计要求的更多的点。

仪器的精确度可用连接在探头和地面连接器之间的伏特计进行测试，并且仪器也可采用这种方式进行校正。伏特计必须是漏涂点检测仪所特定的，因为必须考虑信号的脉冲特性。对大多数用户来说，最好的方法是将仪器送回制造商处校正。

高压漏涂点检测仪配有多种电极：

① 平面卷缩弹簧电极，用于管道涂料；

② 光滑氯丁橡胶片状电极（填充导电炭黑），用于测试薄膜涂层，如熔融黏附环氧涂料；

③ 青铜鬃毛刷电极，通常用于玻璃鳞片增强涂料。

高压漏涂点检测仪能产生很高的电能。该仪器不是内在安全型的，如用于爆炸大气之中会导致爆炸，因此在船舶舱室或储罐内部进行操作时，必须先进行测爆。

三、电压取值

高压漏涂点检测仪与低压型相比，检查程度更为彻底。它不仅能检测出穿透到底材的漏涂点或针孔，而且还能发现诸如漆膜厚度低的区域或隐藏于涂层内部的漏涂点等缺陷。

不同的标准规范针对不同的干膜厚度所取电压有所区别，见表 6-8 和表 6-9。不同的高压漏涂点检测仪适用于不同的标准规范，使用时要注意这一点。

表 6-8 NACE SP0188—2006 高压电火花测试电压

干膜厚度		检测电压/V
μm	mil	
200~280	8~11	1500
300~380	12~15	2000
400~500	16~20	2500
530~1000	21~40	3000
1010~1390	41~55	4000
1420~2000	56~80	6000
2060~3180	81~125	10000
3200~4700	126~185	15000

表 6-9 ASTM D5162—2008 高压电火花测试电压

干膜厚度		检测电压/V
μm	mil	
8~12	0. 20~0. 31	1500
13~18	0. 32~0. 46	2000
19~30	0. 47~0. 77	2500
31~40	0. 78~1. 03	4000
41~60	1. 04~1. 54	5000
61~80	1. 55~2. 04	7500
81~100	2. 05~2. 55	10000
101~125	2. 56~3. 19	12000
126~160	3. 20~4. 07	15000
161~200	4. 08~5. 09	20000
201~250	5. 10~6. 35	25000

按规定或参照标准所表明的数值固定电压，如无指标提供，美国工业根据经验的做法是固定为 100V/mil(4V/μm)的电压。在欧洲，根据经验其常用方法略有不同，为 5V/μm(相当于每密耳 125V)。

应注意的是，电压固定太高会损坏涂层。在释放完其溶剂含量前进行测试，也会导致同样的损坏。一旦穿过涂层至底材而产生火花，涂层中肯定有漏涂点存在，即使在测试进行前涂层中没有针孔或破裂处。

第七节　涂膜外观

涂膜的外观质量主要用肉眼来评定。工业防腐漆虽然不同于汽车漆等高装饰性漆膜。但是也要求具有一定的装饰性要求。现在很多的钢结构，如机场和桥梁等，都要求使用高光泽面漆，如丙烯酸聚氨酯面漆、丙烯酸聚硅氧烷涂料等。因此在现场进行涂层的光泽测试也显得非常重要。另外，在钢结构涂装维修时，也需要对涂层的光泽保持性能进行测试。基本的涂膜外观见表6-10。

表6-10　漆膜外观的评定

涂装部位	漆膜外观质量要求
装饰要求高的部位，如机场、展览馆等外露钢结构，工程机械外表面	1. 表面无漏涂料、气孔、裂纹以及较明显的流挂、刷痕和起泡等。 2. 面漆颜色与规定颜色一致无差异。 3. 表面无干喷颗粒等
一般装饰性要求的表面，如厂房、仓库等钢结构	1. 表面无漏涂料、气孔、裂纹以及较明显的流挂、刷痕和起泡等。 2. 面漆颜色与规定颜色一致无差异
无装饰要求的表面，如内部钢结构，封闭空间(储罐内壁涂层除外)等	表面无漏涂、气孔、裂纹以及严重的流挂

第七章 涂料及涂膜的缺陷和防治

第一节　涂料运输中产生的缺陷及防治

一、增稠、结块、胶化和肝化

涂料在储存、运输期间，黏度逐渐增高，超出技术条件规定的原漆黏度上限的现象称为增稠。增稠有时有触变性，一经强烈搅动，即能恢复原来的黏度。增稠严重时，其黏度甚至无法用涂-4 黏度计测量。变稠呈脑状或块状的现象，称为肝化或结块。清漆或含少量颜料的涂料，不是因溶剂挥发失去流动性，而是成胶质状的现象称为胶化。增稠、结块、胶化和肝化的产生原因及防治方法见表 7-1。

表 7-1　增稠、结块、胶化和肝化的产生原因及防治方法

产生原因	防治方法
1. 所用颜料与漆基产生了反应。 2. 涂料容器密闭不完全或者未装满桶，造成溶剂挥发，使涂料的黏度上升、增稠，空气中的氧也能促进漆基胶化。 3. 在运输过程中遇到高温或储存场所的温度过高，漆基受热时会使分子聚合。 4. 储存期过长，漆基的活性基团发生反应	1. 要求涂料厂改进配方。 2. 容器中涂料应装满，且应完全密封。 3. 在储运过程中切勿处在日光下、暖气或加热炉旁。 4. 尽可能缩短储存期

二、色漆沉淀、结块

色漆在储运过程中产生沉淀，在使用前能搅拌分散开，细度也合格，这属于正常现象。如果沉淀、结块搅拌不起来，不能再分散的现象，就属于这类弊病。色漆沉淀、结块的产生原因及防治方法见表 7-2。

表 7-2　色漆沉淀、结块的产生原因及防治方法

产生原因	防治方法
1. 涂料中所含的颜料或体质颜料研磨得不细、分散不良、密度大等因素所导致。 2. 颜料与漆基发生反应或相互吸附，生成固态沉淀物。 3. 储存时间过长，尤其是在长期静放的场合	1. 在设计选择配方时，应注意颜料与漆基的适应性，适当添加防沉淀剂或润湿悬浮剂。 2. 减少库存，缩短储存时间，容易沉淀的涂料应在有搅拌措施的储罐中储存，例如阴极电泳漆色浆

三、结皮

自干转化型涂料在储运过程中与空气接触的涂料表面氧化固化的现象称为结皮。自干型的沥青漆、油性漆、油性腻子和干性油改性醇酸树脂涂料等，在储运中容易产生结皮。结皮的产生原因及防治方法见表 7-3。

表 7-3　结皮的产生原因及防治方法

产生原因	防治方法
1. 表面干料添加过多或用桐油制的涂料容易产生结皮。 2. 容器不密闭或桶内未装满，使漆面与空气接触。 3. 储存场所温度过高或有阳光照射，储存期过长	1. 添加抗结皮剂，常用的抗结皮剂有邻甲氧基酚、环己酮肟等。 2. 容器内应尽量盛装满涂料，容器要密封好。 3. 缩短储存期，若开桶后未用完，在漆面上应倒入一些溶剂，可保持几天不结皮

四、清漆发浑、乳液分层

清漆在储运过程中出现透明度变差、混浊、沉淀等现象，阴极电泳漆的乳液产生分层、沉淀等现象，均属于这类弊病。清漆发浑、乳液分层的产生原因及防治方法见表 7-4。

表 7-4　清漆发浑、乳液分层的产生原因及防治方法

产生原因	防治方法
1. 在储运过程中遇到低温，漆基的溶解性能变差，使乳液分层。 2. 制漆树脂的相对分子质量不一，有的溶解度差，在储运过程中析出。 3. 乳化质量不好。 4. 储存时间过长	1. 受低温影响产生的弊病，有时可通过加温恢复透明。 2. 制漆时应严格地进行质量控制。 3. 添加溶解力强的溶剂或乳化剂。 4. 减少库存，缩短储存时间

第二节　常规涂装过程中涂膜缺陷及防治

涂装过程中出现的涂膜缺陷，一般与被涂物的状态(表面状态和处理质量)、选用的涂料能否满足产品涂装目的和质量要求、涂装方法及设备、涂装工艺、涂装环境及操作者的技术水平等因素有关，所以涂装过程中出现的各种涂膜缺陷是难免的，关键是及时采取有效的防治措施，避免产生更大的缺陷。现将常见的涂装过程中出现的涂膜缺陷、产生原因及防治方法简介如下。

1. 流挂

流挂指涂料在被涂物的竖直面自上而下流动，使涂膜产生不均匀的流痕或下边缘较厚的现象。根据流痕的形状，可分为下沉、流痕、流淌等。

下沉：涂装完毕到干燥期间，涂料局部垂流，涂膜产生厚度不均匀的半圆状、冰瘤状、波状等接触角呈钝角的现象。

流痕：在采用淋涂、浸涂、喷涂、刷涂等场合容易产生流痕。涂料在被涂物的垂直面上或边缘附近积瘤后，照原样固化并牢固附着的现象。

流淌：被涂物垂直表面涂膜产生大面积的流挂现象。

上述缺陷与涂料的黏度、密度及湿漆膜的厚度有关。密度越大，黏度越低，湿漆膜越厚，越容易产生上述缺陷。其中，湿漆膜厚度的影响最大。

(1) 产生原因

① 所用溶剂挥发过慢或与涂料不配套；

② 涂层一次涂的过厚，喷涂操作不当，重枪过多；

③ 环境温度过低或周围空气的溶剂蒸气含量过高；

④ 涂料黏度偏低；

⑤ 涂料中含有密度大的颜料(如硫酸钡)；

⑥ 在光滑的涂膜上涂布新漆时，也容易发生流挂。

(2) 防治方法

① 正确选择溶剂，注意溶剂的溶解能力和挥发速度；

② 提高喷涂操作的熟练程度，涂层厚度应均匀，一次不宜喷涂过厚，一般控制在 20μm 左右为宜。如需一次喷得 30~40μm 厚的涂膜，则要采用湿碰湿工艺(适用于热固性涂料)、高固体分涂料或超高速的杯式静电喷涂机等新工艺、新装备和新材料；

③ 严格控制涂料的施工黏度和环境温度；

④ 加强换气，施工场所的环境温度应保持在 15℃以上；

⑤ 调整涂料配方或添加阻抗剂；

⑥ 在旧涂膜上涂装新涂料时要预先打磨。

2. 颗粒

涂料中异物呈颗粒状分布在整个或局部涂膜表面上的现象，称为颗粒。由混入涂料中的异物或涂料变质而引起的颗粒称为涂料颗粒；由金属闪光涂料中的铝粉在涂膜表面造成的凸起异物称为金属颗粒；在涂装时或刚涂装完的湿涂膜上附着的灰尘或异物称为尘埃。

(1) 产生原因

① 涂装环境空气的清洁度差，如调输漆室、涂装室、晾干室和烘干室内有灰尘；

② 容易沉淀的涂料未经充分搅拌或漆皮被搅碎混杂在涂料中未经过滤除去；

③ 被涂物表面不洁净，操作者的工作服、手套上有灰尘；

④ 涂料变质，如漆基析出或返粗、颜料分散不佳或产生凝聚、有机颜料析出、闪光色漆的漆基中铝粉分散不良等。

(2) 防治方法

① 调输漆室、涂装室、晾干室和烘干室的供给空气除尘要充分，确保涂装环境洁净；

② 涂料应充分搅拌均匀，并在供漆管上安装过滤器；

③ 被涂物表面应清洁，例如可用黏性擦布擦净灰尘或用离子化空气吹净尘埃。操作人员操作时不应穿戴容易脱落纤维的工作服及手套。

3. 露底、盖底不良

露底是指由于漏涂而使被涂物表面未涂上涂料，俗称为缺漆。盖底不良是涂料经涂装干燥后，涂膜太薄、露出底材颜色造成的。

(1) 产生原因

① 涂料配料时组分比例不对，应加入的颜料量不够，造成遮盖能力差；

② 涂料施工黏度偏低，涂膜过薄或使用前未充分搅拌均匀；

③ 被涂物外形复杂，使其某些部位产生漏涂现象；

④ 底漆和面漆的色差过大，如在深色底漆上涂亮度较高的浅色涂料。

(2) 防治方法

① 用同颜色、同品种合格的涂料，按一定比例对调一致后使用，或选用遮盖力强的涂料；

② 适当提高涂料施工黏度，在使用前充分搅拌均匀，涂膜应达到规定厚度；

③ 对于复杂的被涂物需仔细涂装，不得漏涂；

④ 尽量选用底漆和面漆相似的颜色涂料。

4. 起皱

涂料干燥成膜后的表面，外观呈现局部或大面积凸起的不规则弯曲皱纹的现象，称为起皱。

(1) 产生原因

① 底层不干就涂面层，或涂料调制黏度过大且涂层过厚；

② 涂膜烘干升温过急，因涂膜干燥过快，造成涂膜干燥速度不均匀，以至涂料来不及流平而收缩成皱纹；

③ 涂料中加入的油料(桐油)、催干剂(过多的钴和锰催干剂)不当。

(2) 防治方法

① 底层干透后再涂面层，按工艺规定调制涂料的施工黏度，控制好涂层厚度，不应超过规定值；

② 严格执行晾干和烘干的工艺规范，不得任意改变涂装工艺规定的烘干温度和时间，采用合理的对流循环的干燥方式；

③ 涂装前，加入一定比例的催干剂或少量硅油以及适量的防皱剂。

5. 咬底

涂面漆后底层涂料被咬凸起脱离，产生皱纹、胀起、起泡等现象，称为咬底。在涂装强溶剂涂料时，容易产生这种现象。

(1) 产生原因

① 底层涂料未干就涂面层涂料；

② 涂料不配套，面层涂料是强溶剂类型，涂料中的强溶剂把底层软化、溶解、咬起。

(2) 防治方法

① 严格遵循底层实干后再涂面层的涂装原则；

② 选用合适的涂料体系，除单一涂层外，复合涂层的底层、中间层、面层涂料及其稀释剂应配套使用。

6. 起泡

涂料干燥后的涂层表面呈现微小的圆珠状小泡，一经碰压即破裂，称为起泡。由底材或底涂层所吸收，或含水分、溶剂或气体，使涂层在干燥过程中呈泡状拱起的缺陷，分别称为水气泡、溶剂气泡或空气气泡。

(1) 产生原因

① 涂装后，立即进行高温烘烤，表面溶剂立即挥发，并干燥成膜，内部溶剂来不及挥发而将表面涂层顶出小泡；

② 涂装前，被涂物表面处理不干净，涂料或稀释剂中混入油和水等；

③ 涂层过厚或涂料黏度过大；

④ 搅拌时，混入涂料中的气体未释放尽就涂装，或刷涂时刷子走动过急混入了气体。

(2) 防治方法

① 严格执行工艺规定的各层涂料要求的干燥温度和时间，升温不宜过急；

② 保证被涂物表面洁净，喷涂用的压缩空气中不准混入油和水等；

③ 涂料的施工黏度应符合工艺规范，涂层不能过厚；

④ 可在涂料中添加醇类溶剂或消泡剂。

7. 白化、发白

在涂装过程中或刚涂装完毕的涂层表面上，呈现轻微白色失光的现象，称为白化、发白。此现象多发生在涂装挥发性涂料的场合。

(1) 产生原因

① 涂装场所的相对湿度较大，被涂物的温度低于环境温度；

② 所用的有机溶剂沸点低，而且挥发太快；

③ 溶剂与稀释剂的选用和比例不当，或混入了水分。

(2) 防治方法

① 涂装场所的相对湿度最好不要超过 70%，涂装前应将被涂物预热，使其比环境温度高 10℃左右；

② 选用沸点高的和挥发速度较低的有机溶剂，如在涂料中加入定量防潮剂，一般加入量为 10%左右；

③ 选用匹配和比例恰当的溶剂和稀释剂，防止通过溶剂和压缩空气带入水分。

8. 发花

涂膜表面颜色不均匀，呈现色彩不同的斑点或条纹等现象，称为发花。一般是由于涂料组分变质及涂装不当引起的。

(1) 产生原因

① 涂料中的颜料分散不均匀，或两种以上色漆混合时搅拌不充分，混合不好；

② 所用溶剂的溶解力不足或施工黏度不适当；

③ 涂膜过厚，使涂膜中的颜料产生里表对流。

(2) 防治方法

① 选用分散性和互溶性较好的涂料，涂装时应搅拌均匀；

② 选用适当的溶剂，按照工艺要求控制好施工黏度及涂层厚度；

③ 调制色漆时，应选用同一类型涂料，最好选用同一厂家同一批次的涂料并混合均匀。

9. 浮色

涂料中各种颜料的粒度大小、形状、密度、内敛性和分散性不同，造成涂膜表面和下层颜料的分布也不均匀，致使各断面色调均有差异的现象，称为浮色。

(1) 产生原因

浮色与发花都是产生于涂膜形成过程中对流现象，因此颜料的配制与涂装工艺合理与否是产生这两种弊病的主要原因。

① 选用的复合涂层涂料的稀释剂不配套，溶剂挥发性不同；

② 因颜料的密度不同，密度大的下沉，密度小的浮面，在烘干时形成浮色。

(2) 防治方法

① 改进涂料配方及制漆工艺，选用涂料与稀释剂时应配套；

② 添加防浮色剂，调制涂料时或涂装过程中都要进行充分搅拌并进行过滤。

10. 渗色

在一种涂层上涂装另一种颜色的涂料，造成底层涂料颜色跑到面层涂料表面上，形成不均匀的混色现象，称为渗色。

(1) 产生原因

① 底层涂料未干就涂面层涂料，或面漆中含有溶解性强的溶剂；

② 底层涂料色深，面层涂料色浅；

③ 底层涂层中含有机颜料，或溶剂能溶解的色素渗入面漆。

(2) 防治方法

① 底层涂料干透后再涂面层，选用挥发快、对底层涂膜溶解力差的与面漆相匹配的溶剂；

② 底层、面层、中间层涂料的颜色要在允许配套范围内，切勿相差太大；

③ 在含有机颜料的涂层上，不宜涂异种颜料的涂料。

11. 变色

涂膜表面颜色与使用涂料的颜色有明显色差，干后颜色变深或变浅，甚至变成焦黄，使涂层表面颜色不一致，称为变色。

(1) 产生原因

① 干燥过度，未经晾干便进行超高温烘烤或烘干时间过长；

② 色漆涂装时搅拌不充分，使密度大的颜料沉淀造成干后色彩不均匀；

③ 喷涂金属闪光面漆时搅拌不均匀，所用溶剂与涂料不配套引起涂膜外观颜色不均匀。

(2) 防治方法

① 严格按照规定的干燥温度与时间烘干，避免干燥过度；

② 操作中注意调制涂料黏度和过滤，并应充分搅拌；

③ 使用金粉、银粉的涂料，最好在使用前再加入金粉、银粉并充分搅拌均匀。调制时选用涂料配套的溶剂。

12. 失光

涂膜干燥后其外层发暗、无光或没有达到应有的光泽，或涂装不久后涂层出现光泽下降的现象，称为失光。

(1) 产生原因

① 烘烤过度或非对流循环干燥(即烘烤时换气不充分);

② 被涂物表面粗糙或涂装前被涂物表面处理不干净，对涂料吸收不均匀;

③ 涂装现场湿度过大，或在极高、极低的温度下涂装;

④ 涂料的颜料选择、分散和混合比不适当，或溶剂不配套。

(2) 防治方法

① 严格按照涂装工艺选定的干燥温度和时间，进行对流循环方式干燥;

② 不可用过粗砂布或砂纸打磨，以免造成打磨表面粗糙呈砂纸印迹；涂装前表面处理要达到彻底无油、无锈、无水、无其他灰尘和杂质;

③ 涂装环境温度不低于 15℃，相对湿度不高于 70%;

④ 选择合适的涂料，并按涂料厂指定的溶剂与之配套。

13. 发汗

涂层表面在涂装 1~2 天后，析出一种或几种组分的现象，称为发汗。例如普通硝基漆在 60℃以上烘干时，增塑剂呈汗珠状析出，涂膜打磨后会再次出现光彩。

(1) 产生原因

① 涂装施工现场的湿度太大;

② 增塑剂与漆基的混溶性较差;

③ 使用砂蜡或光蜡打磨抛光，其中所含蜡质同高沸点的溶剂进入涂层内;

④ 涂膜打磨前未干透，溶剂未完全挥发出来。

(2) 防治方法

① 控制涂装现场的相对湿度，使之不超过 70%，特别是使用抗水耐潮湿性大的涂料时更应注意;

② 选用与漆基混溶性好的增塑剂;

③ 涂膜打磨前要干透。

14. 过烘干

涂膜在烘干过程中，因烘干温度过高或烘干时间过长，产生失光、变色、发脆、脱落、开裂等现象，称为过烘干。

(1) 产生原因

① 烘干设备失控或控温的仪器不准确，造成烘干温度过高;

② 烘干时间过长，尤其是被涂物停留在 120℃以上的烘干室中时间过长;

③ 底涂层与面涂层涂料不配套，烘干规范选择不当。

(2) 防治方法

① 确保烘干设备的技术状态良好，控温系统仪器准确无误;

② 严格按照工艺规定控制烘干时间；若因故造成被涂物停留在烘干室中时

间过长时应急剧降温，避免被涂物在烘干室内过夜；

③ 底涂层与面涂层涂料应配套，面涂层的烘干温度应不高于底涂层的烘干温度。

15. 烘干不良或未干透

涂膜干燥(自干或烘干)后未达到完全干涸，用手摸涂膜表面感觉很软或涂层表面有黏着现象，未达到规定硬度，称为烘干不良或未干透。

(1) 产生原因

① 自干或烘干的温度和时间未达到工艺规定要求；

② 底层涂料未干就涂装面层，而且一次涂层过厚，造成整体涂层干燥慢；

③ 涂装前被涂物表面残留有油、水、蜡或有害化学物质等，影响涂膜正常干燥；

④ 烘干室内烘干物较多，或热容量不够；

⑤ 自然干燥场所湿度高，温度较低，通风不良；

⑥ 涂料中加入的稀释剂太多，挥发和氧化干燥时温度较低，使干燥过程减慢。

(2) 防治方法

① 严格执行干燥工艺规范，确保干燥温度和时间；

② 底层涂料实际干燥后再涂装面层，氧化干燥型涂料一次不宜涂得太厚；

③ 涂装前表面要彻底做到无油、无水、无蜡和无其他杂质，防止其进入涂层；

④ 不同热容量要求的被涂物应有不同的工艺规范，要控制烘干室的装载量在一定范围之内；

⑤ 自干场所的技术状态应达到工艺规范要求；

⑥ 按照一定的比例往涂料中加入稀释剂，加入量不宜过多，要保证各涂层间的涂料及稀释剂配套。

16. 针孔

在涂膜上产生如针尖刺出样的小孔或如皮革表面的毛孔，称为针孔。孔的直径一般为 1mm 左右。

(1) 产生原因

① 涂料施工黏度过大，流平性差，释放气泡性差；

② 涂料中混入油、水，造成干燥时涂膜表面出现针孔；

③ 涂料在储运和使用过程中变质；

④ 涂膜干燥过快，或被涂物没有经过晾干即直接进入高温烘烤，使涂料急骤产生聚合反应，表层溶剂首先蒸发形成涂膜，底层溶剂蒸发时则冲破表层涂膜造成针孔；

⑤ 涂装环境的湿度过大，或被涂物表面上有污物和小孔。

(2) 防治方法

① 选用合适的涂料，对容易产生针孔的涂料应加强检验；涂料黏度的调制要严格执行工艺规范；

② 注意涂装工具、涂料、稀释剂的清洁，防止不纯物质混入涂料中；

③ 加强涂料检验，不合格的涂料不投产；

④ 严格按照工艺规定，涂装后先晾干，再送入高温区烘烤干燥；涂料中可添加挥发性慢的溶剂，使湿涂膜的表干速度减慢。

⑤ 改善涂装环境，湿度不宜过大；注意被涂物表面的清洁度，消除其表面上的小孔。

17. 缩孔、抽缩

被涂物表面存在或涂料中混入了异物(如油、水等)，使涂料不能均匀附着，造成涂膜表面收缩而产生麻点(俗称露青或漏底)的现象。露底面积大且不规则时称为抽缩(俗称发笑)。产生直径 0.01~2mm 的孔时称为缩孔。在圆孔内有颗粒时称为鱼眼。这种缺陷有时出现在湿膜上，有时出现在干燥后的涂膜上。

(1) 产生原因

① 所用的涂料对缩孔敏感性大，表面张力偏高，流平性、释放性差；

② 调漆设备、输漆管道、涂装工具不洁净，使有害异物混入涂料中；

③ 涂装环境差，如工作服、手套等不洁净，空气中有灰尘、聚硅氧烷、漆雾、蜡雾等异物；

④ 被涂物表面不洁净，有油、水、灰尘、聚硅氧烷、肥皂、打磨灰等异物附着在表面。

(2) 防治方法

① 选用流平性和释放性好、对缩孔敏感性小的涂料；

② 涂装所用的设备和工具绝对不能带有对涂料有害的异物，特别是聚硅氧烷；

③ 确保涂装环境清洁，空气中应不含灰尘、漆雾、油雾等，要确保压缩空气清洁、无油、无水；

④ 对擦净后的被涂物表面，严禁用裸手、脏手套、脏擦布接触，确保洁净。

18. 陷穴或凹坑

涂膜表面上产生像火山口、半月形的直径为 0.5~3mm 的凹坑现象，称为陷穴或凹坑。它与缩孔、鱼眼的区别在于不露出被涂物表面。

(1) 产生原因

① 喷涂用的压缩空气中混入油和水；

② 被涂物表面不洁净，存在着油、水、灰尘、肥皂等残留物；

③ 所用涂料表面张力偏高，流平性差；

④ 涂装环境不清洁，空气中有灰尘、聚硅氧烷、漆雾，附近有使用有机硅系物质的场合。

(2) 防治方法

① 喷涂用的压缩空气应确保无油、无水；

② 涂装前，应确保被涂物表面洁净；

③ 在涂料中适当添加表面活性剂和流平剂，降低涂料的表面张力，增加流平性；

④ 确保涂装环境清洁，附近不能使用有机硅系物质。

19. 橘皮

涂膜上出现类似橘皮状的皱纹表层，称为橘皮。

(1) 产生原因

① 涂装时，涂料黏度过大，流平性差；

② 喷枪枪嘴口径过大，压缩空气压力不足，雾化效果不好，喷涂距离不适当；

③ 喷涂室中风速过大，溶剂挥发过快；

④ 涂膜厚度不足，晾干时间短；

⑤ 被涂物和环境温度偏高。

(2) 防治方法

① 按照工艺规定调制涂料黏度，温度低时黏度应稍大，温度高时黏度应稍小；适当添加流平剂，改善涂料的流平性；

② 调节枪嘴的口径和喷涂距离，选择合适的压缩空气压力使雾化达到最佳效果；

③ 喷涂室内风速应调至工艺规定要求；选择高沸点、挥发性慢的有机溶剂；

④ 在不发生流挂的情况下，一次喷涂应达到规定厚度，并适当延长晾干时间，不宜过早进入高温烘干室；

⑤ 被涂物的温度应冷却到 50℃以下，涂料和喷涂室内气温应维持在 20℃左右。

20. 拉丝

喷涂时涂料雾化不好，呈丝状喷到被涂物表面，使涂膜表面成丝状现象，称为拉丝。

(1) 产生原因

① 涂料施工黏度大，涂料的原材料合成树脂相对分子质量大；

② 选用的溶剂溶解力不足；

③ 涂料中易拉丝的树脂含量超过规定含量。

(2) 防治方法

① 选择适宜的涂料并调制到施工黏度；

② 选择溶解力较强的溶剂；

③ 减少涂料中易拉丝树脂的含量，使用相对分子质量分布均匀或较低的树脂。

21. 打磨缺陷

由于打磨不彻底，面漆干燥后仍能清楚地看到砂纸的打磨痕迹和打磨划伤，影响涂膜的光泽性、光滑度和丰满度，称为打磨缺陷。

(1) 产生原因

① 打磨所用砂纸太粗或质量差，有掉砂现象；

② 打磨方向混乱，局部打磨用力过猛，打磨平面时未采用打磨块；

③ 底层有较深的打磨痕迹或严重的刮伤等缺陷；

④ 底层未完全干透或冷却就进行打磨；

⑤ 打磨后未检查打磨质量。

(2) 防治方法

① 在面漆喷涂之前，按工艺要求选择 600~800 号的水砂纸进行水打磨，在使用新砂纸之前，应将砂纸对磨一下，以消除掉砂。

② 打磨平面时，应采用打磨块平顺地打磨；局部打磨时应采用圆打磨方式；

③ 提高涂装前被涂物表面质量，减少不必要的碰伤或用腻子刮平；

④ 涂层应完全干透且冷却至室温后再进行打磨；

⑤ 打磨之后应对打磨面仔细进行质量检查。

22. 刷痕或辊筒痕

在刷涂和辊涂时，随着刷子和辊筒的移动方向，在干燥后的涂膜表面上残留有凹凸不平的条纹或痕迹的现象，分别称为刷痕或辊筒痕。

(1) 产生原因

① 涂料的流平性差，涂料组分中颜料的含量过高；

② 刷子和辊筒太硬；

③ 涂装环境温度低；

④ 溶剂挥发速度快。

(2) 防治方法

① 选择流平性好且颜料含量适当的涂料；

② 按所用的涂料性能，选用合适的刷子和滚筒；

③ 涂装环境温度应保持在 10℃以上；

④ 选择高沸点、挥发慢的溶剂。

23. 丰满度不良

在涂膜涂得很厚的情况下，外表看上去仍然觉得很薄且显得干瘪的现象，称为丰满度不良。

(1) 产生原因

① 涂料的丰满度差;

② 涂料的黏度小或涂料组分中的颜料含量低;

③ 被涂物表面不光滑且吸收涂料。

(2) 防治方法

① 选择丰满度好的涂料;

② 增加涂料中的颜料含量，提高涂料黏度;

③ 用砂纸打磨被涂物表面或涂底层、中层涂层，防止其对面层涂料的吸收。

24. 缩边

被涂物的边缘、棱角等部位的涂层薄，严重时甚至出现露底，与其他平坦部位相比膜厚差异很大的现象，称为缩边。

(1) 产生原因

① 所用涂料的黏度偏低，漆基的内聚力大;

② 所用的溶剂挥发速度慢。

(2) 防治方法

① 在涂料中添加阻流剂，降低漆基的内聚力;

② 选用挥发速度适当的溶剂。

25. 漆雾

在喷涂过程中，漆雾溅到被涂物或涂膜表面上形成虚雾状，严重影响涂膜的光泽性，称为漆雾。

(1) 产生原因

① 喷涂操作不正确，喷枪与被涂物表面距离较远或与被涂物表面不垂直;

② 被涂物之间距离太近，不需涂装的表面未遮盖严密;

③ 涂装室内风速太低且方向混乱。

(2) 防治方法

① 采用正确的操作方法。

② 被涂物之间距离应保证在不能飞溅到漆雾的程度;

③ 涂装室内的气流应保证方向一致，且风速不能低于 0.5m/s。

26. 吸收

涂装时，涂料被底材吸收，呈现出无光或似未涂装的现象，称为吸收。

(1) 产生原因

① 被涂物为多孔材质，例如木材或合成材料等;

② 涂刮的腻子层稀疏或未经充分打磨。

(2) 防治方法

① 对于多孔材质的被涂物应在涂装之前进行涂堵孔隙处理；

② 涂刮腻子的部位应充分打磨，并涂封底漆，以减少对面漆的吸收。

27. 掉色

涂膜彻底干燥后，用洁净擦布擦拭时，擦布上黏有涂层颜色的现象，称为掉色。

(1) 产生原因

主要是涂料中的颜料渗透到涂膜表面所致，其中有机颜料渗透更为严重。

(2) 防治方法

尽量选用不掉色的涂料。在所选的涂料中，添加漆基或对被涂物进行罩光。

28. 遮盖、接触痕迹

遮盖用的胶带痕迹留在被涂物表面上。涂层未干燥前，胶管、手等接触留下的痕迹，称为遮盖、接触痕迹。

(1) 产生原因

① 胶带的质量差，边缘不齐；

② 涂膜未干透就撕下胶带或其他遮盖物；

③ 外界接触湿涂膜。

(2) 防治方法

① 选用耐热的涂装用胶带，胶带的边缘应齐整；

② 涂膜干燥后再撕下胶带和其他遮盖物；

③ 涂膜未干燥之前严禁外界接触。

29. 腻子残痕

被涂物表面刮过腻子的部位产生失光或间段痕迹的现象，称为腻子残痕。

(1) 产生原因

① 刮过腻子的部位打磨不足，且收缩性大，固化后变形；

② 腻子层吸收漆，刮后未涂封闭底漆。腻子的颜色与底层不同。

(2) 防治方法

① 选择收缩性小的腻子，对刮过腻子的部位进行充分打磨；

② 选择与底层颜色相同的腻子，打磨后应补涂底漆或中间涂料。

30. 色差

刚涂装后的涂膜的光泽、色相与标准样板有差异或补涂部位与原涂膜的颜色不同的现象，称为色差。

(1) 产生原因

① 所用涂料各批次之间有较大的色差。或更换颜色时，涂装工具和设备未清洗干净；

② 被修补部位打磨不良产生光泽不均或修补面积过小。

(2) 防治方法

① 对涂料应加强检验，防止使用色差大的涂料。换色时，应对涂装设备、工具和输漆管道等进行彻底清洗；

② 尽量少补漆，特别是局部修补，补漆部位应仔细打磨，修补面积应扩大到明显的分界线的表面。

31. 返黏

已干燥的涂膜表面又出黏滞状的现象，称为返黏。

(1) 产生原因

① 所用涂料含鱼油、半干性油；

② 干燥后通风不足，湿度高；

③ 底材(如水泥墙)中含碱性物质，使涂膜皂化而软化；

④ 底涂层的挥发成分逐渐地透过面涂层引起回黏和软化。

(2) 防治方法

① 更换适用的涂料品种；

② 加强干燥场所的通风；

③ 涂装前应洗净含碱性物质的底材或涂装能防止碱性物质的密封层；

④ 待底涂层的挥发成分完全挥发后再涂装面漆。

32. 气体裂纹

涂膜干燥过程中，受酸性气体的影响，涂面产生皱纹、浅裂纹的现象，称为气体裂纹。

(1) 产生原因

① 涂膜干燥场所(或烘干室)的空气中，含有二氧化硫、二氧化碳、一氧化碳等酸性气体；

② 所用涂料的耐污气性差。

(2) 防治方法

① 消除干燥场所中的酸性气体，或降低其含量；

② 采用烟道气体直接烘干的场所，应先进行试验后再纳入工艺；

③ 选用耐污气性好的涂料。

33. 龟裂

干燥后的涂膜表面呈现龟板花纹样的细小裂纹，称为龟裂。

(1) 产生原因

① 干燥时间过长，温度过高；

② 底涂层未干透就涂装面漆；

③ 涂层配套不适当，底涂层比面涂膜软；

④ 未晾干就进行高温烘烤。

(2) 防治方法

① 正确选择烘干温度及时间；

② 底涂层干透后才能涂装面漆；

③ 应使底涂层和面涂层的硬度、伸缩性接近；

④ 涂膜晾干后方可进行烘干。

34. 粉化

涂膜干燥后，表面变色且呈粉末状脱离的现象，称为粉化。

(1) 产生原因

① 烘干温度过高，时间过长；

② 涂料黏度低，涂膜薄，不耐高温烘烤；

③ 底涂层未干就涂装面层；

④ 干燥过度，使涂膜变脆、变焦而粉化脱落。

(2) 防治方法

① 严格按照工艺规定的烘干温度和时间烘干；

② 正确选择涂料黏度和涂膜厚度；

③ 涂层干透后再涂装面层；

④ 防止干燥过度。

第三节　涂装后涂膜产生的缺陷及防治

1. 变色

(1) 定义

漆膜的颜色因气候环境的影响而偏离其初始颜色的现象，称为漆膜变色，包括褪色、变深、变黄、变白、漂白等。

(2) 现象

漆膜的颜色在使用过程中发生变化而转变为其他颜色。特别是某些白色、浅色涂料或透明清漆的漆膜在日光、紫外线照射或加热时转变为黄色，以至褐色。多数有机红颜料不耐大气曝晒，失去红色；有些色漆漆膜的颜色因受气候环境的影响而逐渐变深、变暗等现象。

(3) 原因

① 变色、褪色、变黄等主要是涂膜与环境因素作用的结果，如涂膜长期处于日光和紫外线的强烈曝晒、酸雨、海洋大气环境、工业大气环境、高温多湿、低温干燥和剧烈温变等不同的使用环境条件。

② 涂料中的树脂等在环境因素作用下发生化学物理变化。例如对树脂类型的选择上，含干性油的醇酸树脂、古马隆树脂、含芳香环的环氧树脂、TDI 型聚

氨酯、酚醛树脂等不耐晒，有变黄趋向；氯化橡胶、高氯乙烯等含氯聚合物，若没加入足够的稳定剂，在高温时有氯化氢分解析出，漆膜变黄。

③ 涂料中的颜填料大多数不耐光或不耐热，如有机颜料中的黄色和红色颜料不耐光和热；某些无机颜料不耐酸、碱；普鲁士蓝遇碱变褐色；含铜、铅的颜料与硫化氢气体接触变黑；锌钡白和锐钛型钛白粉不耐光等、

④ 涂料中加入的催干剂、防结皮剂等助剂过量，也容易变黄。

⑤白色、浅色或清漆的漆膜，受热烘烤过久，温度控制不匀，均可造成漆膜变黄。

(4) 防治措施

① 漆膜一定要干透，经过 2 个星期以上的保养时间，才能放置于腐蚀环境中。易变色物件，应尽量防止过度的曝晒和接触腐蚀介质环境。

② 防止变色最重要的是选择耐候性能良好的涂料作为面漆，如脂肪族聚氨酯、丙烯酸涂料、有机硅涂料、氟碳涂料和氯化橡胶、高氯乙烯、氯磺化聚乙烯涂料等品种。选用满足使用环境要求，价格适当的涂料是基本前提。在树脂的选择上，除上述可选用的树脂外，短油度的涂料防变色性能优于长油度涂料，脂肪族树脂耐候性能高于芳香族同类树脂。在含氯聚合物涂料中，要加入适量的稳定剂防止氯化氢的析出；常用品种有含铅和锡的稳定剂、磷酸三苯酯、三乙醇胺、环氧氯丙烷等，用量为 0.2%~1%。在涂料中加入适量的抗氧剂、紫外线吸收剂等助剂是防变色的有效方法，具体品种和用量见“粉化”防治内容。

③ 选用耐候性优良的颜填料，对上述易变色的颜填料尽量少用或不用，为了提高颜料的耐候性，可选用对它们进行表面处理的特殊品种。白色颜料中金红石型钛白粉适于户外使用，而国外进口的金红石型钛白粉性能明显优于国内某些品牌。

④ 涂料中加入的催干剂、防结皮剂等助剂的用量需严格控制。最好采用新型的复合催干剂，并根据涂料中树脂的用量，计算催干剂中所含金属的百分数。防结皮剂的用量控制在 0.1%~0.3%，在白漆中使用甲乙酮肟，经长时间储存和使用会变黄，严格控制添加量或使用丁醛肟可避免变黄，同时环已酮肟还具有保光性。

⑤ 白漆或清漆需经过一定的晾干时间，再放入烘箱。严格控制烘箱温度不能过高，同时加强通风。

⑥ 对只轻微变色未出现粉化、锈蚀、裂纹等现象的涂膜，可在其上再涂装一层面漆，或继续使用。严重变色且出现粉化等其他弊病的，需将漆膜除去或打磨，再重新涂装。

2. 失光、粉化

(1) 定义

漆膜受气候环境等影响，表面光泽降低的现象称为失光。在严重失光后，表面由于其一种或多种漆基的降解以及颜料的分解而呈现出疏松附着细粉的现象，

称为粉化。

(2) 现象

长期户外使用的漆膜会出现表面光泽下降，表面黯淡等情况，当严重失光后一般出现粉层及脱落的现象。若用手触摸，便有细微粉状颗粒沾附在手指上，一般粉层为白色，也有其他颜色的情况，粉化的变化只限于表面，随着粉化过程的不断进行，全部漆膜将被破坏。

(3) 原因

① 涂膜长期处于日光和紫外线的强烈曝晒下，受到日光、暴雨、霜露、冰雪、气温剧变等的长期侵蚀。

② 未选择耐候性能优良的涂料品种，将耐候性较差的涂料涂于户外，如油性漆、醇酸涂料等，双酚 A 型环氧涂料作底漆，防腐性能和附着力极佳，但用作面漆，在短时间内会出现失光、粉化现象。涂料中的颜填料选择不当，未加入合适品种的助剂等。

③ 涂膜未干透时，即受到强烈的日晒等侵蚀。

④ 涂料生产中未达到一定的细度。

⑤ 在施工中，面漆的黏度过低或涂膜厚度不够。

(4) 防治措施

① 被涂物尽量避免处于长期日晒雨淋的户外环境中，避免工业大气等的腐蚀侵害。在户外使用的物件，需选用耐候性能优良的涂料品种。

② 选择耐候性能优异的涂料品种，具体选择见“变色”中“防治措施”第 2 条相关内容。户外使用的涂料需精心选择耐候性能良好的树脂和耐粉化颜料配制；聚氨酯、丙烯酸、含氯聚合物类涂料作为外防腐效果较好；以金红石型钛白粉替代锐钛型钛白粉，少用硫酸钡和氧化锌类填料，采用经表面处理除去高能活性中心的颜填料；降低涂料的颜基比，采用紫外吸收剂和抗氧化剂对提高抗粉化性能有显著的效果。紫外吸收剂的主要类型有二苯甲酮类化合物、苯并三唑类化合物、芳香酯类化合物、取代丙烯酸酯类、羟基苯基均三嗪、草酰苯胺类、甲脒类。受阻胺光稳定剂也能赋予漆膜表面优良的光稳定效果，可以单独使用或与紫外吸收剂合用。紫外吸收剂与受阻胺光稳定剂使用于银色金属闪光漆、面漆、聚酯氨基铝粉漆、罩光漆、丙烯酸氨基漆等，用量有严格的控制，一般用量为固体树脂量的 0.1%～2%，紫外吸收剂与受阻胺光稳定剂配合使用效果最佳，如 TINUVIN292：0.5%～1%，拼用 TINUVIN328：1%～2%。

③ 漆膜具有一定的涂装间隔，在涂装完毕后，涂膜应有足够的保养时间，一般为 2 个星期以上。在此期间，避免受到雨、雾、霜、露的侵蚀，防止其他腐蚀介质的浸入。

④ 涂料研磨得越充分、颗粒越小，涂膜的光泽越高，越不易粉化。

⑤ 漆液的黏度要适中，涂膜要达到防腐所需的干膜厚度。一般在室内涂装

两道面漆，在室外需用三道外防腐面漆。

⑥ 对出现失光而未粉化的涂层，在表面轻微打磨除尘后，可涂装新的外防腐面漆。对出现粉化的情况，需用刷子等将粉层除去，直到露出硬漆膜的漆层，将表面打磨平整，除去尘屑后重新涂装面漆。

3. 开裂

(1) 定义

漆膜在使用过程中出现不连续的外观变化称为开裂，通常是由于漆膜老化而引起的。

(2) 现象

漆膜在使用中，产生可目测的裂纹或裂缝，裂纹从小到大，从浅至深，最终导致漆膜完全被破坏。开裂是一种较为严重的弊病，根据裂纹的深浅可分为：细裂(细浅的表面裂纹且大体上有规则的图案分布于漆膜上)；小裂(类似于细裂，但其裂纹较为宽、深)；深裂(裂纹至少穿透一道涂层的开裂形式，最终导致漆膜完全被破坏)；龟裂(宽裂纹且类似龟壳或鳄鱼皮样的一种开裂形式)；鸦爪裂(裂纹图案似乌鸦爪样的一种开裂形式)。

(3) 原因

① 漆膜长期处于日晒、雨淋和温度剧变的使用环境中，受气候及氧化影响，漆膜失去弹性而开裂。

② 底面涂料不配套，如在长油度醇酸底漆上涂刷漆膜较硬的面漆，造成两层膜膨胀率不一致，易开裂。

③ 底漆涂装得过厚，未等干透就涂装面漆。面漆过厚，或在旧漆膜上修补层数过多的厚层，都易开裂。

④ 涂料使用前没有搅拌均匀，上层含基料多，而下层含颜料多，如只取用下层部分，就容易出现裂纹。

⑤ 涂料选择不当，未选用耐候性能优良的涂料作为面漆。涂料的力学性能不好，柔韧性不佳，在涂膜受温度剧变或压缩外力时，容易开裂。

⑥ 涂膜内部存在针孔、漏涂以及气泡等缺陷，使漆膜承受应力，特别在急冷、漆膜疲劳等过程时，容易发生漆膜开裂。

⑦ 丙烯酸、过氯乙烯、氯化橡胶等涂料中加入增塑剂过多，增塑剂迁移使漆膜变脆。

⑧ 对底材处理不严格，如含有松脂未经清除和处理的木质器件，在日光曝晒下会溶化渗出，造成局部龟裂；在塑料、橡胶等表面光滑的底材上涂装过厚的底漆，因附着力不好，容易出现裂纹。

(4) 防治措施

① 防止涂膜长期处于严酷的腐蚀环境中，避免在高温、低温场合，或急剧

温变的场合使用。漆膜一定要干透，经过至少 2 个星期的保养时间，再放入腐蚀环境，特别是在修补场合和新涂层早期暴露在严寒中容易出现裂纹。

② 增强涂层之间的配套性，强调底涂层和面涂层的膨胀性能应相接近。配套采用“底硬面软”的原则，在容易开裂的场合加入片状或纤维填料。

③ 涂膜一次涂装不能过厚(厚膜涂料，可保证一定的机械强度的除外)，按工艺要求严格控制底、面漆厚度。涂装应有一定的涂装间隔，底漆要干透，再涂面漆。

④ 涂料使用前应搅拌均匀并过滤。对双组分涂料，除加入适量的固化剂并搅拌均匀外，还有一定的活化期和使用期限。

⑤ 选用耐候性能良好的涂料作为外用面漆，特别是处于长期日晒雨淋环境中的涂料。具体涂料品种的选择见“变色”“失光”“粉化”的相关内容。涂料的力学性能应良好，柔韧性 1~2 级，附着力 1~2 级，抗冲击强度达到 40cm 以上。

⑥ 避免涂料中针孔、气泡等缺陷的产生。

⑦ 选用内增塑和外增塑良好、粘接强度高的树脂。涂料中所用的增塑剂品种和用量要严格筛选和控制，防止过多加入引起增塑剂迁移使漆膜变脆。

⑧ 加强底材的处理，底漆不仅除油、除锈、除污，还应有一定的粗糙度，必要时用细砂纸轻微打磨。木器处理时，需将松脂铲除，用乙醇擦拭干净，松脂部位涂虫胶清漆封闭后再涂装。

⑨ 如漆膜已轻度起皱，可用水砂纸磨平后重涂。对于肉眼可见的裂纹，涂膜已失去保护功能，应全部铲除失效漆膜，重新涂装。

4. 剥落

(1) 定义

一道或多道涂层脱离其下涂层，或者涂层完全脱离底材的现象称为剥落，也称为脱落或脱皮。

(2) 现象

由于涂膜在物面或下涂层上的附着劣化，或丧失了附着力，使漆膜的局部或全部脱落。脱落之前往往出现龟裂脆化而小片脱落，称为鳞片剥落或皮壳剥落；有时也发生卷皮而使涂膜成张脱落，其中上涂层与底涂层之间的脱落称为层间剥落。

(3) 原因

① 涂装前表面处理不佳，被涂物底材上有蜡、油污、水、锈蚀、氧化皮等残存。被涂底材过于光滑，如在塑料、橡胶上涂装。在水泥类墙面或木材表面未经打磨就嵌刮腻子或涂漆等。

② 底面漆不配套，造成面漆从底漆上整张揭起，此类现象在硝基漆、过氯乙烯漆、乙烯类漆等涂料中较多出现。

③ 涂料附着力不佳，存在层间附着力不良等弊病。在涂装时，加入过量的稀释剂或涂料内含松香或颜填料过量。

④ 底漆过于光滑、干得太透、太坚硬或有较高光泽；在长期使用的旧漆膜上涂装面漆等，容易造成面漆的剥离。

⑤ 烘烤时，烘箱温度过高或时间过长。

⑥ 漆膜在高湿、化学大气、严酷腐蚀介质浸泡等条件下长期使用，涂膜易产生剥落。

(4) 防治措施

① 涂装前要进行严格的表面预处理，去除底材上的污物，同时保持一定的粗糙度。对塑料和橡胶．不仅要用砂纸等打磨底材，还应选用相应的专用涂料品种。在水泥类墙面涂装前，先刷清油，再嵌刮腻子，然后涂装涂料。

② 增强底、面漆的配套性，在施工工艺中采用“过渡层”施工法或“湿碰湿”工艺。例如涂完过氯乙烯底漆后，在涂第二道漆时，可将底漆与磁漆 1∶1 掺兑调匀后作为第二道“过渡层”，第三道喷涂磁漆。磁漆涂装道数达到工艺规定后，在上面涂装清漆前，可再以磁漆与清漆 1∶1 调匀后，再涂一道“过渡层”，然后涂清漆达到规定的道数。在以环氧涂料为底漆时，中间涂装氯化橡胶“过渡层”再涂装丙烯酸、醇酸等面漆。

③ 选择附着力强的涂料，特别是在严酷腐蚀环境中使用的底漆，附着力都应达到 1 级，一般以环氧、聚氨酯类涂料作为底漆，涂料中可加入增强附着力的助剂。涂装时采用刷涂、辊涂的方法，可比其他涂装方法提高涂层附着力，不应加入过多的稀释剂。涂料中的树脂成分应达到一定的含量，颜基比过高会降低涂料的附着力，对脆性树脂要加入一定的增塑剂或增韧剂。

④ 底漆过于光滑时，要打毛处理，或涂装“过渡层”。涂装要有一定的时间间隔，按照最佳涂装间隔执行。旧漆膜要先检查是否存在弊病，在除去尘屑等污物、打毛除尘后涂装，并选择合适的面漆。

⑤ 严格遵守工艺规定的干燥条件，防止过度烘干。

⑥ 防止在严酷的腐蚀环境中使用性能不佳的涂料，按照使用环境的需要，选用不同的配套涂料。

⑦ 如漆膜整张脱落，应铲去该漆膜，重新涂漆。对局部出现弊病的涂膜，可酌情修补后，再统涂面漆。

5. 起泡、锈蚀

(1) 定义

漆膜下面的钢铁表面局部或整体产生红色或黄色的氧化铁层的现象称为锈蚀。它常伴随有漆膜的起泡、开裂、剥落等现象。

(2) 现象

涂漆的钢板产生生锈的现象，这一现象的早期是涂膜出现透黄色锈点，有时出现起泡，泡内含液体、气体等，而后涂膜破裂，出现点蚀、丝状腐蚀直至孔蚀。

(3) 原因

① 涂漆前，被涂物未进行良好的表面处理，残留铁锈、酸液、氧化皮等未彻底清除，日久锈蚀蔓延。

② 表面处理后，未及时涂漆，被涂物在空气中重新生锈，特别是在阴雨潮湿天气施工。

③ 涂层在涂装时存在表面缺陷，如出现针孔、气泡、漏涂等弊病，而未加防治。

④ 漆膜没达到防腐所需的总干膜厚度，漆膜过薄，水分和腐蚀介质容易透过涂膜到达金属，导致生锈。

⑤ 漆膜在使用过程中，遭外力碰破，或旧漆膜即将被破坏而未及时涂装新漆膜。

⑥ 在使用外加电流进行保护时，保护电位过高，船舶等停泊水域内有杂散电流或用电时供电线路不正确、焊接等造成的电腐蚀。

⑦ 被涂物长期处于严酷的腐蚀环境中。

(4) 防治措施

① 对底材要经过良好的表面处理，包括除油、除锈、磷化、钝化等处理。其中除锈要达到 Sa2. 5 级以上的标准，有可能的话要进行磷化处理。

② 表面处理后，要及时涂装防锈底漆，如富锌底漆等。对于采用高压水除锈方式或在阴雨天施工的，要涂装专用的带湿、带锈底漆。目前，市售的带锈底漆有许多品种，此种涂料可降低除锈的等级标准(可在允许范围内降一级)，但也必须除去油污和松散的浮锈，还要根据涂料配套原则进行选择。

③ 防治在涂料施工中出现的气泡、针孔等弊病，同时检查漆膜是否有漏涂现象，可用漏电检测仪进行验收，特别注意边角、焊缝处的涂装，确保涂层的完整性。

④ 涂层严格按照施工要求，需达到一定的干膜厚度，一般防腐涂层的总干膜厚度要在 200μm 以上，并按配套原则进行涂装。

⑤ 漆膜在涂装后，要经过 2 个星期的保养时间，在此期间应避免处于腐蚀环境中。涂膜要防止机械损伤，在刮破涂膜后，要及时修补，防止以此为腐蚀源而蔓延。旧漆膜要经常检查，防止失效。

⑥ 防止电腐蚀。将保护电位降低，选用阴极保护涂料；防止杂散电流等措施。

⑦ 尽量避免涂膜长期处于严酷的腐蚀环境中，或使用相应的防腐蚀涂料，并保证处于保护年限内。

⑧ 对出现局部锈点时，要及时清理并修补；当出现大面积锈蚀时，要除去

涂层，将锈蚀打磨除净，重新涂装。

6. 沾污

(1) 定义

漆膜由于渗入外来物所导致的漆膜局部变色的现象称为沾污，也称为污染、污斑、污点。

(2) 现象

漆膜处于腐蚀介质中，由于液体、油污或腐蚀性气体的侵入，漆膜发黏、溶胀、硬度明显降低，同时漆膜表面失去部分光泽，发生变色现象，并黏附污物。

(3) 原因

① 涂料本身封闭性能不佳或厚度不够，使腐蚀介质(特别是油污、酸、碱等)渗入，造成漆膜软化变色。

② 涂料表面光洁度不够，细度不高，黏附污物。

③ 涂膜长期处于腐蚀性气体环境中。

(4) 防治措施

① 采用具有防腐效果的配套涂料，并达到一定的总干膜厚度，涂料要在完全干透后，经过一定的保养时间，再投入使用。

② 表层面漆的光洁度要高。涂料的细度越细，光泽越高，光洁度越好。同时，在涂料中的颜基比不能过高，可适当加入少量流平剂或分散剂(0.1%~1%)，加入氟碳表面活性剂(0.01%~0.5%)可以提高涂料的流平性能和光洁度。

③ 避免将涂膜长期放置在污染源附近。

④ 对于表面沾污的涂膜，在不影响涂膜保护效果的前提下，可用适当稀释剂将沾污擦去；出现漆膜破损等情况要及时修补；当漆膜已软化发黏，须将失效漆膜除去并重新涂装。高压水在除去失效漆膜并保留涂膜硬质完好方面，具有速率快、效率高等优点。

7. 长霉

(1) 定义

在湿热环境中，漆膜表面滋生各种霉菌的现象称为长霉，也称为生霉或霉染。

(2) 现象

漆膜处于湿热等环境中，漆膜表面局部或全部生长肉眼可见的霉菌斑点。严重时，长霉斑点大部分在5mm以上或整个表面布满菌丝。常见于水性建筑涂料。

(3) 原因

① 涂料的防霉性能不好，涂膜的防水、防湿热性能不佳，有水汽等腐蚀介质渗入漆膜。

② 涂膜长期处于高温、高湿、空气流动不畅、不见光的环境中。

③ 在水溶性涂料中，酪蛋白、大豆蛋白质、藻朊酸、淀粉、天然胶、纤维素衍生物以及某些助剂如乳化剂或消泡剂都为微生物的生长提供了条件。

④ 在涂料生产和施工过程中，霉菌和污物混入，底材处理不充分等。

(4) 防治措施

① 选择防霉性能好的涂料，在容易生霉的环境中，尽量选用溶剂型涂料，可大大降低涂料的霉变。涂料的配套应按照工艺设计要求，并达到一定的干膜厚度。涂料的封闭防水、抗沾污性能要好，防止腐蚀介质的侵入和附着。

② 避免涂料长期处于污染源中，保证良好的通风并防潮。

③ 涂料中促进霉菌生长的物质少加或不加，加入防霉、杀菌剂对涂膜的防霉作用效果显著。防霉、杀菌剂的主要品种有：取代芳烃类，如五氯苯酚及其钠盐、四氯间苯二腈(TPN，商品名 N-96)、邻苯基苯酚等；杂环化合物，如 2-(4-噻唑基)苯并咪唑(TBZ)、苯并咪唑氨基甲酸甲酯(BCM)、2-正辛基-4-异噻唑-3-酮(商品名 Skane M-8)等；胺类化合物，如双硫代氨基甲酸酯、水杨酰苯胺等；有机金属化合物，如有机汞、有机锡、有机砷等，有机锡主要用于船底防污漆；其他类型，如磺酸盐和醌类化合物、四氯苯醌、偏硼酸钡、氧化锌等。这些物质一般采用物理掺混法混入涂料，用量为涂料总量的 0.5%左右。也有将两种或两种以上防霉剂混配使用的，如将 TPN 与 TMTD 按混配比 2∶3 混合使用，用量共为 0.5%，可使涂料达到既耐霉又抗腐败的效果。

④ 在制漆和涂装过程中要用干净的设备，不要让腐败部分与好的部分混合，尽量减少空气中灰尘的污染等。要做好底材的处理，墙面要涂封闭涂层并打好腻子。

⑤ 对霉变漆膜，少量几个霉点可铲去后修补；一般都应将涂层铲去，进行表面处理后，重新涂装。

第八章
油罐涂装工程竣工验收

石油库油罐涂装工程竣工验收属工程验收范畴，应遵循工程验收的一般规律。一般说来，油罐清洗修理及除锈涂装是一揽子工程，验收当然也要在清洗修理与除锈涂装完成后一并进行。该类工程项目验收工作是建设单位(或使用单位)和施工单位、监理单位在施工过程中对工程质量检验的基础上，全面考核油罐涂装施工工作，检查确认是否符合设计要求和工程质量标准，为交付使用前必不可少的一项前期准备工作。竣工验收对促进油罐涂装后及时投入运行，保证工程质量，确保本质安全，发挥涂装效果，总结施工经验有着重要的作用。油罐涂装工程有很多的验收环节，主要包括材料验收、中间验收、跟踪验收、初步验收和竣工验收，油罐清洗、局部修理、除锈、涂装施工结束后应进行竣工验收，未经竣工验收，不得投入使用。每一个环节都非常重要、不能掉以轻心，否则会因为一个小的环节把关不严，造成“千里之堤溃于蚁穴”的严重后果。特别是全部工程完工后的竣工验收，是工程把关的最后一道关口，是保证油罐涂装效果的最关键环节之一。

第一节　竣工验收的依据及条件

一、竣工验收的依据

油罐涂装作业施工竣工验收依据主要有以下五个方面：

① 国家及地方有关的法律、法规；国家及行业现行的标准、规范。

② 建设项目批准的可行性研究报告、初步设计(基础设计)文件、施工图(详细设计)、设备技术文件以及上级部门批准的调整修改的设计文件，符合施工规范要求的施工变更文件。

③ 批准的建设项目消防、环境保护、安全设施和职业病防护设施专项验收的行政许可，档案及竣工决算审计批复文件。

④ 采用引进技术以及合资合作的，还应以签订的合同为依据。

⑤ 招标、投标文件，施工合同及相关协议等。

二、竣工验收的条件

竣工验收是油罐投入使用的基本前提，达到下列条件，应及时组织竣工验收，全面检验建设成果，确保油罐安全投入运行。未经竣工验收或验收不合格的油罐，不得交付使用。石油库建设单位或项目管理机构要结合石油库实际和清洗除锈涂装作业进展情况，按照国家有关工程建设规定要求、坚持“竣工一项、验收一项、交付使用一项”的原则，及时组织竣工验收。

① 油罐清洗、除锈、局部修理、涂装等分部工程按照设计和合同约定的各项内容、技术质量及验收规范(规程)的要求，全部保质保量施工完成，不留尾巴，满足使用要求；

② 施工现场清理，施工油罐清洁工作全部完成，周围场地平整，障碍物清除，道路畅通；

③ 检测工具、验收表格准备完备；

④ 施工单位自验、建设单位初步验收已完成；

⑤ 自验、初步验收指出问题已整改完毕；

⑥ 竣工文件、图纸、资料等技术档案资料和施工管理资料完善，内容齐全，图、字清晰准确，分类装订成册；

⑦ 主要经济技术指标达到设计要求；

⑧ 专项验收工作完成；

⑧ 有勘察、设计、监理单位分别签署的质量合格文件；

⑩ 有施工单位签署的工程质量保修书。

不符合上述条件的工程，建设单位不得组织竣工验收。

三、竣工验收的人员素质要求

油罐涂装作业施工质量检验与验收工作的好坏，不但应有很好的检查验收组织，而且应有高素质的质量检验与验收人员，通常需满足的基本素质要求有三点。

① 具有高度责任心和认真负责的态度，坚持高标准、严要求的原则。

② 监理人员的素质应符合国家和行业的有关规定，一般应按《石油天然气工业工程建设监理管理办法》等有关规定执行。

③ 专业理论知识较深厚，业务技术经验丰富。

四、竣工验收的准备

竣工验收工作从项目立项开始，贯穿至竣工验收结束的项目建设全过程。为做好竣工验收工作，要求参与工程项目的"建设、设计、采购、施工、工程总承包、监理、使用"等单位高度重视竣工验收准备工作，做到竣工验收准备工作与工程建设同步进行。竣工验收的准备工作，一般由建设单位组织进行，主要工作有：

① 协同监理单位、施工单位搞好主要工序和隐蔽工程的中间验收，为竣工验收积累、收集、整理资料；

② 竣工验收前，督促施工单位抓好收尾工程的施工及验收的准备工作，各种质量问题妥善处理完毕；

③ 会同监理单位、设计、施工等单位系统整理有关竣工文件、图纸、资料等工程技术档案，并初步分类、分册、分页，编制目录，以备验收核查和交接；

④ 认真清理所有设备材料，核实实物数量；

⑤ 初步验收中指出的问题已整改完毕；

⑥ 做好工程决算及投资分析。

第二节　竣工验收的组织及程序

一、竣工验收的级别

根据油罐涂装作业施工的规模大小、投资多少，整个建设项目的验收可分为初步验收和竣工验收两个阶段进行。规模较大，投资较多，施工复杂的建设项目，应先进行初步验收，然后进行全部建设项目的竣工验收。规模较小，投资较少，施工简单的建设项目，可以一次进行全部建设项目的竣工验收。在竣工验收之前，由建设单位组织施工、设计、监理及使用等有关单位进行初验。初验前由施工单位按照国家规定，整理好文件、技术资料，向建设单位提出交工报告。建设单位接到报告后，应及时组织初验。建设项目全部完成，经过各单项工程的验收，符合设计要求，并具备竣工图表、竣工决算、工程总结等必要文件资料，由项目（主管）部门或建设单位向负责验收的单位提出竣工验收申请报告。

二、竣工验收的组织

初步验收一般由石油库上级主管部门组织，成立初步验收组，石油库建设单位负责具体承办。初步验收组应由施工、设计、监理、采购、工程总承包、安全环保、财务、造价、审计、质量监督等有关部门组成。初步验收组设组长一人，副组长、成员若干人。

竣工验收一般由石油库上级主管部门牵头组织，会同石油库共同组成竣工验收委员会，石油库建设单位具体承办。竣工验收委员会设主任委员一人，副主任委员、委员若干人，一般由设计、施工、监理、建设和使用单位，以及上级主管业务部门人员和特邀专家组成。

三、竣工验收的程序

竣工验收的一般程序是：拟定验收组织实施方案→听取情况汇报→现场检查→质量评定及问题处理→签署工程验收书→移交工程档案资料。

(1) 初步验收程序。初步验收的程序如下：

① 拟定初步验收实施方案。验收前，由组织实施验收单位制定实施方案，并征得上级部门同意，成立初步验收组。

② 听取情况汇报。听取施工、监理单位的总结汇报。

③ 质量监督机构报告工程质量监督情况。

④ 对消防、环境保护、安全设施、职业病防护设施、档案和竣工决算审计等专项验收进行符合性审查。

⑤ 现场察验工程建设情况，审阅单项总结。

⑥ 对存在问题的落实，有关单位限期整改。

⑦ 对建设项目做出全面评价，形成由验收组成员签署的初步验收意见。

经初步验收符合竣工验收条件后，由建设单位向上级提出正式竣工验收申请。

(2) 正式竣工验收程序。正式竣工验收程序如下：

① 成立竣工验收委员会，确定竣工验收会议议程。

② 石油库汇报工程竣工验收报告和初步验收情况。

③ 观看、检查项目建设声像、纸质技术资料。

④ 现场察验建设项目情况。

⑤ 审议竣工验收报告。

⑥ 对专项验收进行符合性确认。

⑦ 对建设项目遗留问题提出整改意见并限期落实。

⑧ 形成竣工验收报告，签署竣工验收书。

⑨ 施工、建设、使用等单位办理竣工移交事宜，签署竣工移交证明书，拟就工程竣工验收纪要。

如参加初步验收的各方不能形成一致意见，应当提出解决办法，直至最终取得一致意见。

四、竣工验收的方式

竣工验收一般分为单项工程验收和全部验收两种。

(1) 单项工程验收，是指在一个总体建设项目中，一个单项工程已按设计要求或建设方案建设完成，具备使用要求(条件)，即可组织验收，并填报单项工程竣工验收书。如某石油库需要对 8 个 3000m^3金属油罐进行清洗、除锈、涂装施工，因储存收发油料急需，可先对全部完成的 1 个油罐进行竣工验收后装油。

(2) 全部验收，是指整个建设项目已按设计要求或建设方案全部完成，并符合竣工验收标准时，即可组织全部验收。对已通过验收的单项工程，可以不再办理验收手续，但应将单项工程验收书作为全部工程验收的附件而加以说明，并填写建设项目竣工验收书表 8-1~表 8-9。

单项清罐工程竣工验收书(封面)

工程名称：

建设单位：

年　月　日

表 8-1　单项清罐工程竣工验收书(正文)

工程地点			质量评定	
设计单位			施工单位	
开工日期		竣工日期		验收日期	
计划面积		施工面积		结构形式	
计划经费		概预算造价		决算造价	
验　收　意　见					
……					

表 8-2　检查验收附件统计表(检查记录资料)

序号	附件名称
1	
2	
……	

表 8-3　工程验收存在问题汇总表

序号	存在缺陷	缺陷位置	产生问题原因	整改期限
1				
2				
……				

表 8-4　验收单位及人员签字盖章表

建设单位	设计单位	监理单位	施工单位	质量监督单位
盖章：	盖章：	盖章：	盖章：	盖章：
签名：	签名：	签名：	签名：	签名：
参加验收的单位及负责人				
单　位　名　称				负责人
……				

油罐涂装工程竣工验收书(封面)

工程名称：

建设单位：

年　月　日

表 8-5　油罐涂装工程竣工验收书(正文)

任务文件号		工程代号	
建设地点		基地面积	
批准总规模		建设总规模	
批准总经费		建设总经费	
项目开工日期		项目竣工日期	
验　收　意　见			
……			

表 8-6　工程验收情况统计表

单项工程名称	工程量			投资(万元)		结构类型	开工日期	竣工日期
	单位	批准数	完成数	批准数	完成数			
……								

表 8-7 检查验收附件统计表(检查记录资料)

序号	附 件 名 称
1	
2	
……	

表 8-8 工程竣工验收存在问题汇总表

序号	存在缺陷	单项工程名称	缺陷位置	缺陷描述	产生问题原因	整改期限
1						
2						
……						

表 8-9 验收单位及人员签字盖章表

建设单位	设计单位	监理单位	施工单位	质量监督单位
盖章：	盖章：	盖章：	盖章：	盖章：
签名：	签名：	签名：	签名：	签名：

参加验收的单位及负责人

单 位 名 称	负责人
……	

五、竣工验收的方法

竣工验收时，一般采取听取汇报、查阅核对资料、现场查看、检测抽查、质询答疑、综合评定等方法进行。

六、竣工验收检查的内容

竣工验收必须以油罐涂装相应的验收规范和质量评定标准为依据，严格按照竣工验收要求进行检验，“保证项目”文件和记录必须齐全，“基本项目”必须符合相应要求，“允许偏差项目”必须在规定范围以内，“工程质量检验评定表”填写必须准确、清楚。竣工验收主要工作如下：

① 检查、核实准备移交给工程建设单位的所有档案文件的完整性和准确性。

② 按照设计文件和工程合同检查已完成工程量是否准确，有无漏项情况。

③ 检查工程质量、隐蔽工程验收资料、重点部位和关键部位的施工记录是

否齐全、规范；检查工程材料、构配件和设备的质量证明材料是否齐全、有效，并对安全隐患和遗留问题提出处理意见，参照表8-10核查。

④ 检查工程施工质量是否符合相应验收规范要求。

表8-10 各项验收关系对照表

序号	验收表名称	质量自检人员	质量检查评定人员		质量验收人员
			验收组织人员	参加验收人员	
1	作业现场质量管理检查记录表	项目经理	项目经理	项目技术负责人	总监理工程师
2	检验质量验收记录表	班组长	项目专业质量检查员	班组长、项目技术负责人	监理工程师(建设单位项目专业技术负责人)
3	分项工程质量验收记录表	班组长	项目专业技术负责人	班组长、项目技术负责人、项目专业质量检查员	监理工程师(建设单位项目专业技术负责人)
4	分部、子分部工程质量验收记录表	项目经理	项目经理	项目专业技术负责人、勘察和设计单位项目负责人、建设单位项目专业负责人	监理工程师(建设单位项目负责人)
5	单位、子单位工程质量竣工验收记录	项目经理	项目经理或施工单位负责人	项目经理、设计单位项目负责人、石油库技术和质量部门	监理工程师(建设单位项目负责人)
6	单位、子单位工程质量控制资料核查记录表	项目技术负责人	项目经理	监理工程师、项目技术负责人、石油库技术和质量部门	监理工程师(建设单位项目负责人)
7	单位、子单位工程安全和功能检验资料核查及主要功能抽查记录表	项目技术负责人	项目经理	项目技术负责人、监理工程师、石油库技术和质量部门	监理工程师(建设单位项目负责人)
8	单位、子单位工程观感质量检查记录表	项目技术负责人	项目经理	项目技术负责人、监理工程师、石油库技术和质量部门	监理工程师(建设单位项目负责人)

第三节 项目文件资料的收集与编制

项目文件是油罐清洗、除锈、涂装作业施工成果的重要记录，是石油库档案的重要组成部分，能够在以后的工程建设、维修管理、生产使用、维护检修和技术革新中发挥重要作用，应贯穿于工程酝酿、决策立项到建成交付使用的全过程。

一、项目文件的内容

项目文件包括项目前期文件、项目竣工文件和项目竣工验收文件。其中项目竣工文件又包括项目施工文件、项目竣工图和项目监理文件。

(1) 前期文件。主要包括：项目建议书及其报批文件，可行性研究报告及批准文件，风险评估，水文、气象、地震等其他设计基础资料，总体设计，工艺设计包，专利技术文件，方案设计，初步设计及报批文件，技术设计，施工图设计，设计计算书，关键技术试验，招标投标文件，评标记录、报告，中标通知书，合同谈判纪要、合同审批文件、合同变更文件，工程承包合同、协议(包括工程总承包、设计、施工、工程建设监理及设备材料采购等)，施工单位营业执照复印件，质量监督手续(质量监督申报书、质量监督申报受理书)，上级工程建设主管部门批准的建设项目开工报告，声像材料等。

(2) 施工文件。主要包括：施工组织设计、施工计划、安全措施方案、重大施工技术方案及审批，工程技术要求、技术交底，施工综合管理记录；工程说明、工程交接项目统计表、主要实物工程量及劳动力日统计表、未完工程明细表、施工分包审批表、施工图审查记录、施工技术交底记录、单项(位)工程开工报告、合格焊工登记表、无损检测人员登记表、特种作业人员登记表(通用)、计量器具登记表、设计变更通知单明细表、设计变更通知单、工程联络单明细表、单项工程质量验收评价表、单位工程质量验收评价表、分部工程质量验收评价表、质量保证资料核查表、声像材料交接记录、重大质量事故处理记录、中间交接证书、工程交接证书，设备材料验收记录；材料代用单、合格证汇总表、合格证粘贴表(成批材料可以用复印件，但要注明原件所在单位或部门)、设备开箱检查记录、材料检验(试验)报告明细表、阀门/管件试验记录，施工及质量检验记录：隐蔽工程检查记录、施工记录、工序交接记录、强度和严密性试验记录、气密试验记录、封闭前检查记录、基础沉降观测记录、防腐检查记录、射线检测报告汇总表、射线检测报告、超声波检测报告、磁粉检测报告、渗透检测报告、测厚报告、防腐绝缘层电火花检测报告、涂层施工纪录、焊缝返修施工记录，储罐板组装检查记录、储罐几何尺寸检查记录、储罐总体试验记录、安全附件安装检查记录、管道系统压力试验记录、管道系统吹扫及清洗记录、管道防腐施工记录，竣工报告，其他有关施工技术记录，项目竣工图。

(3) 监理文件。主要包括：监理合同协议，监理大纲，监理规划、细则及审批文件，施工组织设计、施工方案、施工计划、技术措施审批(核)、施工进度、延长工期、索赔及付款报审，开(停、复、返)工命令、许可证、中间验收证明书，设计变更、材料、材料代用审批，监理通知，协调会审纪要，监理工程师指令、指示，来往函件，工程材料监理检查、复检、实验记录、报告，各项测量成果及复核文件、外观、质量等检查、抽查记录，施工质量检查分析评估、工程质量事故、施工安全事故报告，工程进度计划、实施、分析统计文件，采购委托监理合同、采购方案，监理月报，质量事故处理文件，验收、交接文件、支付证书和结算审核文件，监理工作声像材料。

(4) 竣工文件。主要包括：概算执行情况，竣工决算，库存设备材料清册，决算审计意见、决定，单项总结，竣工验收报告，竣工验收鉴定书，工程质量监督报告。

二、项目文件的收集

项目文件资料是油罐涂装作业施工过程、施工工序和施工质量的重要反映，文件收集一定要完整齐全，保证文件的原始性、真实性和系统性。

建设单位主要收集、积累和整理前期文件。

勘察设计单位主要负责收集、积累勘察、设计文件。

监理单位主要负责收集、积累项目监理文件，并监督、检查施工单位文件的收集、积累，对文件的完整、系统性进行审查，审核、签署施工文件的竣工图。

三、项目文件的编制

(1) 要保证竣工文件的原始性和真实性。

(2) 竣工文件必须与工程实际相符，并做到完整、准确、系统，满足生产、管理、维护及以后整修改造的需要。

(3) 竣工文件所使用的计量单位、符号、文字及书写方法符合国家有关规定。

(4) 竣工文件的编制和书写材料必须宜于长期保存，要做到字迹清晰，图面整洁，不得用易褪色的书写材料书写、绘制。

四、项目文件组卷原则、方法及顺序

(1) 项目前期文件、项目竣工文件中的监理文件、项目竣工验收文件的组卷原则、方法、顺序组卷应遵循文件的形成规律，保持案卷内文件的有机联系，便于利用和保管。卷内文件的排列要求如下：

① 按重要程度或时间顺序排列，重要文件在前，次要文件在后，正件在前，附件在后。

② 密不可分的文件，依序排列，批复在前，请示在后，转发文件在前，被转发文件在后。

③ 有译文的外文，译文在前，原文在后。

④ 同一卷内，文字材料排在前面，图样排在后面；图样按照 297mm×210mm 规格折叠。

⑤ 文件的封面、卷内目录、备考表均采用 GB/T 11822—2000《科学技术档案案卷构成的一般要求》规定的格式。

⑥ 监理文件的扉页参照交工技术文件封面的格式，将“交工技术文件”改为“监理文件”，由监理单位组卷和填写，并将“监理单位及其审查人、总监理工程师、年月日”栏目去掉。

(2) 项目施工文件的组卷原则、方法及顺序。

项目施工文件由承包单位按照已划分的单位工程为基本单元进行组卷。

单位工程质量验收评定表、分部工程质量验收评定表按单位工程分别装在单位工程交工技术文件内。

独立单位工程交工技术文件的卷内排列顺序一般按施工综合管理、设备材料验收、施工及质量检验交工技术文件先后顺序组卷。施工及质量检验通用交工技术文件视需要，列在各专业施工及质量检验交工技术文件之前。

单项工程交工技术文件，应将施工综合管理交工技术文件在前单独组卷，各单位工程交工技术文件分别组卷。

(3) 项目施工文件排列顺序。

技术文件资料应分类进行整理，并装订成册，其内容见表 8-11。所列技术文件名称，工程不涉及的不列，其序号依次递补，分类编号不变。交工技术文件由承包单位组卷装订后向建设单位归档。

表 8-11　油罐涂装作业施工竣工资料及编制单位

类别号	工程资料名称	编制单位	备　注
一	工程立项前期资料		
1	项目建议书及其报批文件	建设单位	
2	可行性研究报告及其评估、报批文件	建设单位	
3	项目评估、论证文件	建设单位	
4	环境影响评价报告书及批准文件	建设单位	
5	劳动安全卫生评价报告书及批准文件	建设单位	

续表

类别号	工程资料名称	编制单位	备　注
6	水土保持方案报告书及批复文件	建设单位	
7	地震安全评价报告书、地质灾害危险性评价报告及批复文件	建设单位	
8	设计任务书、计划任务书及其报批文件	设计单位	
9	风险作业评估报告	设计单位	
10	前期其他有关工作文件、纪要等	建设单位	
二	勘察和设计基础资料		
1	工程和水文地质勘察报告，地质图，勘察记录，化验、试验报告，重要土样、岩样及说明	勘察单位	
2	地形、地貌，控制点，建筑物、构筑物及油罐修理、管线等测量定位、观测记录	勘察单位	
3	水文、气象、地震等其他设计基础资料	勘察单位	
4	与设计基础有关的其他文件、纪要和变更等	勘察单位	
三	设计资料		
1	设计委托书	设计单位	
2	总体规划设计	设计单位	
3	方案设计	设计单位	
4	初步设计(含概算)及调整、批准文件	设计单位	
5	施工图设计主要文件	设计单位	
6	技术秘密材料、专利文件	设计单位	
7	工程设计计算书	设计单位	
8	关键技术试验	设计单位	
9	设计评价、鉴定及审批文件	设计单位	
10	其他设计有关文件、纪要和变更等	设计单位	
四	项目管理资料		
(一)	计划、投资、统计、管理资料		
1	项目管理机构报批文件	建设单位	
2	有关投资、进度、工程量的上报计划、实施计划和调整计划(方案)及批复文件	建设单位	
3	概算、预算管理文件，差价管理文件	建设单位	
4	有关法律法规、标准、规程规范、规定文件	建设单位	
5	合同变更、索赔文件及其他有关文件	建设单位	
6	招标文件审查、技术设计审查、技术协议文件	建设单位	

续表

类别号	工程资料名称	编制单位	备　注
7	总体部署及审批文件，分部分项工程开工报告及批复文件	建设单位	
8	工程投资、进度、质量、HSE、合同控制文件	建设单位	
9	工程质量、进度、投资月报表和工程有关情况报告、简报、纪要、总结及来往函件	建设单位	
10	其他有关来往函件、专题报告及过程文件	建设单位	
（二）	招标投标、承发包合同协议资料		
1	资格预审材料	建设单位	
2	招标工作文件、招标报批文件、	建设单位	
3	招标文件、招标修改文件、招标补遗及答疑文件	建设单位	
4	投标书、资质材料、履约类保函、委托授权书和投标澄清文件、修正文件等	建设单位	
5	开标议程、开标大会签字表、报价表，评标纪律、评标人员签字表、评标记录、报告	建设单位	
6	中标通知书	建设单位	
7	合同谈判纪要、合同审批文件、合同书、合同变更、索赔、控制管理文件	建设单位	
（三）	专项申请和批复文件		
1	与地方政府部门往来公文、文件、会议纪要	建设单位	根据需要
2	铁路、公路、电力、通信、消防、水利等报批文件及部门往来文件	建设单位	根据需要
3	水、暖、电、煤气、通信、排水等配套设施的申请和答复文件、协议及与有关部门的文件	建设单位	根据需要
4	环境保护、水保、劳动、职业卫生、安全消防、建设规划文件	建设单位	根据需要
五	工程施工资料		
（一）	工程施工各单位都应编入的资料		
1	施工单位图纸会审记录	施工单位	
2	设计技术交底记录	施工单位	
3	施工组织设计(方案)及报审表	施工单位	
4	开工报告	施工单位	
5	停工报告	施工单位	
6	复工报告	施工单位	
7	交(竣)工报告	施工单位	
8	交工项目表	施工单位	

续表

类别号	工程资料名称	编制单位	备　注
9	交工主要实物量表	施工单位	
10	主要设备材料及备品、备件交接清单	施工单位	
11	合格证、质量证明书汇总表	施工单位	
12	合格证、质量证明书粘贴单	施工单位	
13	主要设备材料说明书及随机资料交接清单	施工单位	
14	工程重大质量事故处理记录	施工单位	
15	工程重大质量事故处理鉴定报告	施工单位	
16	质量保证资料核查表	施工单位	
17	分部工程质量等级汇总表	施工单位	
18	分部工程质量评定表	施工单位	
19	单位工程质量综合评定表	施工单位	
20	中间交工证书	施工单位	
21	工程完工交接证书	施工单位	
22	未完工程项目明细表	施工单位	
23	设计变更(修改)通知单明细表	施工单位	
24	设计变更通知单	施工单位	
25	施工变更联络单	施工单位	
26	设备材料改代核定单	施工单位	
27	焊工合格证登记表	施工单位	
(二)	油罐清洗类		
1	清洗作业方案	施工单位	
2	工具、器材和设备检查记录	施工单位	
3	开工作业证	施工单位	
4	班(组)进罐作业证	施工单位	
5	可燃性气体测定记录表	施工单位	
6	油罐清洗质量检验表	施工单位	
7	作业施工日志	施工单位	
(三)	油罐除锈类		
1	除锈作业方案	施工单位	
2	工具、器材和设备检查记录	施工单位	
3	开工作业证	施工单位	
4	班(组)进罐作业证	施工单位	

续表

类别号	工程资料名称	编制单位	备　注
5	可燃性气体测定记录表	施工单位	
6	油罐除锈质量检验表	施工单位	
7	作业施工日志	施工单位	
（四）	油罐修理类		
1	修理作业方案	施工单位	
2	开工作业证	施工单位	
3	班（组）进罐作业证	施工单位	
4	隐蔽工程检查记录	施工单位	
5	焊接工艺评定报告	施工单位	
6	合格焊工登记表	施工单位	
7	罐基础检查验收记录	施工单位	
8	局部壁板或底板拼装记录	施工单位	
9	局部壁板或底板组装检查记录	施工单位	
10	焊接记录	施工单位	
11	油罐几何尺寸检查记录	施工单位	
12	油罐安装施工检查记录	施工单位	
13	油罐网壳安装施工检查记录	施工单位	
14	油罐内浮盘安装施工检查记录	施工单位	
15	油罐防腐施工检查记录	施工单位	
16	油罐试水沉降观测记录	施工单位	
17	油罐总体试验记录	施工单位	
18	油罐试漏检查记录	施工单位	
19	油罐试压检查记录	施工单位	
20	油罐无损探伤统计表	施工单位	
21	油罐焊缝射线探伤报告	施工单位	
22	油罐连接管线压力试验记录	施工单位	
23	油罐基础沥青砂垫层检查验收记录	施工单位	
24	钢板下料检查记录	施工单位	
25	局部修理质量检验表	施工单位	
26	修理改造交工验收证明书	施工单位	
27	钢板质量证明书	施工单位	
（五）	油罐涂装类		

续表

类别号	工程资料名称	编制单位	备　注
1	涂装作业方案	施工单位	
2	开工作业证	施工单位	
3	班(组)进罐作业证	施工单位	
4	涂料质量证明书	施工单位	
5	隐蔽验收记录	施工单位	
6	分层涂刷施工检查记录	施工单位	
7	涂装工程分层外观质量检查表	施工单位	
8	涂层质量评定表	施工单位	
（六）	工艺附件安装类		
1	管道工程隐蔽检查记录	施工单位	
2	管道安装施工检查记录	施工单位	
3	测量放线记录	施工单位	
4	管道防腐补口统计表	施工单位	
5	防腐补口剥离强度试验记录	施工单位	
6	高压管件检查验收记录	施工单位	
7	阀门/管件试验记录	施工单位	
8	弯管制作记录	施工单位	
9	管道补偿器安装记录	施工单位	
10	焊接工艺评定报告	施工单位	
11	焊口机械性能试验报告	实验室提供	
12	焊工合格证登记表	施工单位	
13	焊接热处理记录	施工单位	
14	设备现场组焊记录	施工单位	
15	设备/管道防腐、保温、涂漆施工记录	施工单位	
16	防腐绝缘层电火花检测记录	施工单位	
17	管架安装记录	施工单位	
18	设备/管道吹洗(吹扫)记录	施工单位	
19	管道试压记录	施工单位	
20	焊缝编号轴侧图	施工单位	
（七）	无损探伤检测类		
1	无损检测监理指令汇总表	检测单位	
2	焊口 X 射线探伤综合报告	检测单位	

续表

类别号	工程资料名称	编制单位	备　注
3	焊口射线检测报告	检测单位	
4	焊口射线检测报告(附页)	检测单位	
5	焊口超声波探伤综合报告	检测单位	
6	焊口超声波检测报告	检测单位	
7	焊口超声波检测报告(附页)	检测单位	
8	渗透检测综合报告	检测单位	
9	渗透检测报告	检测单位	
10	渗透检测报告(附页)	检测单位	
11	磁粉检测报告	检测单位	
12	磁粉检测报告(附页)	检测单位	
13	磁粉探伤综合报告	检测单位	
14	管道焊缝磁粉探伤报告	检测单位	
15	管道焊缝磁粉探伤报告(附页)	检测单位	
16	探伤人员登记表	检测单位	
17	管道焊缝全自动超声波检测报告	检测单位	
18	管道焊缝全自动超声波检测报告(附页)	检测单位	
19	射线探伤检测工艺	检测单位	
20	超声波探伤检测工艺	检测单位	
21	渗透探伤检测工艺	检测单位	
9	接地电阻测试记录	施工单位	
(八)	竣工图	施工单位	
六	工程监理资料		
(一)	施工监理通用文件类		
1	监理合同、协议	监理单位	
2	监理规划	监理单位	
3	监理细则	监理单位	
4	监理例会会议纪要	监理单位	
5	监理通知	监理单位	
6	来往函件	监理单位	
7	监理月报	监理单位	
8	监理日志	监理单位	
9	监理专题报告	监理单位	

续表

类别号	工程资料名称	编制单位	备注
10	(××)报验申请表	监理单位	
11	监理工作联系单	监理单位	
12	设计变更(修改)通知单明细表	监理单位	
13	设计变更通知单	监理单位	
(三)	施工监理类		
	A类表(承包单位回复或填写)		
1	工程开工/复工报审表	监理单位	
2	施工组织设计(方案)报审表	监理单位	
3	分包单位资质报审表	监理单位	
4	工程材料/购配件/设备报审表	监理单位	
5	(××)报验申请表	监理单位	
6	工程款支付申请表	监理单位	
7	监理工程师通知回复单	监理单位	
8	工程临时延期申请表	监理单位	
9	费用索赔申请表	监理单位	
10	工程竣工报验单	监理单位	
	B类表(监理单位填写)		
1	巡视检查报告	监理单位	
2	重要质量检查验收记录	监理单位	
3	质量评估	监理单位	
4	质量事故、安全事故报告	监理单位	
5	监理工程师通知单	监理单位	
6	工程暂停令	监理单位	
7	工程款支付证书	监理单位	
8	工程临时延期审批表	监理单位	
9	工程最终延期审批表	监理单位	
10	费用索赔审批表	监理单位	
11	工程复工命令	监理单位	
	C类表(各方共用表)		
1	监理工作联系单	监理单位	
2	工程变更单	监理单位	
3	分项(分部)工程质量报验统计表	监理单位	

续表

类别号	工程资料名称	编制单位	备　注
4	设备、材料改代核定单	监理单位	
5	单位工程质量综合评定表	监理单位	
七	物资采购资料		
（一）	采购管理文件		
1	采购管理文件	采办单位	
2	采购计划	采办单位	
3	物资采购招投标文件、中标通知书、合同(协议)书	采办单位	
4	入库验收单、材料检验记录、到货清单	采办单位	
5	出库调拨、发货清单、物资台账、月报	采办单位	
6	采购方面的索赔文件	采办单位	
7	采购的费用报告	采办单位	
8	物资中转库剩余物资明细表	采办单位	
（二）	设备资料		
1	设备的技术规格书、质量证明文件、使用维修保养说明书	建设单位	
2	进口设备的报关和商检证明	建设单位	
3	设备材料装箱单、工具单，备品备件单	建设单位	
4	合格证及国内特殊产品生产许可证(复印件)	建设单位	
5	设备图纸	建设单位	
6	设备制造商现场安装调试、测定数据记录、性能鉴定	建设单位	
（三）	钢厂和制管厂资料		
1	钢板、焊材质量证明文件；复验报告	制造商	
2	钢管首批检验、试验报告	制造商	
3	钢管无损检测资料(射线和超声波检测)	制造商	
4	钢管试压记录	制造商	
5	成品管质量证明文件	制造商	
6	钢管质量证明文件和复验报告	制造商	
7	首批弯管检验、抽检报告、无损检验记录	制造商	
8	弯管出厂检验报告和质量证明文件	制造商	
（四）	防腐厂资料		
1	涂层、防腐原材料质量证明书、复验报告	厂家	
2	防腐管出厂检验报告和质量证明文件	厂家	
八	财务、资产管理资料		

续表

类别号	工程资料名称	编制单位	备　注
1	财务计划及执行、年度计划及执行、年度投资统计	建设单位	
2	工程概算、预算、标底、合同价、决算、审计及说明	建设单位	
3	主要材料消耗、资产管理	建设单位	
九	单项工程验收检查资料(含专项验收资料)		
1	已完成工程量清单	建设单位	
2	油罐清罐验收检查表	建设单位	
3	油罐基础沥青砂垫层检查验收记录	建设单位	
4	工艺管道设备安装验收检查表	建设单位	
8	存在问题清单	建设单位	
9	单项工程竣工验收证书	建设单位	
10	单位工程质量综合评定表	建设单位	
十	竣工验收文件资料(含初步验收)		
1	项目竣工验收报告	建设单位	
2	工程设计总结	建设单位	
3	工程施工总结	建设单位	
4	工程监理总结	建设单位	
5	项目质量评价报告	建设单位	
6	工程现场声像文件	建设单位	
7	工程审计文件、材料，决算报告	建设单位	
8	环境保护、安全消防等有关验收文件	建设单位	
9	竣工验收会议文件、建设项目竣工验收书及验收委员会名册、签字、验收备案文件	建设单位	
10	竣工验收其他有关文件	建设单位	
十一	竣工资料编制所有单位均应编入的资料		
1	卷内目录	所有单位	
2	卷内备考表	所有单位	
3	竣工资料编制说明	所有单位	
4	工程说明	各参建单位	
5	单位资质及变更证明材料(不含建设单位)	各参建单位	
6	与相关单位来往文件一览表	所有单位	
7	向相关单位的请示报告和批复文件、来往函件	所有单位	
8	工程现场声像资料(包括光盘、照片、底片、录音、录像)	所有单位	

说明：表列资料名称不同石油库会有所不同，也不是所有石油库油罐涂装作业施工对表列资料都必须具备，在具体清洗、除锈、修理、涂装作业中会有增减。

五、竣工图

(1) 基本要求。竣工图是反映施工实际的档案，要求准确、清楚、签字手续齐全。由施工单位图纸修改人、现场技术员、负责工程师分别签字后交建设单位，要做到与设计变更、隐蔽工程记录和工程实际情况“三对口”。

(2) 图纸形成。施工中没有变更的施工图，在图纸角的后面加盖“竣工图专用章”；施工中只有少量变更的，用碳素墨水在原图上修改，并加盖“竣工图核定章”，在图纸角的后面再加盖“竣工图专用章”；改动较大的施工图，应重新绘制，加盖图章以作为竣工图。由于设计单位出图，因建设单位和施工单位原因变更的，由施工单位或建设单位出图，图角上注明设计单位和原图档案号。

(3) 装订存档。竣工图按单位工程编制装订；竣工图按规定尺寸折叠，档案类装订；卷内目录必须登记文件材料的名称、起止页码；在资料卡片上注明项目名称、工程编号、卷内张数、编制日期、档案号；竣工图册一般一式3份，送上级管理部门1份，建设单位1份，移交使用单位1份，并分别存档。

六、竣工验收报告的编制

竣工验收报告是石油库工程的全面总结，是竣工验收的主件，由建设单位起草，原始资料由设计、施工、监理和接收单位提供。其主要内容如下：

(1) 工程建设概况。主要内容包括自然状况、建设依据、建设目的、建设规模、工程性质及主要工程内容等。

(2) 工程设计情况。主要内容包括设计依据、设计特点，设计采用的新工艺、新技术、新材料和新设备，主要设计变更及其原因，设计质量评定。

(3) 工程施工情况。主要内容包括施工组织与分工，总工期和实物工程量，预制加工、三材消耗，施工特点和先进施工技术，工程质量评定和施工管理评定等。

(4) 投用准备及试运行考核。主要内容包括组织机构及人员分配、人员培训、试运行准备及其考核。

(5) 工程预(决)算的执行情况，合同执行、竣工决算、经济效益分析等。

(6) “三废”治理、环境保护、安全防火及劳动卫生等情况。

(7) 竣工验收文件和资料编制情况。

(8) 未完工程处理意见及期限。

(9) 对石油库工程总评语。

(10) 竣工报告附件。主要内容包括总平面布置图、设计任务书、预算批复文件、工程编号、主要设备表、主要实物工程量完成表、已完成项目和中间验收情况、工程质量评定表、三材消耗表、预算执行情况、项目竣工决算、劳动组织及任务分工表、未完工程表等。

(11) 初步验收报告。

初步竣工验收报告根据需要，可参照竣工验收报告编制。

七、竣工验收鉴定书的编制

竣工验收鉴定书由竣工验收委员会(验收组)负责编制，包括以下内容：

(1) 封面。某石油库工程竣工验收鉴定书，建设单位、设计单位、施工单位、监理单位，以及鉴定书编制时间。

(2) 正文内容。以表格及文字相结合的方法编制。其主要内容：项目名称、工程编号、建设地址、建设性质、总投资；审定意见及评语，包括项目完成情况、对初验执行情况的意见，对设计、施工的评语，对竣工资料意见和评语，对完成总投资情况及固定资产交接意见，对投用准备工作的意见和评语，验收委员会对石油库工程总的评语，以及对今后工作的意见或建议；验收委员会及分工表，并签章及时间。

(3) 鉴定书附件。主要包括竣工验收项目总表，竣工验收报告及附件，石油库工程项目决算书，初步验收报告书，固定资产移交清册等。

(4) 竣工验收鉴定书。内容提要及样式见表 8-12~表 8-13。

××××××××××工程

竣工验收鉴定书(封面)

××××××××××工程

竣工验收委员会

年　月　日

表 8-12　××××××工程竣工验收鉴定书(正文)

一、建设项目名称：
二、建设单位：
三、建设地址：
四、建设性质：
五、建设规模：
六、主要建设内容及主要工艺技术：
七、项目建设管理模式：
八、工程总承包单位：
九、主要设计单位：
十、主要施工单位：
十一、主要监理单位：

续表

十二、工程质量监督机构：
十三、工程开工、中交、工程交接、投料和出合格产品日期：
十四、建设项目投资：
1. 批准可研估算投资：
2. 批准初步设计概算投资：
3. 竣工决算投资：
十五、工程质量验收(评定)：
十六、竣工验收评语：
1. 竣工验收情况。
2. 对工程建设和设计、施工、生产准备、试运考核、消防、环境保护、安全、职业卫生及档案的评价。

表 8-13　××××××工程竣工验收委员会名单

序号	竣工验收委员会	姓名	单位	职务/职称	签字
1	主任委员				
2	副主任委员				
3	委员				
……					

第四节　竣工验收的后续工作

油罐涂装工程竣工验收并接收后，还要继续完善以下相关的后续工作：

(1) 移交归档资料

竣工文件，图纸、资料及施工原始记录资料等工程技术档案，应参照“重大建设项目档案验收办法”或“军队工程建设档案管理办法”的有关规定，由工程建设单位或项目管理机构负责及时归档，备份分送和上报。

(2) 完成收尾整改

建设单位或项目管理机构对于工程验收后的收尾项目和验收存在问题的整改工作，必须严格遵照竣工验收意见和规范要求，协调监理、施工单位，抓好整改落实及相应事项处理，完成后向上级业务主管部门申请组织复验或本单位组织复验，经验收合格后方可正式交付使用。

(3) 办理保修手续

建设单位或项目管理机构要认真与施工单位、设备供应商等办理工程质量保修手续，并在审计后除预留工程保修金外，尽快与施工单位、设备物资供应商完成工程经费结清手续，工程竣工移交时不得遗留任何财务纠纷问题。

(4) 落实备案管理

建设单位或项目管理机构应在竣工验收 7 日前，向备案管理部门领取工程竣工验收备案资料，工程竣工验收合格后 15 日内，向主管部门提交相关材料，办理备案手续，办理备案之前，不得投入使用。

(5) 做好投用准备

石油库接收工程成果后，使用单位重点做好以下工作：清除罐内与油罐本身无关的物品，油罐所有附件、管路、阀门等安装合格，拆除输油管、呼吸管、通风管的隔离封堵，恢复油罐的各种接地，清理油罐呼吸管道清渣口、底部排污槽、排污管内的沉积物，拆除罐外的作业脚手架和增设的电气设备，清理油罐周围的杂物，全面恢复油罐的技术状态，确保油罐尽快安全投入使用，形成实际保障能力。

参 考 文 献

[1] 金晓鸿．防腐蚀涂装工程手册[M]．北京：化学工业出版社，2008.
[2] 黄永昌．金属腐蚀与防护原理[M]．上海：上海交通大学出版社，1989.
[3] 刘新．防腐蚀涂料涂装技术[M]．北京：化学工业出版社，2016.
[4] 王受谦，杨淑贞．防腐蚀涂料与涂装技术[M]．北京：化学工业出版社，2002.
[5] 郝宝根，朱焕勤，樊宝德．石油库实用堵漏技术[M]．北京：中国石化出版社，2004.
[6] 宋广成．石油储罐导静电涂料使用情况的调研报告[J]．防腐蚀，2002(6).
[7] 聂世全．石油库油罐清洗爆炸事故教训及安全作业对策探讨[J]．化学工程与装备，2013(5).
[8] 聂世全．油库动火作业事故的教训和安全作业的对策[J]．石油库与加油站，2013，22(2).
[9] 聂世全．浅谈安全检测仪表在油库中的应用[J]．军用油料，2000(3).
[10] 王军生．洞库油罐防腐应注意的问题[J]．全面腐蚀控制，2004，18(2)：44-45.
[11] 杨占品，赵庆华，范传宝，等．钢质储油罐底板腐蚀调查与分析[J]．防腐蚀，2002(6).
[12] 倪余伟．洞库金属油罐防腐蚀研究[J]．装备环境工程，2008(4)：45-47.
[13] 谌彪．油罐内壁防腐蚀工程应把握的几个环节[J]．军需物资油料，2010(3).
[14] 涂进．提高洞库金属油罐的除锈涂装质量[J]．石油库与加油站，2011(1).
[15] 孙新宇．影响储罐内涂层施工质量的原因[J]．油气储运，2004，23(3)：26-68.
[16] 赵文杰．储油罐防腐的施工方法及技术标准[J]．化学工程与装备，2009(10)：39-41.
[17] 樊宝德．对在用大型油罐除锈技术的思考[J]．石油商技，2001，19(1)：19-21.
[18] 王景先，于贤福，樊宝德．金属油罐除锈工艺研究[J]．石油库与加油站，1999(3).
[19] 文联奎．地下油罐的腐蚀泄露与防护[J]．石油化工设备，1995，24(2)：30-33.

参考文献

[1] [illegible]
[2] [illegible]
[3] [illegible]
[4] [illegible]
[5] [illegible]
[6] [illegible]
[7] [illegible]
[8] [illegible]
[9] [illegible]
[10] [illegible]
[11] [illegible]
[12] [illegible]
[13] [illegible]
[14] [illegible]
[15] [illegible]
[16] [illegible]
[17] [illegible]
[18] [illegible]
[19] [illegible]